机械设备故障诊断实用技术丛书

信号处理基础

杨国安 编著

中国石化出版社

内容提要

本书是《机械设备故障诊断实用技术丛书》之第2分册。本分册共分七部分：第一部分是第一章，介绍信号处理技术在故障诊断系统中的地位及发展现状；第二部分是第二章，主要说明信号采集中常用传感器的工作原理及其安装和应用；第三部分是第三章，介绍信号处理的数学基础，重点说明傅里叶变换和卷积；第四部分是四、五、六章，详细说明信号的分类与描述及其时域、频域分析，这部分是信号处理技术的重点内容；第五部分是七章，详细说明信号调理过程中的滤波与调制解调技术；第六部分是第八章，重点说明模拟信号数字化处理的过程，详细讲解频谱分析中混叠、泄漏和栅栏效应产生的机制；第七部分是第九章，详细介绍故障诊断中常用到的一些较实用的方法，这些对帮助工程技术人员应用不同的方法分析与诊断设备故障大有裨益。书中精选了大量典型实例用以说明故障诊断的思路。

本书内容详尽，通俗易懂，以为企业解决实际问题为根本，主要供现场从事机械设备管理与维护的工程技术人员使用，同时本书也为高等工科院校相关专业研究生或本科生在深入理解机械设备故障诊断理论体系方面提供了详尽的参考资料。

图书在版编目（CIP）数据

信号处理基础／杨国安编著．—北京：中国石化出版社，2012.1
（机械设备故障诊断实用技术丛书；2）
ISBN 978-7-5114-1331-4

Ⅰ.①信…　Ⅱ.①杨…　Ⅲ.①信号处理　Ⅳ.①TN911.7

中国版本图书馆CIP数据核字（2011）第276663号

中国石化出版社出版发行

地址：北京市东城区安定门外大街58号
邮编：100011　电话：(010)84271850
读者服务部电话：(010)84289974
http://www.sinopec-press.com
E-mail：press@sinopec.com
北京科信印刷有限公司印刷
全国各地新华书店经销

*

787×1092毫米16开本10.5印张226千字
2012年1月第1版　2012年1月第1次印刷
定价：30.00元

序

现代化工业生产越来越大型化、高速化、自动化，特别是石化、冶金、电力等过程工业，设备投资大，连续生产流程长，机械装备故障停机可以造成重大经济损失，甚至导致机毁人亡的重大事故。现代生产和某些特种装备对人的依赖程度越来越低，对设备的依赖程度越来越高，对故障的预示和诊治越来越重要。设备状态监测和故障诊断作为一门工程技术，是20世纪60年代以后才发展起来的。

近二三十年来国内设备诊断技术的研究开发异常活跃，发展迅速，在工厂应用经常取得出人意料的实效，设备诊断技术在工厂企业得到了普及和应用。为此，迫切需要提供一批适合不同层次科技人员特别是企业一线技术人员实用的书，同时也需要一些适合本科生和研究生学习用的参考书。杨国安教授编著的《机械设备故障诊断实用技术丛书》就是应这一需求编写的。

对设备的状态监测和故障诊断，实际上从机器诞生之日就已产生。当时人们通过听、摸、看、闻机器的振动、温度、噪声等异常情况，凭借工匠的经验，可以判断机器某些故障并采取对策或者修复。设备状态监测和故障诊断作为一门工程技术正在成为信息、监控、通信、计算机和人工智能等集成技术，并逐步发展成为一个多学科交叉的新学科。我曾在工厂工作32年，1979年开始研究应用设备故障诊断技术。我很赞赏本丛书的出版，因为它既有基础理论知识，又有工程应用技术，对企业工程技术人员是一套难得的实用技术丛书；对缺少工程实践经验的院校研究生也是很好的参考书。

设备状态监测及诊断技术，是将运行中的机器看成“活”的，它时时刻刻在“说话”——发出信息，对其中的故障征兆信息进行采集、处理、分析，对故障进行早期诊断、预测，在机器没损坏之前查明故障原因并适时采取修复、预防和改进对策。故障诊断工作的决定作用在人，好的仪器有了真正掌握了故障诊断技术的人才能够发挥作用。本丛书较全面地介绍了机械设备故障诊断技术的基础知识，包括设备故障诊断中的机械振动基础及信号处理，将理论与实践紧密结合，由浅入深，是一套很好的基础理论培训教材，也可供自学之用。本丛书还介绍了机电设备故障诊断实用技术、转子动平衡实用技术、轴承和齿轮故障诊断实用技术，并总结汇集了编者的若干科研成果，其内容实践性强，直观，便于掌握，可指导设备诊断工程实践。我对编者近几年不遗余力地编写这部内容丰富的丛书所付出的辛苦和做出的贡献表示钦佩。

机械装备故障诊断终极目标是有效防治故障，确保机器健康。其一是除故障：探测原因，有的放矢，消除故障；其二是防发展：早期预警，防微杜渐，预防故障；其三是防发生：查明根源，根治维修，防止故障。机械故障诊断是一门新兴的工程科学技术，它源于工程实践又应用于工程实践。企业技术人员作为机械故障诊断的“临床医生”会发现许多故障的征兆、积累丰富的诊断经验。希望读者对本书提出宝贵意见，使其不断修改完善。本人和作者同在一个科研团队，我们团队愿与读者一道，务实，求真，协力，创新，为提高我国设备诊断理论和技术水平作出应有的贡献。

深信丛书的出版能够在推广和普及机械故障诊断技术，培养更多的从事故障诊断的工程技术人才和后备力量方面发挥重要作用。是为序。

中国工程院院士 高金吉

编者的话

设备诊断技术是在设备管理和维修的基础上发展起来的。设备诊断技术就是掌握设备的现在状态与异常或故障之间的关系，以预测未来的技术。它包含两方面的内容：一是对设备的运行进行监测；二是在发现异常情况后对设备的故障进行分析和诊断。

设备诊断技术首先出现在欧洲，主要是以英国倡导的设备综合诊断学为指导，在上世纪60~70年代，英国机械保健和状态监测协会最先开始故障诊断技术，美国的发展则是以后勤学为指导的设备服务维修，美国在1961年开始执行阿波罗计划后，出现了一系列因故障造成的事故。1967年在美国航天局的倡导下，由美国海军研究室主持成立了美国机械故障预防小组，积极从事技术诊断的开发，他们在航空、航天、军事及核能等尖端领域处于领先地位。

日本则吸收了英美两国的优点，提出了全员维修(TPM)的观点。日本的新日铁自1971年开始开发诊断技术，1976年达到实用化。日本的钢铁、化工、电力等行业处于世界领先。

我国自1979年才初步接触开发诊断技术，1984年开始真正在企业推广故障诊断技术，并逐步形成了一支较有实力的故障诊断研究队伍，做出了许多卓有成效的研究成果，特别是自上世纪末，随着计算机技术的发展，彻底改变了故障诊断系统的软、硬件面貌，各种数据采集，分析，诊断功能的仪器被相继开发出来，各种专家系统也不断涌现，给工程技术人员提供了更有效的手段来分析解决问题。但问题也相继出现，现场工程技术人员由于受到专业知识的限制，面对琳琅满目的分析功能、界面、曲线，知其然不知其所以然；专家系统由于受到样本数量的影响，其可靠性、准确性也受到质疑。这使得故障诊断技术浮于研究层面，未有效地深入到基层，深入到生产第一线。应该讲故障诊断技术是一门实践性极强的应用科学，研究内容应本着“从实践中来，到实践中去”的原则，切实解决好生产一线存在的问题。

编者从上世纪90年代初开始接触大型装备预知维修技术，先后为几十家国有大型企业开展讲座和项目合作。通过这些项目的开展和与现场工作人员的广泛交流，使编者深深地认识到设备维护工作不仅直接关系到企业的生产效益和安全，而且与节能降耗和低碳环保也密切相关，甚至成为关键制约因素。当前故障诊断工作的推广应用最大的障碍是从事故障诊断技术的现场人员知识结构不合理和缺乏。他们懂得设备的结构、运行机制，却对时频变换不清楚，应该讲，故障诊断技术背后有严谨的数学知识作支撑。众多学科相互渗透构成了故障诊断技术的知识体系。有人说故障诊断就是传感器，有人说是信号处理，有人说是数据挖掘、专家系统等等。这就充分说明了故障诊断技术知识结构的交叉性和多样性，编者近年来为很多企业培训故障诊断技术人员，和他们的亲密接触丰富了编者，也使编者感到编写一套适合于从事设备管理和维护工作的工程技术人员的实用技术丛书的必要性和迫切性。编者曾在2007年出版了《机械设备故障诊断实用技术》，该书的出版受到了企业设备管理维护人员的广泛欢迎，曾连续多次印刷。近几年通过与企业技术人员交流感到2007年出版的单行本内容上过于简捷，生产一线人员希望在内容体系、原理方法方面更细化些。鉴于此，编者决定出版一套系列丛书，以满足广大生产一线的设备管理和维修人员的需要。近几年，以一已之力编写这套丛书，虽殚精竭虑，仍力所不及，在这套丛书的编写过程中，现场技术人员和我的研究生提供了巨大的帮助。如果这套丛书对您有微薄之用，望不忘感念他们的辛勤付出。

本套丛书的目的是要较全面地对机械设备故障诊断技术的基础知识、机理、方法和应用技术进行较详尽地解释说明。尽量用一目了然的方式明确地说明关于故障诊断技术的一切。本书的宗旨是能用图形说明的尽量不去用文字解释，能用文字解释的不用数学去推演，即使用到的数学也尽量是初等的，从故障诊断基本概念出发，努力用最简单的数学来分析故障机理，而只有在确实需要时才使用复杂的方法。本书的内容参考了大量文献，包括网络上的一些优秀资源，综合汇编而成，这些内容为本书增添了许多新的知识。编者将在书后参考文献中尽量列出，争取不遗漏每一篇参考文献。但由于编者的疏忽可能存在遗漏现象，在此向遗漏参考文献的作者致以歉意，同时对这些优秀资源的作者和编者致以衷心的感谢！

这套丛书共分九分册，分别介绍了设备故障诊断中的机械振动基础、信号处理基础、旋转机械故障诊断实用技术、转子动平衡实用技术、往复机械故障诊断及管道减振实用技术、滚动轴承故障诊断实用技术、滑动轴承故障诊断实用技术、齿轮故障诊断实用技术和电动机故障诊断实用技术。在编写过程中，编者尽量照顾到整套丛书内容的系统性和完备性，尽力做到各分册间内容不重叠，但考虑到读者有选择地使用本套丛书的方便，有些内容各分册间是相通的，于是编者特意安排了适当的重叠，以加强每本分册的相对独立性，使每本分册也形成一个单独的知识体系，如第一分册和第二分册作为故障诊断技术的基础知识，各分册都会用到，但在每分册中也有相关知识的简介。

第一分册机械振动基础重点说明故障诊断中常用到的基本概念及基本原理的讲解和阐述，有针对性地介绍了与故障诊断技术相关的振动诊断标准。有些标准不同国家间可能略有差异，书中尽量同时列出，相同标准可能存在不同版本，考虑到目前现场的使用习惯，只要内容未变，也尽量照顾使用习惯列出，比如ISO2372，目前已有ISO10816，但考虑到使用习惯仍以ISO2372列出。

第二分册信号处理基础是本套丛书中的难点内容，重点说明信号处理的基础知识。本分册对数学基础有一定的要求，特别在傅里叶变换理论的阐述上，重点参考了国外的经典教材和一些优秀的网络资源，对傅里叶变换的说明有独到之处，读者细读之必有所收获。该分册还较详尽地阐述了常用的故障诊断方法，这些知识对加深理解3~9分册的内容大有裨益。

第三分册旋转机械故障诊断实用技术重点说明旋转机械常见的故障诊断方法，该部分内容较成熟，也是故障诊断技术的重点内容之一。该分册还介绍了常用旋转机械和联轴器的点检方法和点检标准，这部分内容是企业实现预知维修和安全生产的重要保障。

第四分册转子动平衡技术主要说明轴及轴系动平衡原理，重点说明轴系现场动平衡技术，现场动平衡作为一门实用技术，广泛应用于多转子连接的轴系系统，简便易行，行之有效。书中以实例介绍了现场动平衡过程中的一些经验和方法。

第五分册往复机械故障诊断及管道减振技术主要说明往复压缩机的失效形式、故障诊断方法和常用点检方法。重点说明管道减振技术，阐述管道减振必须和往复机械整体考虑，标本兼治，才能做到本质安全，书中还以编者亲历的实例作了简要说明。往复机械故障诊断一直是世界性的难题，因此可参考的资料很少，且不系统。本书部分内容是编者结合自己多年来在往复机械及管道减振方面解决现场实际问题过程中所取得的一手资料和经验整理编辑而成。

第六分册滚动轴承故障诊断实用技术、第七分册滑动轴承故障诊断实用技术和第八分册齿轮故障诊断实用技术三分册均主要说明三种常用零件的失效形式，重点说明常用的故障诊断方法，简要说明各自的点检方法和标准，三分册分别介绍了基于油样分析的故障诊断技术。其中第六分册还介绍了滚动轴承的基础知识，以便读者查阅更方便。第七分册介绍了滑动轴承常用材料和液体润滑的基本原理，以便读者在分析滑动轴承故障时，能够与润滑理论相结合考虑，因为滑动轴承任何形式的故障无不与润滑油膜有关，至于气体润滑轴承只为增广读者知识面而考虑。第八分册介绍了齿廓啮合基本定律，以便读者在分析齿轮故障时，能充分考虑到齿轮齿廓形状，因为齿轮的大多数故障都与齿廓曲线被破坏有关，最常用的渐开线齿廓满足五线合一，不同的故障形式归结起来都是不同程度地破坏了五线合一原则。滚动轴承和滑动轴承作为独立的零件很难制定其零件的点检标准，且这样做也不存在任何意义，因为这两种零件的使用离不开机器本身，因此，所列点检标准为其所安装的相关机械设备的点检标准。

第九分册电动机故障诊断实用技术简要说明常用电动机的基本原理，以便读者分析故障时，能够结合电动机运行机制加以考虑。重点说明电动机振动故障诊断和电气故障诊断方法，简要介绍了电动机温度和噪声故障诊断方法。考虑到电机日常维护，本书还介绍了电动机的点检方法和日常修理和保养方法。

总之，故障诊断技术的终极目标是保证设备长周期、安全稳定运行，投入大量资金购买最现代化的仪器设备是必要的，但首要任务是充实现场工程技术人员的知识储备，包括理论和实际的经验。现在从事故障诊断的人员，通过望、闻、问、切能对设备的运行状况作出评价的越来越少。当振动异常的时候，对于常见故障，能借助仪器得出诊断结论，能够对问题给出合理解释的人才越来越缺乏，故障诊断工作的决定作用在人，不在仪器。仪器仅仅是人的工具，如果人不行，再好的仪器也无用；好的仪器有了有准备的人才能够发挥作用。真正掌握了故障诊断技术，加上得力的仪器设备，才能使设备维护人员大有用武之地，而成为别人无法替代的人才！

近几年，编者有幸得到国家自然科学基金的支持，对科学基金的研究深化了编者对故障诊断技术的认识，如果说企业合作项目丰富了编者的实践知识，那么，国家自然科学基金项目则提升了编者的基础理论水平，使编者在更高的层面上更加理性地分析、判断每一种故障形式，所以，对近年来国家自然科学基金项目(50875016)的支持表示感谢。

本分册在资料查阅、收集、整理和编排上，我的研究生张卫攀、贾光做了卓有成效的工作，这本书的出版与他们的辛勤付出密不可分。在此对张卫攀、贾光同学表示谢意。

由于本套丛书的编写工作十分浩大，限于编者水平，恳切希望读者对本套丛书中出现的错误和不妥之处提出批评指正，编者将不胜感激。编者网址：www. ygazd. cn，E－mail：yangga@ mail. buct. edu. cn 或 ygapublic@ 163. com。

谨以此书献给辛勤工作在生产第一线的机械设备管理维护人员和有志于故障诊断技术研究的科学技术人员！

编　者

2011 年10 月于北京化工大学

目　录

第一章 绪 论

故障诊断就是通过对设备运行信息的检测分析和处理，判别设备的工作状况，分析故障成因，预测劣化趋势，达到提高设备效率和运行可靠性的目的。

一、故障诊断技术的主要环节

故障诊断技术的主要环节由四部分构成，如图 1－1 所示。

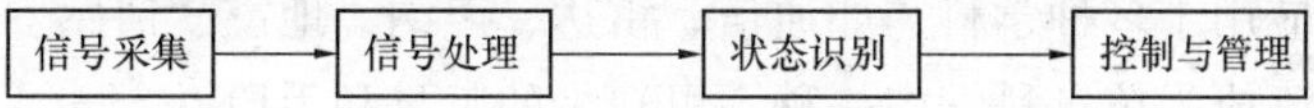

图 1－1 故障诊断技术的主要环节

图中信号采集是基础，信号处理是关键，状态识别包括判断和预报是核心，控制与管理是最终目标，前三个环节是基本环节。本书将主要阐述故障诊断中的信号处理。

1. 信号采集

信息采集的基本任务是获取有用的信息。在设备运行过程中，只有采集到反映设备实际状态的信号，诊断的后续工作才有意义。因而信号采集是故障诊断技术中不可缺少的重要环节。

(1) 特征信号的选择

机器运行过程中能提供的信号很多但并不是每一种信号都对诊断有积极的意义，要选择能方便采集的且能敏感地反应工况状态变化的信号，即特征信号。机器设备的主要特征信号有振动、温度、压力、流量等特征信号，蕴含了机器运行状态的本质信息。各种机器设备具有各自的特征变化规律，且不同的机器在不同的运行状态下其特征信号的敏感程度是不相同的，所以应视具体情况合理选择。

(2) 传感器

特征信号的获取不仅与所选择的信号内容有关，且与传感器的型号、精度和测点位置有关。本书的第二章将重点介绍故障诊断中的常用传感器。故障诊断中常用的传感器按功能可分为测振传感器和各种过程量监测传感器等。

(3)信号调理

被测量的信号经传感器转换成电信号需要进行某些调理和处理以便提高信噪比，并把信号转换成更便于处理接受和显示的形式。信号调理包括：信号滤波、放大、交直流分离等内容。如振动涡流位移传感器测到的信号包含交流分量和直流分量，且两者反映不同状态特征，所以需采用适当的电路将交直流信号分离以便分别进行分析。

2. 信号处理

信号处理是故障诊断技术的关键内容，也是理论研究的热点之一。它实际上就是特征量的提取技术，几乎包括现代所有的信息处理技术所能提供的手段，如故障诊断中所涉及的时域分析、频谱分析、相干分析及倒谱分析等。近年来出现的小波分析、几何分形、混沌和以 Wigner 分布为基础的双线性时频变换等。这些新方法的引入弥补了传统分析方法的不足，在诊断领域也得到了很好的应用。

3. 状态识别

状态识别是将前述提取出的特征参数不断与阈值或正常值进行比较，判断机器的运行状态，确定故障的性质、类别、部位和原因，预测故障的发展趋势。状态识别分为人工识别、自动识别和智能识别三种类型。

二、信号处理的发展

信号处理已应用于多种学科，如通信、雷达、声纳、地震、遥感、生物医学、机械振动等。目前它已成为信息科学中一种不可缺少的工具和手段。

20 世纪 50 年代以前，信号处理技术主要是模拟分析方法，进入 50 年代，大型通用数字计算机在信号处理中有了实际应用。

进入 60 年代，人造卫星、宇航探测及通信、雷达技术的发展，对信号处理的速度、分辨能力提出了更高的要求。1965 年，美国的库列（J. W. Cooley）和图基（J. W. Tukey）提出了快速傅里叶变换（Fast Fourier Transfor ，FFT）计算方法，使计算离散傅里叶变换（Discrete Fourier Transfor，DFT ）的复数乘法从 N^2 减少到 $N\lg N$ 次，从而大大减少了计算量。这一方法促进了数字信号处理的发展，使其获得更广泛的应用。

信号处理技术的快速发展使得状态监测的在线实时能力不断提高，分辨力和运算精度也大幅提高，其在图像处理、谱分析、振动噪声分析等的信号处理方面，展示了很宽的应用前景。

三、故障诊断系统简介

上世纪 90 年代以来，虚拟仪器得到了快速发展，它是计算机技术和测试仪器技术共同孕育和发展的产物，是充分应用计算机软、硬件资源，借助一定的模块化功能插卡和软件模块来完成传统测试功能的一类全新的智能化仪器系统。虚拟仪器系统可根据用户的要求设置和选择，实现多种动态测试与信号分析功能，例如，时域、频域、传递相干、互谱、相关分析以及基于信号处理的机械振动测试、转子轴心轨迹分析、扭矩功率测量等。虚拟仪器被认为是 21 世纪故障诊断测试仪器的发展方向。另外，虚拟仪器能与计算机的文件存储、数据库、网络通讯等功能相结合，具有很大的灵活性和拓展空间。在现代网络化、计算机化的生产、制造环境中，虚拟仪器更能适应现代制造业复杂、多变的应用需求，能更迅速、更经济、更灵活地解决工业生产、新产品实验中的测试问题。图 1－2 为常用的旋转机械故障诊断系统架构，图 1－3 为在线监测系统流程图，图 1－4 为故障诊断中的常用信号处理方法，图 1－5 为作者自主研发的 Y308 设备智能点检管理现场采集设备，图 1－6 为作者自主研发的网络点巡检系统架构图。

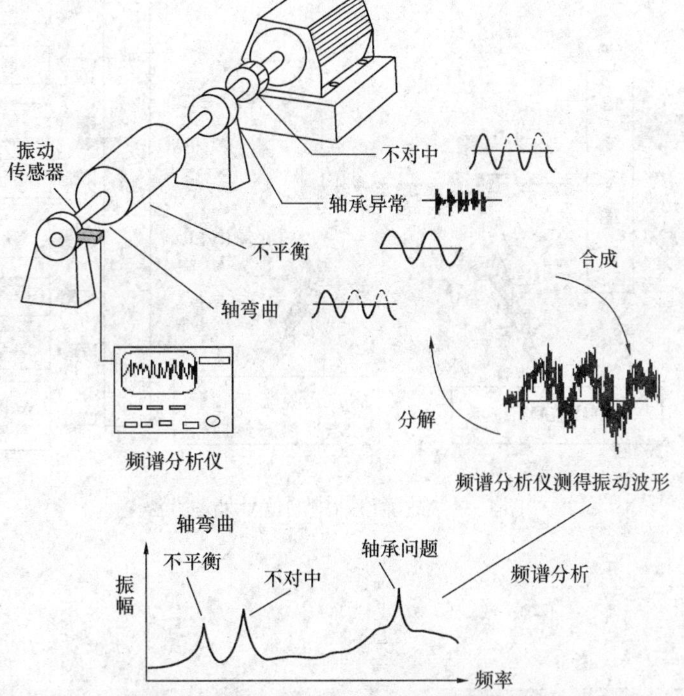

图 1－2　旋转机械故障诊断系统架构图

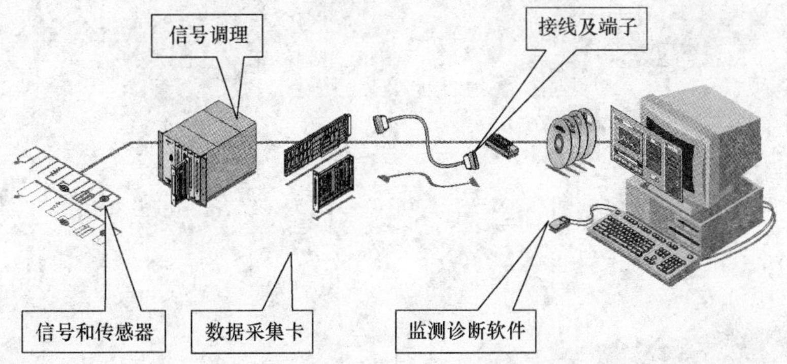

图 1－3　在线监测系统流程图

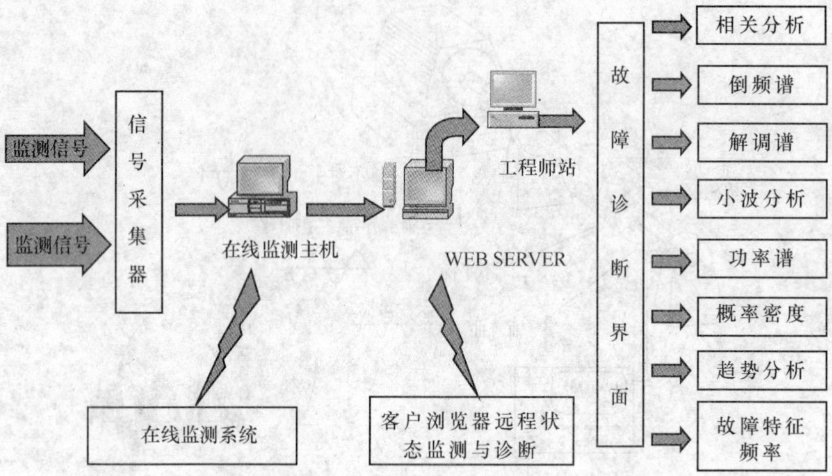

图 1－4　故障诊断中的信号处理方法

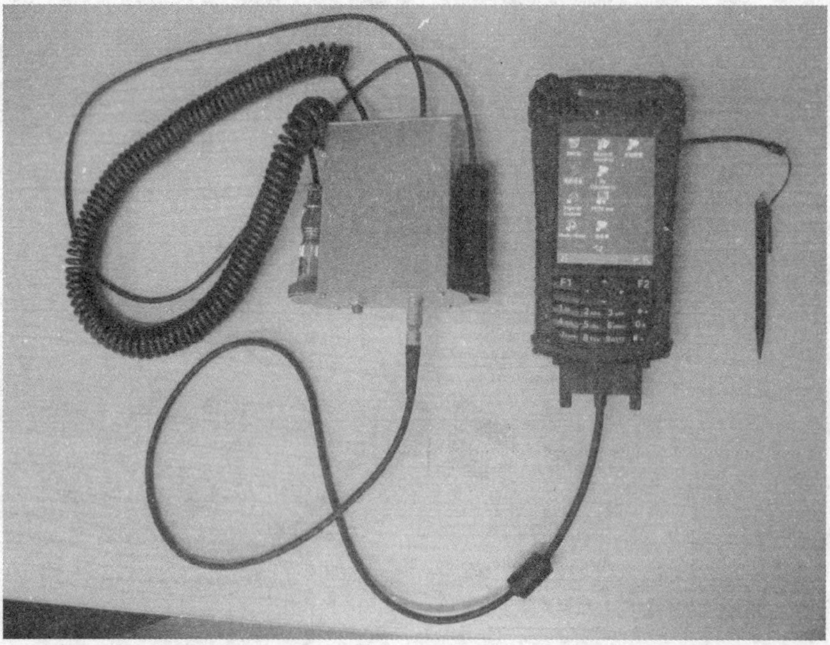

图 1－5　作者自主研发的 Y308 设备智能点检管理现场采集设备

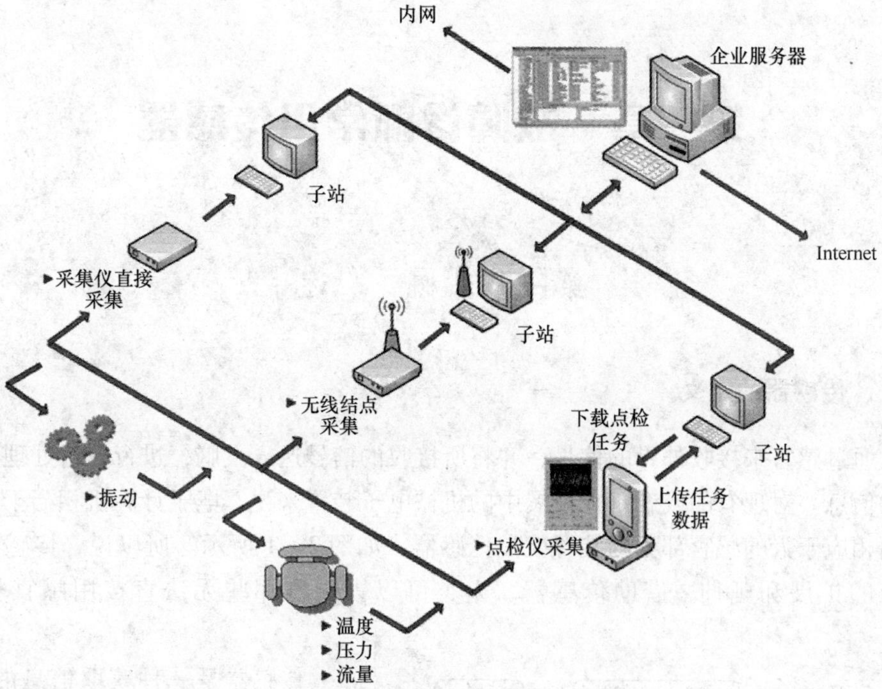

图 1－6　作者自主研发的网络点巡检系统架构图

第二章　故障诊断常用传感器

第一节　概　　述

一、传感器的定义

人通过感官来接收外界的信号，并将所接收的信号送入大脑，进行分析处理后获取有用的信息。对现有的或者正在发展中的机械电子装置来说，电子计算机相当于人的大脑，而相应于人的感官部分的装置就是传感器，如图 2－1 所示。所以说，传感器是人类感官的扩展和延伸，借助传感器，人类可以去探测那些无法直接用感官获取的信息。

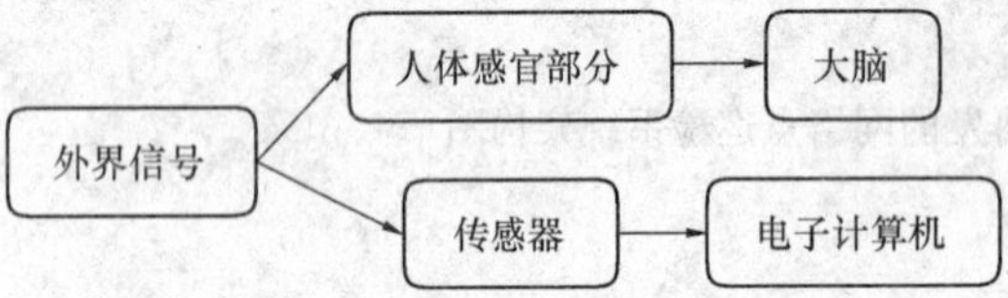

图 2－1　传感器的作用

传感器是一种获取信息的装置。从广义上讲，它的定义是：借助于检测元件接收一种形式的信息，并按一定的规律将所获取的信息转换成另一种信息的装置。它获取的信息可以为各种物理量、化学量和生物量，而转换后的信息也可以有各种形式。但目前，传感器转换的大多为电信号。因而从狭义上讲，传感器定义为，把外界输入的非电信号转换成电信号的装置。所以一般也称传感器为变换器、换能器和探测器，其输出电信号继续输送给后续配套的测量电路及终端装置，以便进行电信号的调理、分析、记录或显示等等。在一个故障诊断系统中，首先要能检测到信息，才能去进行识别，因此传感器是首当其冲的装置。

二、传感器的构成

传感器一般由敏感器件与辅助器件组成。敏感器件是传感器的核心，它的作用是直接感受被测物理量，并对信号进行转换输出。辅助器件则是对敏感器件输出的电信号进行放大、阻抗匹配，以便于后续仪表接入。如图 2－2 所示为一个压电式振动传感器。

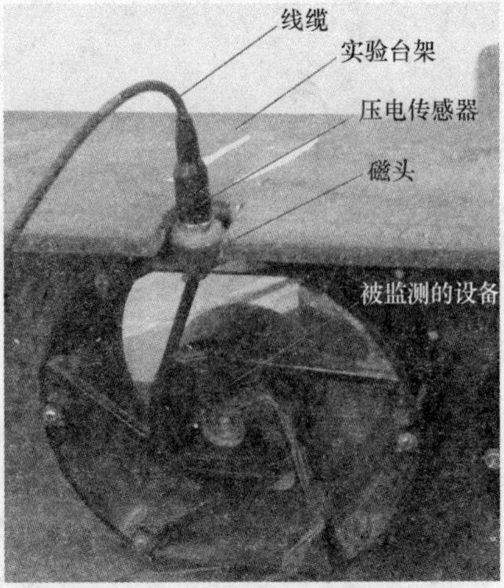

图 2－2　压电式振动传感器

三、传感器的分类

(1) 按被测物理量分类：可分为位移传感器、力传感器和温度传感器等。常见的被测物理量见表 2-1。

表 2-1　常见的被测物理量

分类	名　称
机械量	长度，厚度，位移，速度，加速度，旋转角，转数，质量，重量，力，压力，真空度，力矩，风速，流速，流量
声	声压，噪声
磁	磁通，磁场
温度	温度，热量，比热
光	亮度，色彩

(2) 按工作的物理基础分类：可分为机械式、电气式、光学式、流体式传感器等。

(3) 按信号变换特征分类：可分为物性型和结构型两类。

① 物性型传感器是依靠敏感元件材料本身物理性质的变化来实现信号变换的。例如，水银温度计是利用了水银的热胀冷缩性质；压电测力计是利用了石英晶体的压电效应等。

② 结构型传感器则是依靠传感器结构参数的变化而实现信号转换的。例如，电容式传感器依靠极板间距离变化引起电容量变化；电感式传感器依靠衔铁位移引起自感或互感变化。

(4) 按敏感元件与被测对象之间的能量关系：可分为能量转换型和能量控制型两类。

① 能量转换型：直接由被测对象输入能量使其工作。例如：热电偶温度计，压电式加速度计。

② 能量控制型：从外部供给能量并由被测量控制外部供给能量的变化。例如：电阻应变片。

下面几节内容将介绍机械故障诊断中常用传感器的原理及测试方法。

第二节　电感式传感器

电感式传感器是基于电磁感应原理，它是把被测量（如力、位移等）转化为电感量变化的一种装置。基于其原理，电感式传感器一定要接有外接电源。按照变换方式的不同，可分类如图 2-3 所示。

一、自感型传感器

1. 可变磁阻式

(1) 可变磁阻式传感器的原理

可变磁阻式传感器结构如图 2-4 所示。该传感器由线圈、铁芯和衔铁组成，在铁芯与衔铁之间有空气隙 δ，当线圈通过电流 i 时，产生磁通 ϕ_m，其大小与电流成正比，即

$$W\phi_m = Li \tag{2-1}$$

式中 W——线圈匝数；

L——比例系数，也称自感。

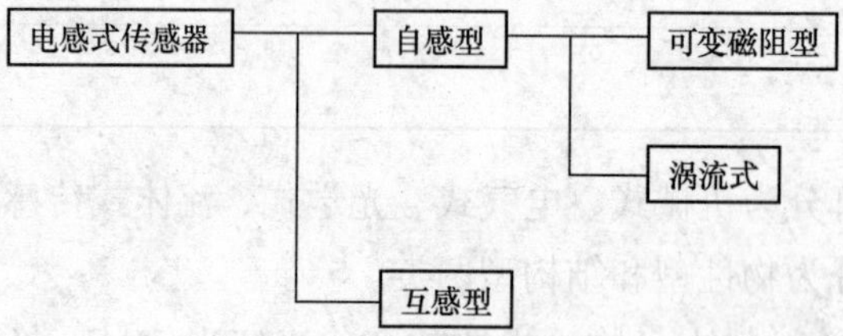

图 2-3 电感式传感器分类

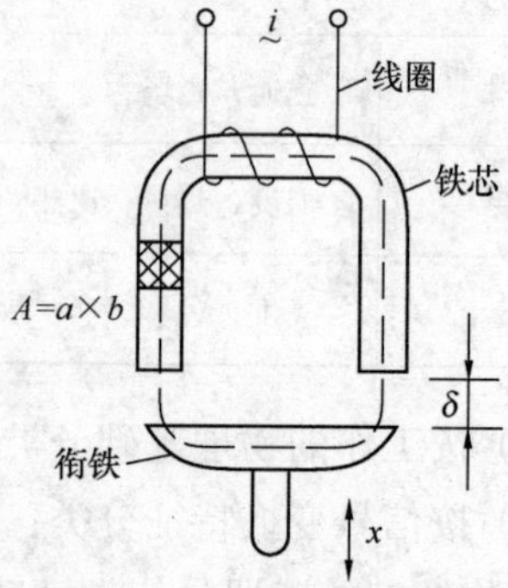

图 2-4 可变磁阻式传感器(变气隙式)结构图

根据磁路欧姆定律

$$\phi_m = \frac{Wi}{R_m} \tag{2-2}$$

式中 Wi——磁动势；

R_m——磁阻。

将式(2-2)代入式(2-1)，则自感

$$L = \frac{W^2}{R_m} \tag{2-3}$$

当空气隙 δ 较小，而且不考虑磁路的铁损时，则磁路总磁阻为

$$R_m = \frac{l}{\mu A} + \frac{2\delta}{\mu_0 A_0}$$

式中 l——导磁体(铁芯)的长度，m；

μ——铁芯磁导率，H/m；

A——铁芯导磁横截面积，m^2，$A = a \times b$；

δ——空气隙长度，m；

μ_0——空气磁导率，$\mu_0 = 4\pi \times 10^{-7}$ H/m；

A_0——空气隙导磁横截面积，m^2。

因为铁芯磁阻与空气隙的磁阻相比是很小的，即 $\mu \gg \mu_0$，所以将

$$R_m \approx \frac{2\delta}{\mu_0 A_0}$$

代入式(2－3)得到

$$L = \frac{W^2 \mu_0 A_0}{2\delta}$$

此式表明，自感 L 与气隙 δ 成反比，与气隙导磁横截面积 A_0 成正比。所以，可变磁阻式传感器可分为两类，如图 2－5 所示。

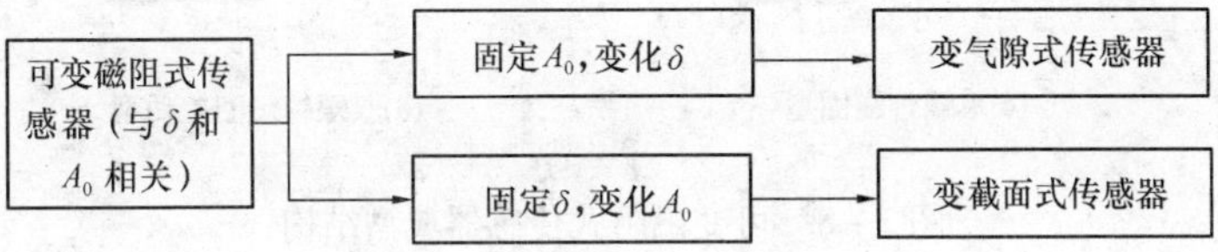

图 2－5　可变磁阻式传感器分类

其中，变气隙式传感器 L 与 δ 呈非线性（双曲线）关系，如图 2－6 所示。

此时，传感器的灵敏度为

$$K = \frac{dL}{d\delta} = -\frac{W^2 \mu_0 A_0}{2\delta^2}$$

灵敏度 K 与气隙长度 δ 的平方成反比，δ 愈小，灵敏度 K 愈高。为了减小非线性误差，在实际应用中，一般取 $\Delta\delta / \delta_0 \leqslant 0.1$。这种传感器适用于较小位移的测量，一般约为 0.001～1mm。

而变截面式传感器结构原理如图 2－7(a)所示，其中 L 与 A_0 呈线性关系，如图 2－7(b)所示。

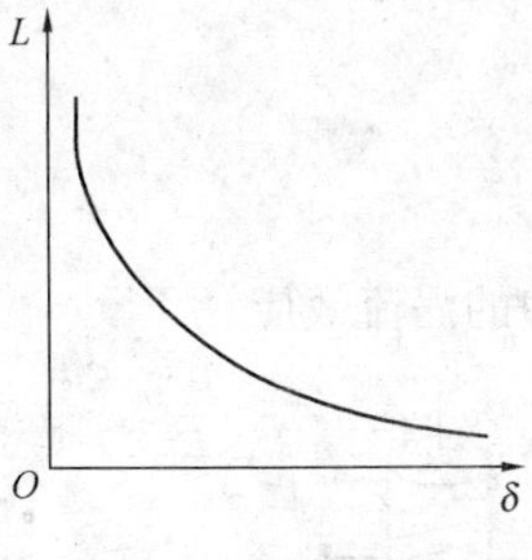

图 2－6　变气隙式传感器 L 与 δ 的非线性关系

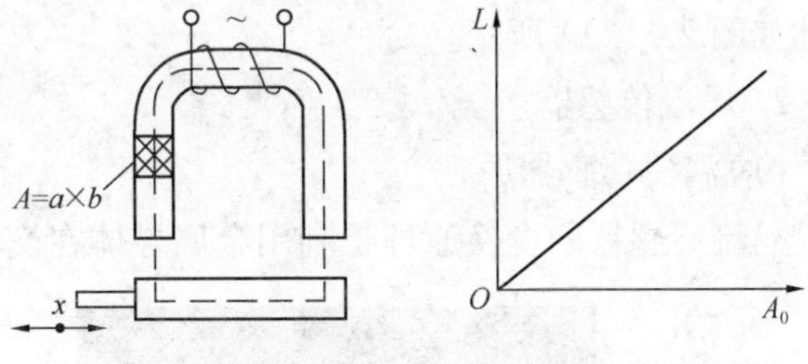

(a)结构原理图　(b) L 与 A_0 的线性关系

图 2－7　变截面式传感器

(2) 可变磁阻式传感器的典型结构

图 2－8 列出了几种常用可变磁阻式传感器的典型结构。图(a)是可变导磁面积型，其自感 L 与 A_0 呈线性关系，这种传感器灵敏度较低；图(b)是差动型，衔铁位移时，可以使两个线圈的间隙按 $\delta_0 \pm \Delta\delta$ 变化，一个线圈的自感增加，另一个线圈的自感减小。

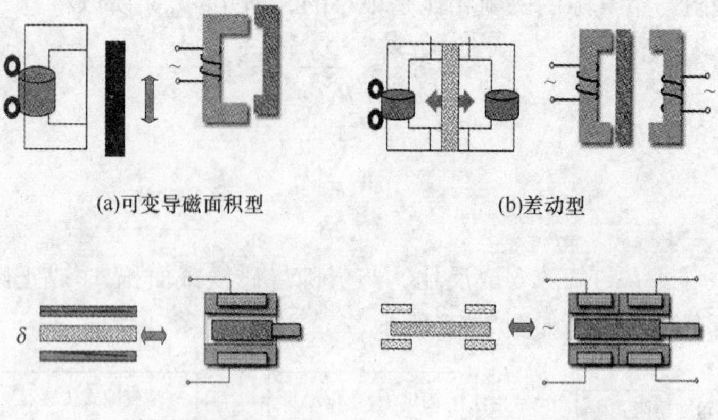

(a)可变导磁面积型　(b)差动型

(c)单螺管线圈型　(d)双螺管线圈差动型

图 2－8　可变磁阻式传感器典型结构

将两线圈接于电桥的相邻桥臂时，其输出灵敏度可提高一倍，并改善了线性持性；图(c)是单螺管线圈型，当铁芯在线圈中运动时，将改变磁阻，使线圈自感发生变化。这种传感器结构简单，制造容易，但灵敏度低，适用于较大位移(数毫米)测量；图(d)是双螺管线圈差动型，较之单螺管型有较高灵敏度及线性，被用于电感测微计上，常用测量范围为 ± 2mm，最高分辨力为 0. 5μm。这种传感器的线圈接于电桥上，构成两个桥臂，线圈电感 L_1、L_2 随铁芯位移而变化如图 2-9(a)所示，其输出特性如图 2－9(b)所示。

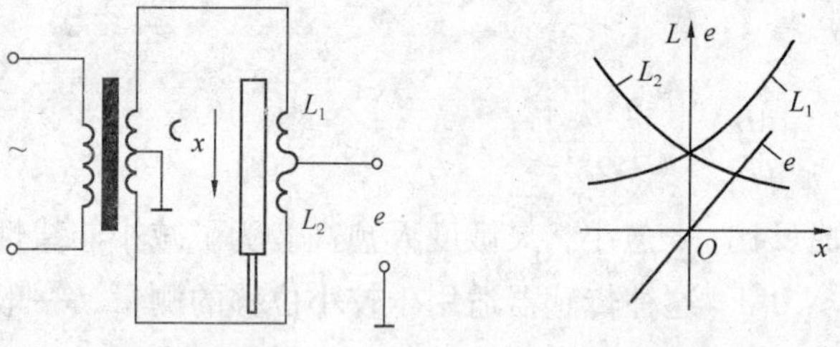

(a)电桥电路　(b)输出特性

图 2－9　双螺管线圈差动型电桥电路及输出特性

2. 涡流传感器

(1)涡流传感器原理

涡流传感器的变换原理是利用金属导体在交流磁场中的涡流效应。

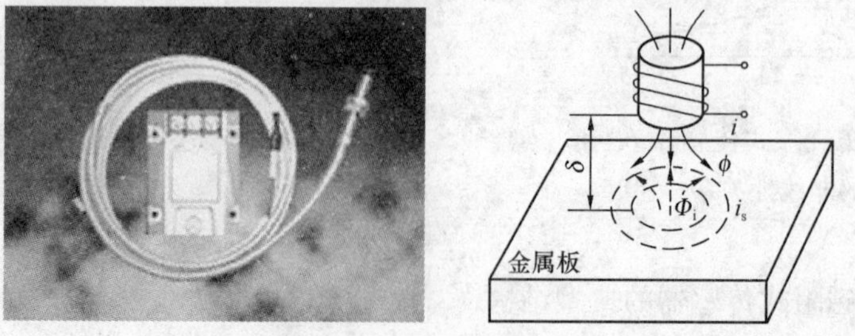

图 2－10　电涡流传感器

图2－10为电涡流传感器的实物和原理图。当金属板置于变化着的磁场或者在磁场中运动时，在金属板上，产生感应电流，这种电流在金属体内是闭合的，所以称为涡流。涡流的大小与金属板的电阻率ρ、磁导率μ、厚度t以及金属板与线圈距离δ、激励电流i、角频率ω等参数有关。若固定其他参数，仅仅改变其中某一参数，则可以根据涡流(感应电流)大小，测定该参数。

(2)涡流传感器种类

涡流式电感传感器可分为高频反射式和低频透射式两类。

①高频反射式涡流传感器

高频反射式涡流传感器的结构如图2－11所示。高频(数MHz以上)激励电流i施加于邻近金属板一侧的线圈，由线圈产生的高频电磁场作用于金属板的表面。在金属板表面薄层内，产生涡流i_s，涡流i_s又产生反向的磁场，反作用于线圈上，由此引起线圈自感L或线圈阻抗Z_L的变化。Z_L的变化程度取决于线圈至金属板之间的距离δ、金属板的电阻率ρ、磁导率μ以及激励电流i的幅值与角频率ω等。

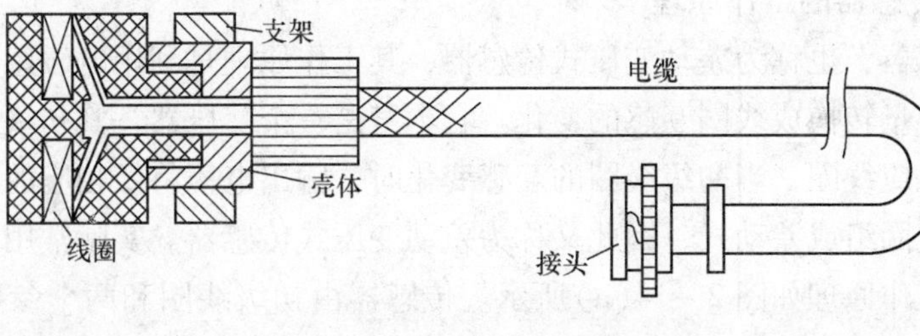

图2－11　高频反射式涡流传感器

当被测位移量发生变化时，使线圈与金属板的距离发生变化，从而导致线圈阻抗Z_L的变化，通过测量电路转化为电压输出。高频反射式涡流传感器常用于位移测量。

②低频透射式涡流传感器

低频透射式涡流传感器多用于测定材料厚度，其工作原理如图2－12(a)所示。发射线圈ω_1和接收线圈ω_2分别放在被测材料G的上下，低频(音频范围)电压加到线圈ω_1的两端后，在周围空间产生一交变磁场，并在被测材料G中产生涡流i，此涡流损耗了部分能量，使贯穿ω_2的磁力线减少，从而使ω_2产生的感应电势e_2减小。e_2的大小与G的厚度及材料性质有关，实验与理论证明，e_2随着材料厚度h增加，按照负指数规律减小，如图2－12(b)所示。因而按照e_2的变化，便可测得材料的厚度。

(3)涡流传感器的用途

涡流传感器普遍应用于非接触测量，灵敏度高，分辨力高，结构简单，使用方便，不受油液等介质影响。

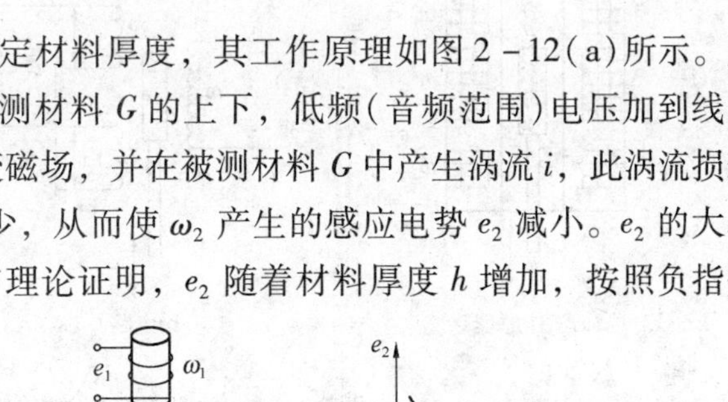

图2－12　低频透射式涡流传感器

涡流传感器在实际中可用于回转轴振动测试、回转轴误差测量、厚度测量、零件技术、表面裂纹或缺陷检测、材质判别等，如图 2－13 所示。

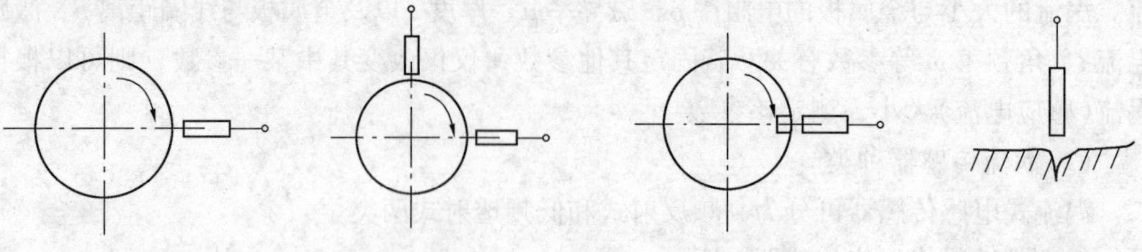

图 2－13　涡流传感器用于测试

二、互感型传感器

1. 互感型传感器的工作原理

互感式传感器，也称为差动变压式传感器，其工作原理是利用电磁感应中的互感现象，将被测位移量转换成线圈互感的变化。它本身是一个变压器，其初级线圈接入交流电源，次级为感应线圈，当初级线圈的互感变化时，输出电压将做相应的变化。由于常采用两个次级线圈组成差动式，因此又称为差动变压式传感器。实际常用的为螺管形差动变压器，其工作原理如图 2－14(a)所示。传感器由初级线圈和两个参数完全相同的次级线圈 ω_1、ω_2 组成。线圈中心插入圆柱形铁芯 p，次级线圈 ω_1、ω_2 反极性串联。当初级线圈 ω_1 加上交流电压时，如果 $e_1=e_2$，则输出电压 $e_0=0$；当铁芯向上运动时，$e_1>e_2$；当铁芯向下运动时，$e_1<e_2$。铁芯偏离中心位置愈大，e_0 愈大，其输出特性如图 2－14(c)所示。

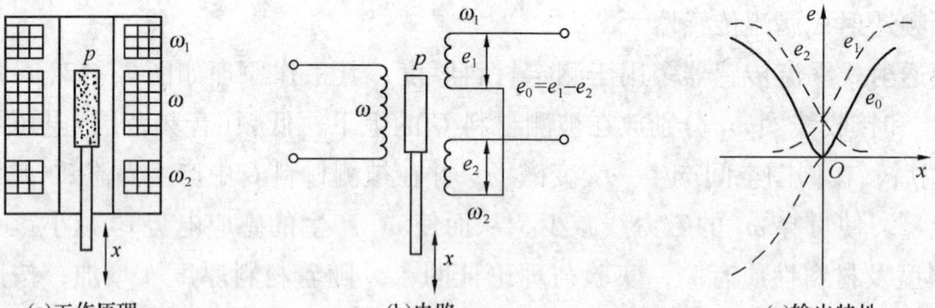

图 2－14　差动变压器式传感器工作原理

2. 互感型传感器的测量电路

差动变压器式传感器输出的电压是交流量，如用交流电压表指示，则输出值只能反映铁芯位移的大小，而不能反映移动的极性；同时，交流电压输出存在一定的零点残余电压，使活动衔铁位于中间位置时，输出也不为零。因此，差动变压器式传感器的后接电路应采用既能反映铁芯位移极性，又能补偿零点残余电压的差动直流输出电路。

图 2－15 为用于小位移的差动相敏检波电路的工作原理，当没有信号输入时，铁芯处于中间位置，调节电阻 R，使零点残余电压减小；当有信号输入时，铁芯移上或移下，其输出电压经交流放大、相敏检波、滤波后，得到直流输出。由表头指示输入位移量的大小和方向。

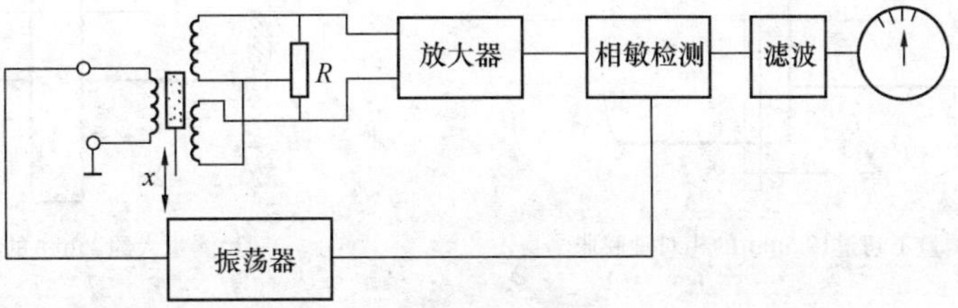

图 2－15　差动相敏检波电路的工作原理

三、电感式传感器的应用

1. 轴位移的测量

轴位移不仅能表明机器的运行特性和状况，而且能够指示推力轴承的磨损情况以及转动部件和静止部件之间发生碰撞的可能性。

在工业现场，常用电涡流位移传感器来测量轴位移，在位移测量中只考虑传感器中的直流电压成分，轴位移分为相对轴位移（即轴向位置）和相对轴膨胀。

（1）相对轴位移的测量

相对轴位移是指轴向推力轴承和导向盘之间的距离变化。导向盘和轴承之间必须有一定的间隙以便能够形成承载油膜。如图 2－16 所示。

（2）相对轴膨胀的测量

相对轴膨胀的测量是指选装机器的旋转部件和静止部件因为受热或冷却导致膨胀或收缩量。

相对轴膨胀的测量在旋转机器的启/停机过程十分重要。因为机组加热和冷却时转子和机壳会发生不同的膨胀或收缩。例如，功率大于 1000MW 的大汽轮机的相对膨胀可能达到 50mm。图 2－17 列出了几种相对轴膨胀的测量方法。

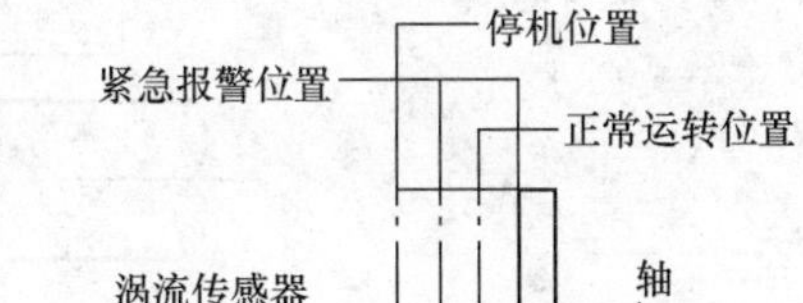

图 2－16　相对轴位移测量示意图

2. 回转轴径向运动误差的测量

回转轴运动是指在回转过程中回转轴线偏离理想位置而出现的附加运动。

运动误差是回转轴上任何一点发生与轴线平行的移动（端面运动误差）和在垂直于轴线的平面内的移动（径向运动误差）。端面运动误差因测量点所在半径位置不同而异，

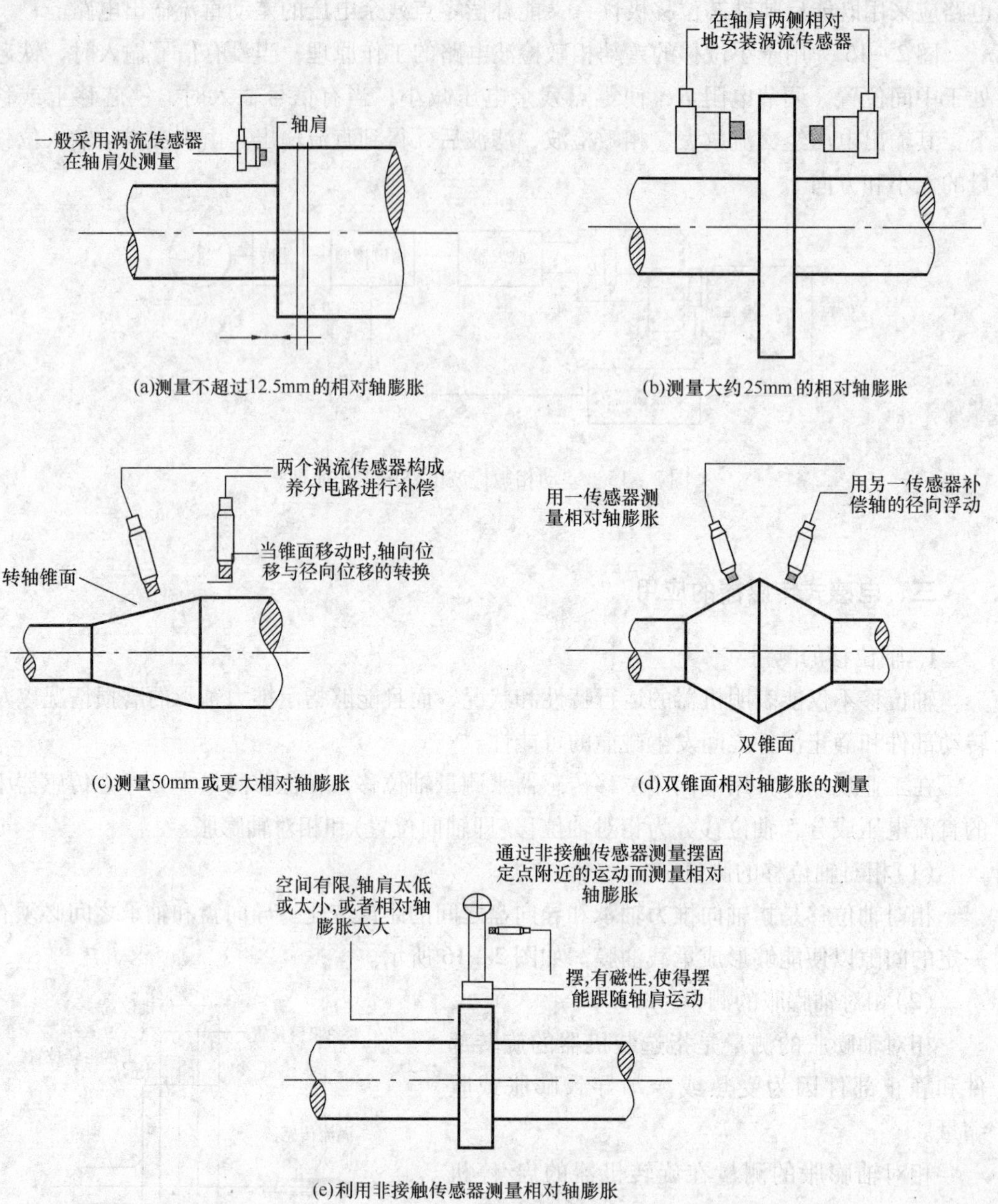

图 2－17　相对轴膨胀的测量

径向运动误差则因测量点所在的轴向位置不同而异。因此，在讨论运动误差时，应指明测量点的位置。

常用径向误差测量见图 2－18。

实际上，传感器所检测到的位移信号是很复杂的，以图 2－18 为例来说明。设 O_0 为理想回转中心，O_m 为基准球的几何中心，O_r 为瞬时回转中心，e 为基准球的安装偏心，θ 为转角，并令 e 与 x 轴平行时 $\theta=0, r(\theta)$ 为径向运动误差。若基准球半径 R_m 远

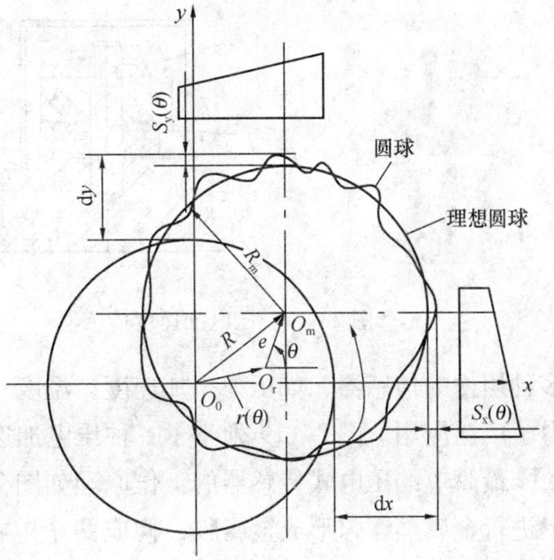

图 2－18　回转径向运动误差测量示意图

远大于偏心 e 和径向运动误差 $r(\theta)$，则两传感器检测到的位移信号 d_x 和 d_y 分别为

$$d_x = e\cos\theta + r_x(\theta) + s_x(\theta)$$

$$d_y = e\sin\theta + r_y(\theta) + s_y(\theta)$$

等号右侧第一、二项分别为偏心 e 和径向运动误差 $r(\theta)$ 在 x、y 方向上的投影，而第三项则为基准球上相差 90°的两对应点处的形状误差。由此可见：

(1)在一般情况下 $d_x + d_y \neq r(\theta)$，而只有当 e、$s_x(\theta)$、$s_y(\theta)$ 均趋于零或已确知时，由 d_x 和 d_y 才能确定 $r(\theta)$。因此，如何消除或分离偏心 e 和基准球的形状误差 s，就成为研究测量方法的重要任务。目前，常采用形状误差远小于回转运动误差的圆球作为基准球，力求减小它对测量结果的影响。当圆球形状误差和运动误差大小同属于一数量级时，则必需采用误差分离技术来消除其影响。

(2)在圆球形状误差可忽略的情况下，d_x 和 d_y 是圆球中心的位移在 x、y 两方向上的分量。换言之，由于偏心 e 的存在，由 d_x、d_y 可以确定的是圆球几何中心的轨迹而不是回转轴心的轨迹。实际上，在同一根轴上，以相同条件运行时(因而 $r(\theta)$ 应一样)，由于偏心 e 的大小和方位不同，测量的 d_x 和 d_y 亦不同。为了尽量减小偏心对 d_x、d_y 的影响，使得测量结果能更真实的反映 $r(\theta)$，就必须尽量减小或消除 e 值。如果这样做有困难，那么只有在同一的偏心大小和方位的条件下测量的结果，彼此间才能可比性。

通常，通过适当的机械装置和精细调整来减小安装偏心，或采用滤波法和反相叠加法来减弱偏心的影响。

第三节　压电式传感器

一、压电式传感器的原理

压电传感器是一种可逆转换器，它既可以将机械能转换为电能，又可以将电能转换为机械能。它的工作原理基于某些物质的压电效应。

某些物质，如石英，当受到外力作用时，不仅几何尺寸会发生变化，而且内部也会被极化，表面会产生电荷；当外力去掉时，又重新回到原来的状态，这种现象称为压电效应。

根据前面对传感器的介绍，压电式传感器属于物性型传感器。利用的是压电材料本身具有的性质。明显呈现压电效应的敏感功能材料叫做压电材料。常用的压电材料有两

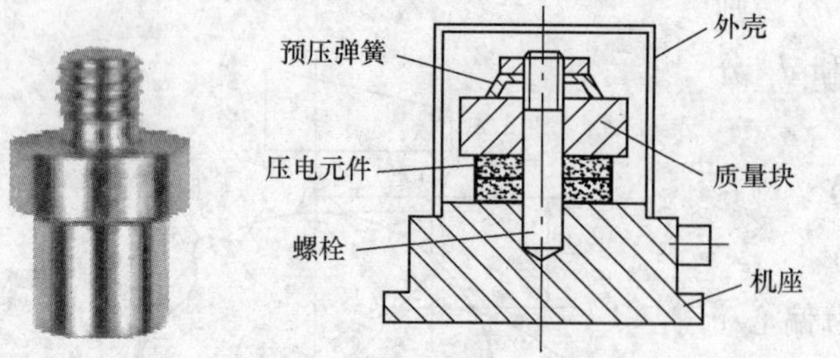

图 2-19　压电加速度传感器

大类：一类是压电单晶体，如石英、酒石酸钾钠等；另一类是多晶压电陶瓷，如钛酸钡、锆钛酸铅、铌镁酸铅等，又称为压电陶瓷。此外，聚偏二氟乙烯(PVDF)作为一种新型的高分子物性型传感材料，自 1972 年首次应用以来，已经研制了多种用途的传感器，如压力、加速度、温度、声和无损检测，尤其在生物医学领域，获得了广泛应用。图 2-19 列举了一种压电加速度传感器的实物图及结构图。

最简单的压电式传感器的工作原理如图 2-20(a)所示。在压电晶片的两个工作面上进行金属蒸镀，形成金属膜，构成两个电极。当压电晶片受到压力 F 的作用时，分别在两个极板上积聚数量相等而极性相反的电荷，形成电场。因此，压电传感器可以看作是一个电荷发生器，也可以看成是一个电容器。

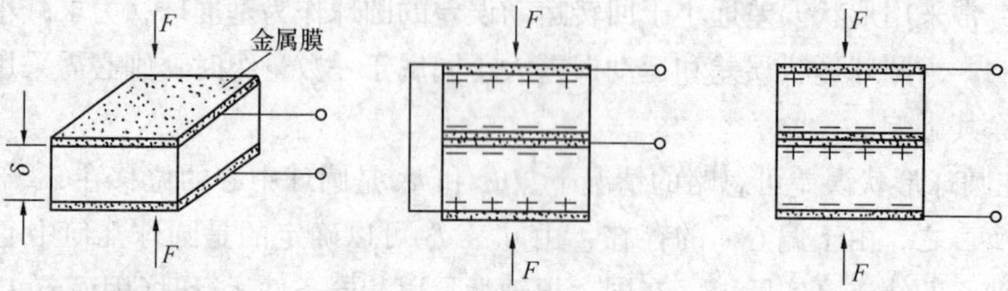

(a)压电晶片　(b)并联　(c)串联

图 2-20　压电式传感器工作原理

如果施加于压电晶片的外力不变，积聚在极板上的电荷又无泄漏，那么在外力继续作用时，电荷量将保持不变。这时在极板上积聚的电荷与力的关系为

$$q = DF \tag{2-4}$$

式中　q——电荷量，C；

F——作用力，N；

D——压电常数，C/N，与材质及切片的方向有关。

上式表明，电荷量与作用力成正比。当然，在作用力终止时，电荷就随之消失。显然，若要测得力值 F，主要问题是如何测得电荷值。值得注意的是：利用压电式传感器测量静态或准静态量值时，必须采取一定的措施，使电荷从压电晶片上经测量电路的漏失减小到足够小程度。而在动态力作用下，电荷可以得到不断补充，可以供给测量电路一定的电流，故压电传感器适宜作动态测量。

在实际应用中，由于单片的输出电荷很小，因此，组成压电式传感器的晶片不止一片，而常常将两片或两片以上的晶片黏结在一起。黏结的方法有两种，即并联和串联，如图 2-20(b)、(c)所示。并联时，两片压电晶片的负电荷集中在中间电极上，正电荷集中在两侧的电极上，此时传感器的电容量大，输出电荷量大，时间常数大，故这种传感器适用于测量缓变信号及电荷量输出信号；串联时，正电荷集中于上极板，负电荷集中于下极板，此时传感器本身的电容量小，响应较快，输出电压大，故这种传感器适用于测量以电压作输出的信号和频率较高的信号。

二、压电式传感器的应用

压电式加速度传感器的优点是：频带极宽(0.2～20kHz)；本身质量小(2～50g)；动态范围很大。缺点是：会受电场的干扰，且有电荷泄漏；某些压电材料需要防潮措施，而且输出的直流响应差，需要采用高输入阻抗电路或电荷放大器来克服这一缺陷。

加速度传感器安装方式的选择可参见表2－2。

表2－2　加速度传感器安装方式简表

安装方式	钢制螺栓安装	绝缘螺栓加云母垫片	用粘接剂固定	刚性高的蜡	永久磁铁安装	手持
安装示意图	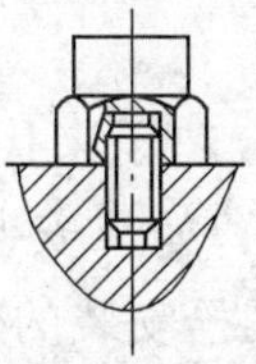	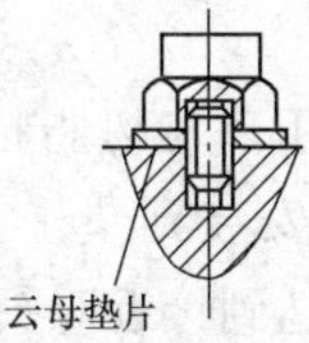	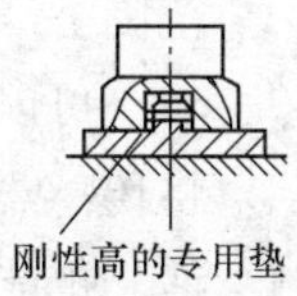	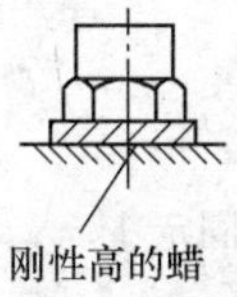	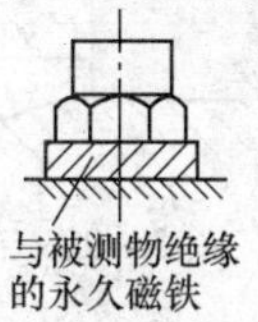	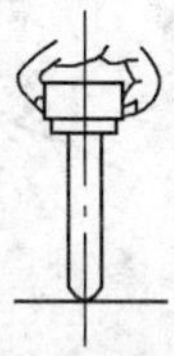
特点	频响特性最好，基本不降低传感器的频响性能。负荷加速度最大，是最好的安装方法，适合于冲击测量	频响特性近似于没加云母定片的螺栓安装，负荷加速度大，适合于需要电气绝缘的场合	用粘接剂固定，和绝缘法一样，频率特性良好，可在10kHz	频率特性好，但不耐湿	只适用于1～2kHz的测量，负荷加速度中等(＜200g)，使用温度一般小于150℃	用手按住频响特性最差，负荷加速度小，只适用于＜1kHz的测量，其最大优点是使用方便

1. 暂时安装

暂时安装使用的方法应具有良好的可重复性。如振动探针，用于难以接近的测点和铝制表面，不能测量低于10Hz的振动，共振频率范围800～1500Hz，如图2－21所示。

2. 磁铁固定

磁铁固定分为两极磁铁(用于不规则表面或曲面)固定和平面磁铁(用于平坦表面)固定。可以在有微小曲面的机器表面安装；机器表面和磁性必须保持清洁和良好的维护，所有沙粒、金属颗粒、毛刺都必须去除；黄油、蜂蜡等耦合剂经常与有平坦底部的磁体一起使用。需要注意的是磁铁安装座具有很强的磁性，当把它安装到机器上时，应先放在设备的边缘上然后慢慢移动到目标位置，否则由于巨大的磁性冲击力作用可能会

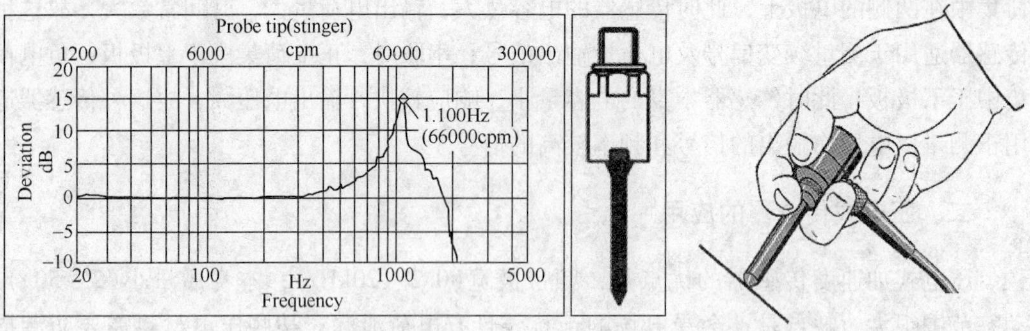

图 2－21　振动探针安装

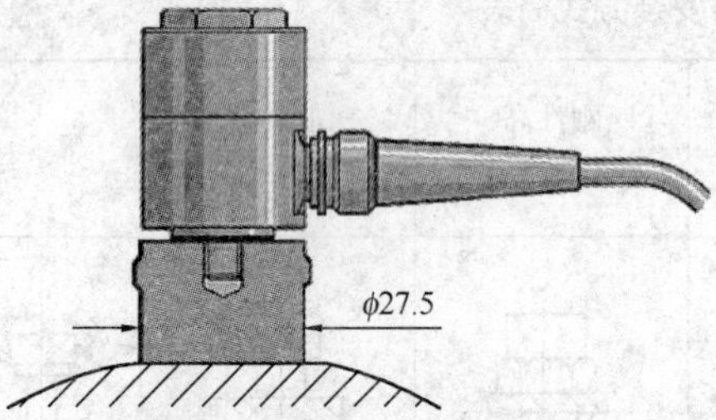

图 2－22　磁铁固定

导致传感器的损坏。

3. 永久螺栓固定

通过在设备外壳上钻螺纹孔，用双头螺栓与设备直接连接，能获得最高的频率范围。

可以用环氧树脂粘合垫子来代替钻孔，将传感器安装到垫子上，如果安装合理的话，也能达到接近双头螺栓安装的效果、如图 2－23 所示。

目前最好的安装方式采用双头螺栓直接将传感器与机器表面连接起来，其他安装方式会引入安装共振，见图 2－24。

总之，安装加速度传感器要保证：在进行数据采集时的工作安全；在振源和传感器之间必须要有一个良好的机械传输路径，应该选择振源和传感器间的最短路径；不能将传感器安装到自身会受到机器振动激励的部件上，如：风扇罩、联轴器防护盖等部件。

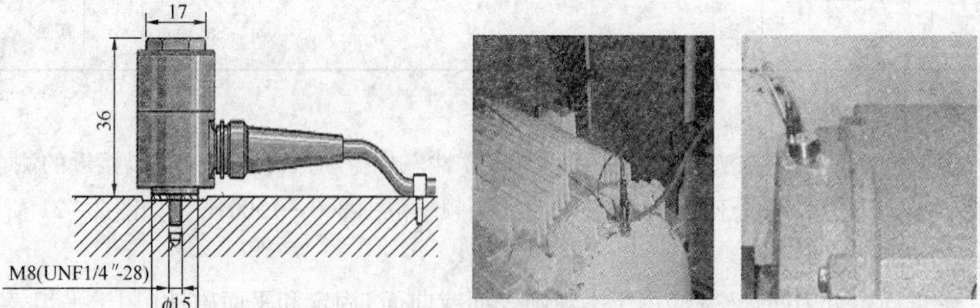

双头螺栓固定　　粘合垫子

图 2－23　永久螺栓固定

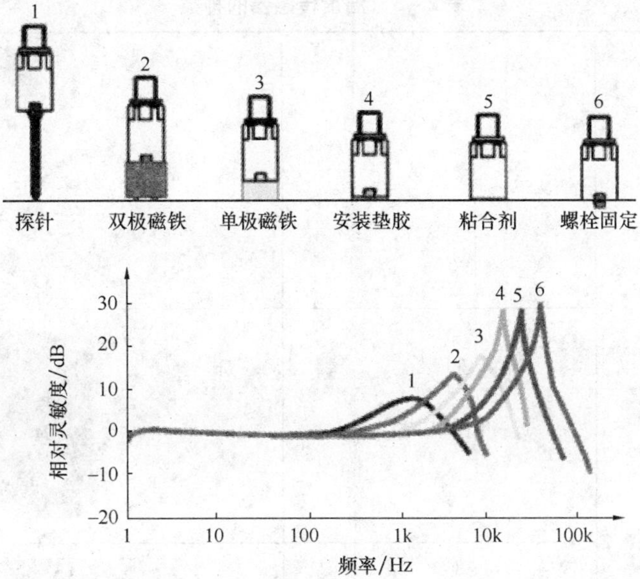

图 2－24　传感器安装方式引起共振

第四节　温度传感器

在工业生产自动化流程中，温度测量点要占全部测量点的一半左右。如图 2－25 所示。(a)为支承辊使用的四列圆柱滚子轴承的内圈，整个内圈沿轴向断裂，并贯穿内径，内孔表面严重烧伤；(b)为工作辊使用的四列圆柱滚子轴承的内圈滚道表面。颜色已呈红综色，烧伤严重，滚道表面布满凹坑和麻点。(c)为支承辊使用的四列圆柱滚子轴承的滚子和外圈组件，滚子表面材料大块剥落，滚子表面呈红棕色，严重烧伤。而这些通过温度监测最有效，振动监测不如温度监测来的更加直观。下面简要介绍常用温度测量的方式。

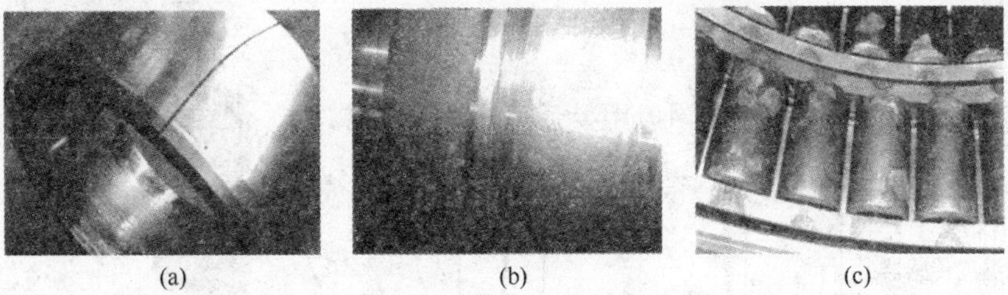

图 2－25　烧伤轴承

一、温度传感器的种类

温度传感器按测量方式可分成两类，接触式温度传感器和非接触式温度传感器，各类温度传感器及其形貌如表 2－3 所示。

表 2－3　温度传感器的种类

接触式温度传感器	热电偶	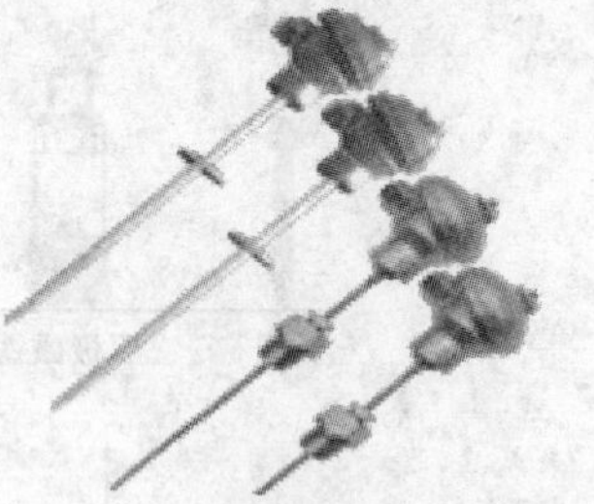
	电阻温度计	
	热敏电阻	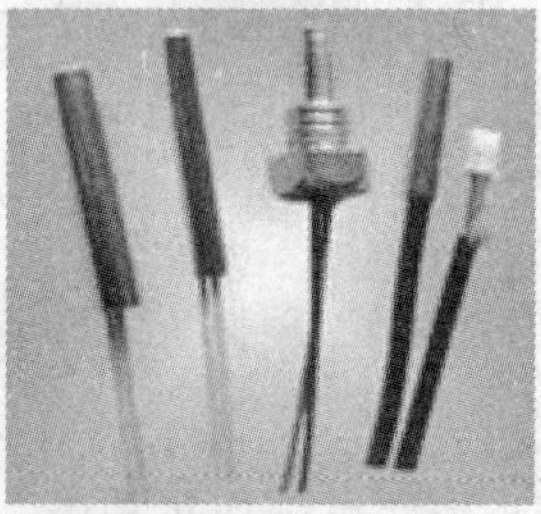
	数字式温度传感器	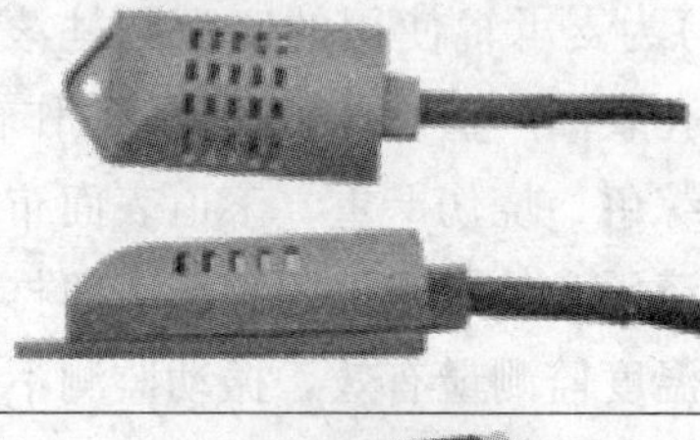
非接触式温度传感器	红外测温仪	
	光纤光栅测温仪	

二、温度传感器的安装

选择好温度传感器以后，安装时应利用喷砂处理去除表面的脏物、砂砾、油脂和手指印。在刚性表面安装温度传感器，一般需要黏合剂使传感器与刚性表面充分接触，如图 2－26 所示。

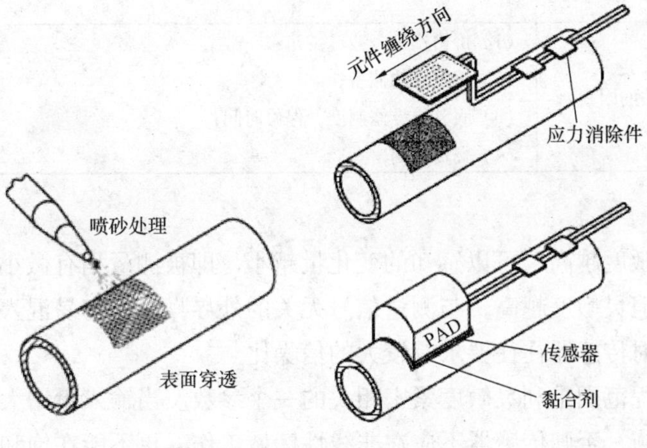

图 2－26　温度传感器的安装

第五节　传感器的选用原则

如何根据测试目的与实际条件，合理地选用或设计传感器，是在完成一项测试工作时必然会遇到的问题。下面就选用传感器时应考虑的一些基本因素，作一概略介绍，见表 2－2。

表 2－2　传感器选用基本要素简表

与测量条件有关的因素	（1）测量的目的； （2）被测试量的选择； （3）测量范围； （4）输入信号的幅值，频带宽度； （5）精度要求； （6）测量所需要的时间
与传感器有关的技术指标	（1）精度； （2）稳定度； （3）响应特性； （4）模拟量与数字量； （5）输出幅值； （6）对被测物体产生的负载效应； （7）校正周期； （8）超标准过大的输入信号保护

续表

与使用环境条件有关的因素	(1) 安装现场条件及情况; (2) 环境条件(湿度、温度、振动等); (3) 信号传输距离; (4) 所需现场提供的功率容量
与购买和维修有关的因素	(1) 价格; (2) 零配件的储备; (3) 服务与维修制度, 保修时间; (4) 交货日期

(1)灵敏度

传感器的灵敏度越高，可以感知的变化量越小，即被测量稍有微小变化，传感器即有较大的输出。但灵敏度越高，与测量信号无关的外界噪声也容易混入，并且噪声也会被放大。因此，对传感器往往要求有较大的信噪比。

传感器的量程范围是利灵敏度紧密相关的一个参数。当输入量增大时，除非有专门的非线性校正措施，否则传感器不应在非线性区域工作，更不能在饱和区域内工作。有些需在较强的噪声干扰下进行的测试工作，被测信号叠加干扰信号后也不应进入非线性区。此外，过高的灵敏度会影响其适用的测量范围。

被测量是向量时，传感器在被测量方向上的灵敏度愈高愈好，而横向灵敏度愈小愈好；如果被测量是二维或三维向量，那么对传感器还应要求交叉灵敏度愈小愈好。

(2)线性范围

任何传感器都有一定的线性范围，在线性范围内输出与输入成比例关系。线性范围愈宽，则表明传感器的工作量程愈大。

为了保证测量的精确度，传感器必须在线性区域内工作。例如，机械式传感器的弹性元件，其材料的弹性极限是决定测量量程的基本因素，超过弹性极限时将产生非线性误差。

然而任何传感器都不容易保证其绝对线性，在某些情况下，在许可限度内也可以在其近似线性区域应用。例如变极距型电容、电感传感器，均采用在初始间隙附近的近似线性区内工作，因此选用时必须考虑被测物理量的变化范围，令其非线性误差在允许范围以内。

(3)响应特性

传感器的响应特性必须在所测频率范围内尽量保持不失真。实际传感器的响应总有一定延迟，但延迟时间越短越好。

一般光电效应、压电效应等物性型传感器，响应时间短，工作频率范围宽。而结构型，如电感、电容、磁电式传感器等，由于受到结构特性的影响，其固有频率低。

在动态测量中，传感器的响应特性对测试结果有直接影响，选用时应充分考虑到被测物理量的变化特点，如稳态、瞬变、随机等。

(4)稳定性

传感器的稳定性是指经过长期使用以后，其输出特性不发生变化的性能。影响传感器稳定性的因素是时间与环境。

为了保证稳定性，在选用传感器之前应对使用环境进行调查，以选择合适的传感器类型。例如电阻应变式传感器，湿度会影响其绝缘性，从而会影响其零漂，长期使用还会产生蠕变现象。又如，对于变极距型电容传感器，环境湿度改变或油剂侵入间隙时，会改变电容器介质的性质。光电传感器的感光表面有灰尘或水泡时，会改变感光性质。磁电式传感器或霍尔效应元件等，在电场、磁场中工作时亦会带来测量误差。滑线电阻式传感器表面有灰尘时将会引入噪声。

在有些机械自动化系统或自动检测装置中，所用的传感器往往是在比较恶劣的环境下工作，灰尘、油剂、温度、振动等的干扰是很严重的，这时传感器的选用必须优先考虑稳定性因素。

(5)精确度

传感器的精确度表示传感器的输出与被测量的对应程度。因为传感器处于测试系统的输入端，因此，传感器能否真实的反映被测量，对整个测试系统具有直接影响。

然而，传感器的精确度也并非愈高愈好，因为还要考虑到经济性。传感器精确度愈高，价格越昂贵，因此应从实际出发来选择传感器。

首先应了解测试目的，是定性分析还是定量分析。如果属于相对比较性的试验研究，只需获得相对比较值即可，此时对传感器的精确度要求可低些。然而对于定量分析，为了获得精确量值，传感器必须有足够高的精确度。

(6)其他选用原则

传感器在实际测试条件下的工作方式也是选用传感器时应考虑的重要因素，因为测量条件不同对传感器的要求也不同。

在机械系统中，运动部件的被测参数(例如回转轴的转速、振动、扭矩)，往往需要采用非接触式测量。因为对部件的接触式测量不仅会造成对被测系统的影响，且有许多实际困难，如测量头的磨损、接触状态的变动、信号的采集等，都不易妥善解决，也易于造成测量误差。而采用电容式、涡流式等非接触式传感器会带来很大方便。若选用电阻应变计进行非接触式测量，则需配用遥测应变仪。

另外，为实现自动化过程的控制，要求检测系统具有真实性与可靠性。因而对传感器及测试系统都有一定特殊要求。例如，在加工过程中，若要实现表面粗糙度的自动检测，以往的干涉法、触针式轮廓检测法等都不能应用，而代之以激光检测法。

第三章　傅里叶变换和卷积

傅里叶变换(FT)、离散傅里叶变换(DFT)、快速傅里叶变换(FFT)是信号处理的重要工具，实现了信号在时域和频域之间的相互转换。

对于机械专业工程技术人员而言，傅里叶变换是陌生的，有的甚至从未接触过，即使学过的，对它的理解也很难深入。而对傅里叶变换的充分理解对故障诊断技术的掌握是十分重要的。下面将比较详尽地讲解傅里叶变换的原理和方法(详细内容推荐读者参看 Steven W. Smith 编写的 Digital signal Processing-A Practical Guide for Engineers and Soientists 一书)。

以往提到傅里叶变换的书籍，总会罗列一些公式，比较抽象而且需要一定的高等数学基础。为了方便读者理解，下面内容将从傅里叶变换的起源慢慢深入，在理解这部分内容的时候，尽量不要从一开始就想着傅里叶变换是怎么变换的。

第一节　傅里叶变换的由来和分类

一、傅里叶变换的由来

傅里叶是一位法国数学家和物理学家，他对热传递很感兴趣，于 1807 年在法国科学学会上发表了一篇论文，运用正弦曲线来描述温度分布。论文里有个在当时具有争议性的决断：任何连续周期信号可以由一组适当的正弦曲线组合而成。当时审查这个论文的人，其中有两位是历史上著名的数学家，拉格朗日(Joseph Louis Lagrange，1736～1813)和拉普拉斯(Pierre Simon de Laplace，1749～1827)，当拉普拉斯和其他审查者投票通过并要发表这个论文时，拉格朗日却坚决反对，在近 50 年的时间里，拉格朗日坚持认为傅里叶的方法无法表示带有棱角的信号，如在方波中出现非连续变化斜率。法国科学学会屈服于拉格朗日的威望，拒绝了傅里叶的工作，直到拉格朗日去世后 15 年这个论文才被发表出来。

正弦曲线可以代替原来的曲线有以下两个原因：

(1)正弦曲线可以非常逼近地表示带有棱角的信号直至两种表示方法不存在能量差别。

(2)分解信号的方法是无穷的，之所以不用方波或三角波来表示原信号，是因为分解信号的目的是为了更加简单地处理原来的信号，用正余弦来表示原信号会更加简单。正余弦拥有原信号所不具有的性质：正弦曲线保真度。即，一个正弦曲线信号输入后，输出的仍是正弦曲线，只有幅度和相位可能发生变化，但是频率和波的形状仍是一样的。且只有正弦曲线才拥有这样的性质，正因如此才不用方波或三角波来表示。

二、傅里叶变换的分类

根据原信号的不同类型，可以把傅里叶变换分为四种类别，如表 3 - 1 所示。

表 3 - 1　傅里叶变换的分类

序号	原信号类型	图例	对应的傅里叶变换
1	非周期性连续信号	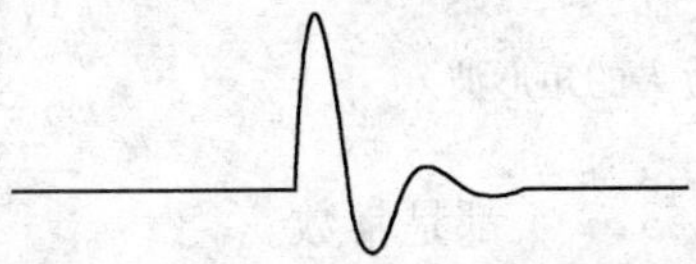	傅里叶变换
2	周期性连续信号	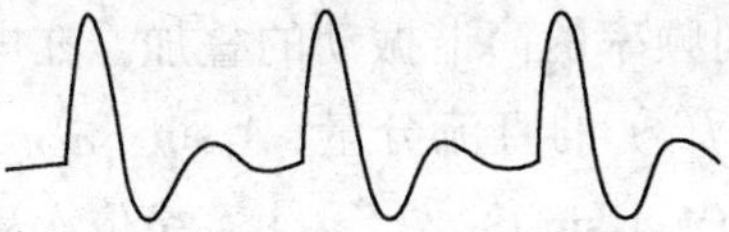	傅里叶级数
3	非周期性离散信号		离散时域傅里叶变换
4	周期性离散信号		离散傅里叶变换

第二节　傅里叶级数

傅里叶级数是本章内容的基础，其中傅里叶级数公式是傅里叶变换的基础公式。由表 3 - 1 可知，傅里叶级数对应的信号类型为周期性连续信号。

一、傅里叶级数的三角形式

周期信号往往可以用周期函数来表示，周期函数反映了客观世界的周期运动。正弦函数是一种常见而简单的周期函数，例如描述简谐振动的函数 $y = A\sin(\omega t + \varphi)$，就是一个以 $\frac{2\pi}{\omega}$ 为周期的正弦函数。其中 y 表示动点的位置，t 表示时间，A 为振幅，ω 为角速度，φ 为初相。

在实际问题中，除了正弦函数外，还会遇到非正弦的周期函数，它们反映了较复杂的周期运动。如电子技术中常用的周期为 T 的矩形波（图 3 - 1），就是一个非正弦周期函数的例子。

如何深入研究非正弦周期函数呢？可以将周期函数展开成由简单的周期函数例如三

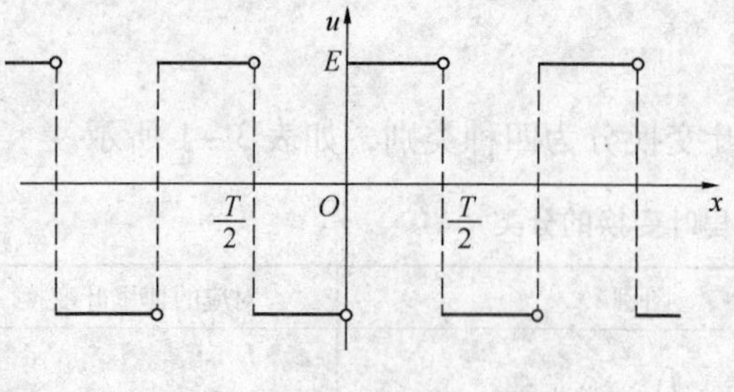

图 3-1　周期为 T 的矩形波

角函数组成的级数。具体地说，将周期为 $T=\frac{2\pi}{\omega}$ 的周期函数用一系列以 $\frac{T}{n}$ 为周期的正弦函数 $A_n\sin(n\omega t+\varphi_n)$ 组成的级数来表示，记为

$$f(t)=A_0+\sum_{n=1}^{\infty}A_n\sin(n\omega t+\varphi_n) \tag{3-1}$$

其中 A_0，A_n，$\varphi_n(n=1,2,3,\cdots)$ 都是常数。

将周期函数按上述方式展开，它的物理意义是很明确的，这就是把一个比较复杂的周期运动看成是许多不同频率的简谐振动的叠加。在电工学上，这种展开称为谐波分析。其中常数项 A_0 成为 $f(t)$ 的直流分量；$A_1\sin(n\omega t+\varphi_1)$ 称为一次谐波（又叫作基波）；而 $A_2\sin(n\omega t+\varphi_2)$，$A_3\sin(n\omega t+\varphi_3)$，…依次称为二次谐波，三次谐波，等等。

为了以后讨论方便起见，将正弦函数 $A_n\sin(n\omega t+\varphi_n)$ 按三角公式变形，得

$$A_n\sin(n\omega t+\varphi_n)=A_n\sin\varphi_n\cos n\omega t+A_n\cos\varphi_n\sin n\omega t$$

并且令 $\frac{a_0}{2}=A_0$，$a_n=A_n\sin\varphi_n$，$b_n=A_n\cos\varphi_n$，$\omega t=x$，则式(3-1)右端的级数就可以改写成

$$\frac{a_0}{2}+\sum_{n=1}^{\infty}(a_n\cos nx+b_n\sin nx) \tag{3-2}$$

一般地，形如式(3-2)的级数叫做三角级数，其中 a_0，a_n，$b_n(n=1,2,3,\cdots)$ 都是常数。下面将讨论如何将函数展开成傅里叶三角级数：

设 $f(x)$ 是周期为 2π 的周期函数，且能展开成三角级数：

$$f(x)=\frac{a_0}{2}+\sum_{k=1}^{\infty}(a_k\cos kx+b_k\sin kx) \tag{3-3}$$

不过系数 a_0，a_1，b_1，…与函数 $f(x)$ 之间存在着怎样的关系？换句话说，如何利用 $f(x)$ 把 a_0，a_1，b_1，…表达出来？为此，这里需进一步假设级数式(3-3)可以逐项积分。

(1)先求 a_0，对式(3-3)从 $-\pi$ 到 π 逐项积分：

$$\int_{-\pi}^{\pi}f(x)\mathrm{d}x=\int_{-\pi}^{\pi}\frac{a_0}{2}\mathrm{d}x+\sum_{k=1}^{\infty}\left[a_k\int_{-\pi}^{\pi}\cos kx\mathrm{d}x+b_k\int_{-\pi}^{\pi}\sin kx\mathrm{d}x\right]$$

根据三角函数的正交性，等式右端除第一项外，其余各项均为零，所以

$$\int_{-\pi}^{\pi}f(x)\mathrm{d}x=\frac{a_0}{2}\cdot 2\pi$$

于是得

$$a_0=\frac{1}{\pi}\int_{-\pi}^{\pi}f(x)\mathrm{d}x$$

(2)其次求 a_n

用 cos nx 乘以式(3－3)两端，再从 $-\pi$ 到 π 逐项积分，便得到

$$\int_{-\pi}^{\pi} f(x)\cos nx\mathrm{d}x$$

$$= \frac{a_0}{2}\int_{-\pi}^{\pi}\cos nx\mathrm{d}x + \sum_{k=1}^{\infty}\left[a_k\int_{-\pi}^{\pi}\cos kx\cos nx\mathrm{d}x + b_k\int_{-\pi}^{\pi}\sin kx\cos nx\mathrm{d}x\right]$$

根据三角函数系的正交性，等式右端除 $k = n$ 一项外，其余各项均为零，所以

$$\int_{-\pi}^{\pi} f(x)\cos nx\mathrm{d}x = a_n\int_{-\pi}^{\pi}\cos^2 nx\mathrm{d}x = a_n\pi,$$

于是得

$$a_n = \frac{1}{\pi}\int_{-\pi}^{\pi} f(x)\cos nx\mathrm{d}x\ (n = 1,2,3,\cdots)$$

类似地，用 sin nx 乘以式(3－3)两端，再从 $-\pi$ 到 π 逐项积分，可得

$$b_n = \frac{1}{\pi}\int_{-\pi}^{\pi} f(x)\sin nx\mathrm{d}x\ (n = 1,2,3,\cdots)$$

由于当 $n = 0$ 时，a_n 的表达式正好给出 a_0，因此，已得结果可以合并成

$$\left.\begin{aligned} a_n &= \frac{1}{\pi}\int_{-\pi}^{\pi} f(x)\cos nx\mathrm{d}x\ (n = 1,2,3,\cdots)\\ b_n &= \frac{1}{\pi}\int_{-\pi}^{\pi} f(x)\sin nx\mathrm{d}x\ (n = 1,2,3,\cdots)\end{aligned}\right\} \tag{3-4}$$

如果式(3－4)中的积分都存在，这时它们定出的系数 a_0，a_1，b_1，…叫做函数 $f(x)$ 的傅里叶(Fourier)系数，将这些系数带入式(3－3)右端，所得的三角级数

$$\frac{a_0}{2} + \sum_{n=1}^{\infty}(a_n\cos nx + b_n\sin nx) \tag{3-5}$$

叫做函数 $f(x)$ 的傅里叶级数。需要注意的是，只有满足狄里赫利(Dirichlet)条件的周期信号，才可以展开为式(3－5)所示的三角形式的傅里叶级数。

若以上推导中令 $x = \omega t$，$\omega = \dfrac{2\pi}{T}$，则，级数的三角形式为

$$\left.\begin{aligned} f_T(t) &= \frac{a_0}{2} + \sum_{n=1}^{\infty}(a_n\cos n\omega t + b_n\sin n\omega t)\\ a_0 &= \frac{2}{T}\int_{-\frac{T}{2}}^{\frac{T}{2}} f_T(t)\mathrm{d}t\\ a_n &= \frac{2}{T}\int_{-\frac{T}{2}}^{\frac{T}{2}} f_T(t)\cos n\omega t\mathrm{d}t\quad (n = 1,2,3,\cdots)\\ b_n &= \frac{2}{T}\int_{-\frac{T}{2}}^{\frac{T}{2}} f_T(t)\sin n\omega t\mathrm{d}t\quad (n = 1,2,3,\cdots)\end{aligned}\right\} \tag{3-6}$$

在信号处理中，T 为信号的周期，也是信号基波成分的周期；$\omega = \dfrac{2\pi}{T}$ 为信号的基频；$n\omega$ 为 n 次谐频；常值分量 a_0；各谐波分量的幅值 $A_n = \sqrt{a_n^2 + b_n^2}$；各谐波分量的初相角 $\phi_n = \arctan\left(\dfrac{a_n}{b_n}\right)$。

二、傅里叶级数的复指数形式

三角形式的傅里叶级数，含义明确，但不便运算，因而工程中经常采用指数形式的傅里叶级数。

利用欧拉公式

$$\begin{cases}\cos\varphi = \dfrac{e^{j\varphi}+e^{-j\varphi}}{2} \\ \sin\varphi = \dfrac{e^{j\varphi}-e^{-j\varphi}}{2j} = -j\dfrac{e^{j\varphi}-e^{-j\varphi}}{2}\end{cases}$$

此时，式(3－6)可以写成

$$\begin{aligned} f_T(t) &= \frac{a_0}{2}+\sum_{n=1}^{\infty}\left(a_n\frac{e^{jn\omega t}+e^{-jn\omega t}}{2}+b_n\frac{e^{jn\omega t}-e^{-jn\omega t}}{2j}\right) \\ &= \frac{a_0}{2}+\sum_{n=1}^{\infty}\left(\frac{a_n-jb_n}{2}e^{jn\omega t}+\frac{a_n+jb_n}{2}e^{-jn\omega t}\right)\end{aligned}$$

如果令

$$c_0=\frac{a_0}{2}=\frac{1}{T}\int_{-\frac{T}{2}}^{\frac{T}{2}}f_T(t)dt$$

$$\begin{aligned} c_n &= \frac{a_n-jb_n}{2} \\ &= \frac{1}{T}\left[\int_{-\frac{T}{2}}^{\frac{T}{2}}f_T(t)\cos n\omega t dt - j\int_{-\frac{T}{2}}^{\frac{T}{2}}f_T(t)\sin n\omega t dt\right] \\ &= \frac{1}{T}\int_{-\frac{T}{2}}^{\frac{T}{2}}f_T(t)[\cos n\omega t - j\sin n\omega t]dt \\ &= \frac{1}{T}\int_{-\frac{T}{2}}^{\frac{T}{2}}f_T(t)e^{-jn\omega t}dt\ (n=1,2,3,\cdots)\end{aligned}$$

$$c_{-n}=\frac{a_n+jb_n}{2}=\frac{1}{T}\int_{-\frac{T}{2}}^{\frac{T}{2}}f_T(t)e^{jn\omega t}dt\ (n=1,2,3,\cdots)$$

则它们可合成一个式子

$$c_n=\frac{1}{T}\int_{-\frac{T}{2}}^{\frac{T}{2}}f_T(t)e^{-jn\omega t}dt\ (n=\pm1,\pm2,\pm3,\cdots)$$

若令

$$\omega_n=n\omega\ (n=\pm1,\pm2,\pm3,\cdots)$$

则式(3－6)可以写成

$$f_T(t)=c_0+\sum_{n=1}^{\infty}[c_ne^{j\omega_nt}+c_{-n}e^{-j\omega_nt}]=\sum_{n=-\infty}^{+\infty}c_ne^{j\omega_nt}$$

这就是傅里叶级数的复指数形式，或者写成

$$f_T(t)=\frac{1}{T}\sum_{n=-\infty}^{+\infty}\left[\int_{-\frac{T}{2}}^{\frac{T}{2}}f_T(\tau)e^{-j\omega_n\tau}d\tau\right]e^{j\omega_nt} \tag{3-7}$$

第三节　傅里叶变换

前面提到傅里叶级数用于周期信号的描述。下面介绍非周期信号的描述——傅里叶变换。

一、傅里叶变换

周期为 T 的信号 $x(t)$ 其频谱是离散的。当 $x(t)$ 的周期 T 趋于无穷大时，则该信号成为非周期信号。周期信号频谱谱线的频率间隔 $\Delta f = f_0 = \frac{1}{T}$，当周期 T 趋于无穷大时，其频率间隔 Δf 趋于无穷小，所以非周期信号的频谱是连续的。

设一周期信号 $x(t)$，在 $(-\frac{T}{2},\frac{T}{2})$ 区间以傅里叶级数表示为：

$$x(t) = \sum_{n=-\infty}^{+\infty} C_{\mathrm{n}} e^{j2\pi n f_0 t}$$

式中 $C_{\mathrm{n}} = \frac{1}{T}\int_{-\frac{T}{2}}^{\frac{T}{2}} x(t) e^{-j2\pi n f_0 t} \mathrm{d}t$

将 C_{n} 代入上式则得：

$$x(t) = \sum_{n=-\infty}^{+\infty} \left[\frac{1}{T}\int_{-\frac{T}{2}}^{\frac{T}{2}} x(t) e^{-j2\pi n f_0 t} \mathrm{d}t\right] e^{j2\pi n f_0 t}$$

当 T 趋于 ∞ 时，频率间隔 Δf 成为 $\mathrm{d}f$，离散谱中相邻的谱线紧靠在一起，nf_0 就变成连续变量 f，符号 Σ 就变成积分符号 $\int$ 了，于是得到傅里叶积分：

$$\begin{aligned} x(t) &= \int_{-\infty}^{+\infty} \mathrm{d}f \left[\int_{-\infty}^{+\infty} x(t) e^{-j2\pi f t} \mathrm{d}t\right] e^{j2\pi f t} \\ &= \int_{-\infty}^{+\infty} \left[\int_{-\infty}^{+\infty} x(t) e^{-j2\pi f t} \mathrm{d}t\right] e^{j2\pi f t} \mathrm{d}f \end{aligned} \tag{3-8}$$

上式中方括号里的积分，由于时间 t 是积分变量，故积分之后仅是 f 的函数，记作 $X(f)$。

$$X(f) = \int_{-\infty}^{\infty} x(t) e^{-j2\pi f t} \mathrm{d}t \tag{3-9}$$

$$x(t) = \int_{-\infty}^{\infty} X(f) e^{+j2\pi f t} \mathrm{d}f \tag{3-10}$$

在数学上称一个函数与另一个函数的一一对应关系为变换。称式(3-9)中的 $X(f)$ 为 $x(t)$ 的傅里叶变换，称式(3-10)中的 $x(t)$ 为 $X(f)$ 的傅里叶逆变换，两者互称为傅里叶变换，即 $x(t) \underset{IFT}{\overset{FT}{\Leftrightarrow}} X(f)$

若令 $f = \frac{\omega}{2\pi}$，则式(3-9)、式(3-10)变成

$$X(\omega) = \frac{1}{2\pi}\int_{-\infty}^{+\infty} x(t) e^{-j\omega t} \mathrm{d}t \tag{3-11}$$

$$x(t) = \int_{-\infty}^{+\infty} X(\omega)\mathrm{e}^{j\omega t}\mathrm{d}\omega \tag{3-12}$$

式(3－9)和式(3－11)的关系为

$$X(f) = 2\pi X(\omega) \tag{3-13}$$

二、傅里叶变换的主要性质

傅里叶变换存在一些重要的性质，通过这些性质可进一步揭示信号的时域特性和频域特性之间的内在联系，强化变换的物理概念，并简化运算，在现代工程技术应用中具有重要的意义。其主要性质如下：

(1) 线性性质。若 $x(t)\leftrightarrow X(f)$ 则：$ax(t)\leftrightarrow aX(f)$　　（齐次性）

若 $x_1(t)\leftrightarrow X_1(f)$ ，$x_2(t)\leftrightarrow X_2(f)$ 则：

$[x_1(t)+x_2(t)]\leftrightarrow[X_1(f)+X_2(f)]$　　（叠加性）

综合二者则：$[a_1x_1(t)+a_2x_2(t)]\leftrightarrow[a_1X_1(f)+a_2X_2(f)]$

(2) 时移性质。若 $x(t)\leftrightarrow X(f)$ 则：$x(t\pm t_0)\leftrightarrow X(f)\mathrm{e}^{\pm j2\pi f t_0}$

(3) 频移性质。若 $x(t)\leftrightarrow X(f)$ 则：$x(t)\mathrm{e}^{\pm j2\pi f_0 t}\leftrightarrow X(f\mp f_0)$

(4) 时间展缩性质。设 $x(t)\leftrightarrow X(f)$ ，a 为不等于零常数，则：

$$x(at)\leftrightarrow \frac{1}{|a|}X(\frac{f}{a})$$

当时间尺度压缩（ $a>1$ ）时[图 3－2(a)]，频谱的频带加宽，幅值压低；当时间尺度扩展（ $a<1$ ）时[图 3－2(c)]，其频谱变窄，幅值增高。

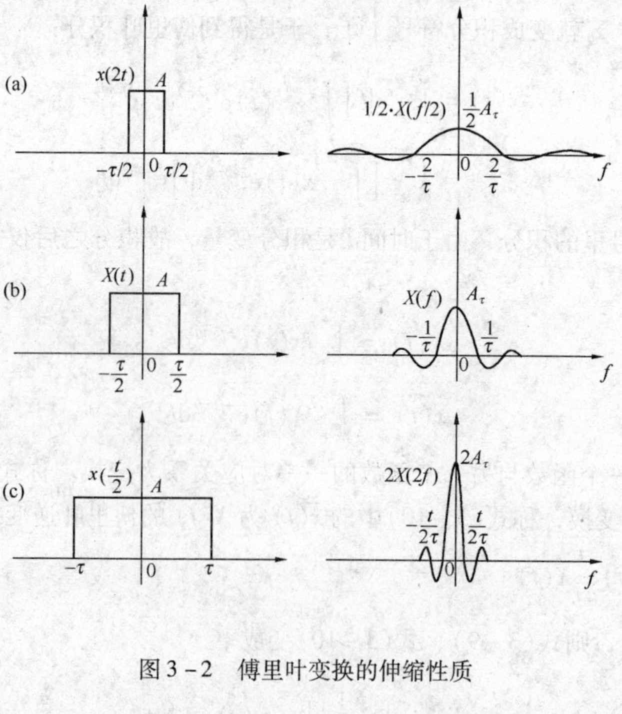

图 3－2　傅里叶变换的伸缩性质

(5) 时间微分性质。若 $F[f(t)] = F(f)$ 则：

$$F\left[\frac{\mathrm{d}^n f(t)}{\mathrm{d}t^n}\right] = (j2\pi f)^n F(f) \tag{3-14}$$

式(3－14)说明，时域函数的微分加强频谱的高频分量并消除了直流分量，此外一阶微分时所有分量都有 π/2 的相移。

(6) 时间积分性质。若 $F[f(t)] = F(f)$ 则：

$$F\left[\int_{-\infty}^{t} L \int_{-\infty}^{t(n)} f(t)\,\mathrm{d}t^{(n)}\right] = \frac{1}{(j2\pi f)^n} F(f) \tag{3-15}$$

式(3－15)说明，时域函数的积分削弱了高频分量，并且一阶积分时每个分量产生了 －π/2 的相移。

(7) 卷积定理(该性质在后面的卷积计算中详细介绍，此处只是作为傅里叶变换的性质列出)。

若 $F\left[f_1(t)\right] = F_1(f)$，$F\left[f_2(t)\right] = F_2(f)$ 则：

$$F\left[f_1(t) * f_2(t)\right] = F_1(f) \cdot F_2(f)$$

及

$$F\left[f_1(t) \cdot f_2(t)\right] = F_1(f) * F_2(f) \tag{3-16}$$

三、离散傅里叶变换(DFT)

离散傅里叶变换(Discrete Fourier Transform)一词是为适应计算机作傅里叶变换运算而引出的一个专用名词，所以有时称离散傅里叶变换(DFT)是适用于数字计算机计算的傅里叶变换(FT)。因为实际应用中最终目的是运用计算机来处理信号，而计算机只能处理离散的数字信号。

表 3－1 中的四种傅里叶变换针对的信号都是信号长度无穷大的信号，这对于计算机处理来说是不可能的。因为正余弦波被定义成从负无穷小到正无穷大，无法把一个长度无限的信号组合成长度有限的信号。

面对这种困难，有两种解决方法：①把长度有限的信号表示成长度无限的信号，可以把信号无限地从左右进行延伸，延伸的部分用零来表示，这样，这个信号就可以被看成是非周期性离散信号，就可以用到离散时域傅里叶变换的方法。②把信号用复制的方法进行延伸，这样信号就变成了周期性离散信号，这时就可以用离散傅里叶变换方法进行变换。

对于非周期性的信号，则需要用无穷多不同频率的正弦曲线来表示，这对于计算机来说也是不可能实现的。所以对于离散信号的变换只有离散傅里叶变换(DFT)才能被适用，而对于计算机来说只有离散的且是有限长的数据才能被处理，对于其他的变换类型只有在数学演算中才能用到，计算机只能用 DFT 方法。

因此，计算机能处理的数据必须为：①离散数据；②有限长度的数据；③周期性信号。在实际应用中，使用的变换类型是离散傅里叶变换(DFT)，即表 3－1 中第 4 种情况，而其他的变换类型是纯粹数学上的计算。

每种傅里叶变换都分成实数和复数两种方法，实数方法比较好理解，复数方法相对复杂。由于这两种方法都涉及到比较多的数学理论知识，对于工程技术人员可不必追根究底，如果确有需要建议参看 Steven W. Smith 编写的 Digital signal Processing-A Practical Guide for Engineers and Scientists 一书，一般的应用可使用 MATLAB 软件中的信号处理模块或信号处理工具箱，工具箱中的函数已完全能够满足一般信号处理工作的要求。

四、总结

前面已经介绍了四种形式的傅里叶变换，即非周期连续时间信号的傅里叶变换(FT)、周期连续时间信号的傅里叶级数(FS)、非周期离散时间信号(序列)的傅里叶变换(DTFT)以及周期离散时间信号的傅里叶级数(DFS)。这 4 种傅里叶变换的时间自变量和频率自变量或连续或离散，现对其特点进行简要归纳。

各种形式的傅里叶变换对应的表达式、图像及特点分别如表 3－2、表 3－3 所示：

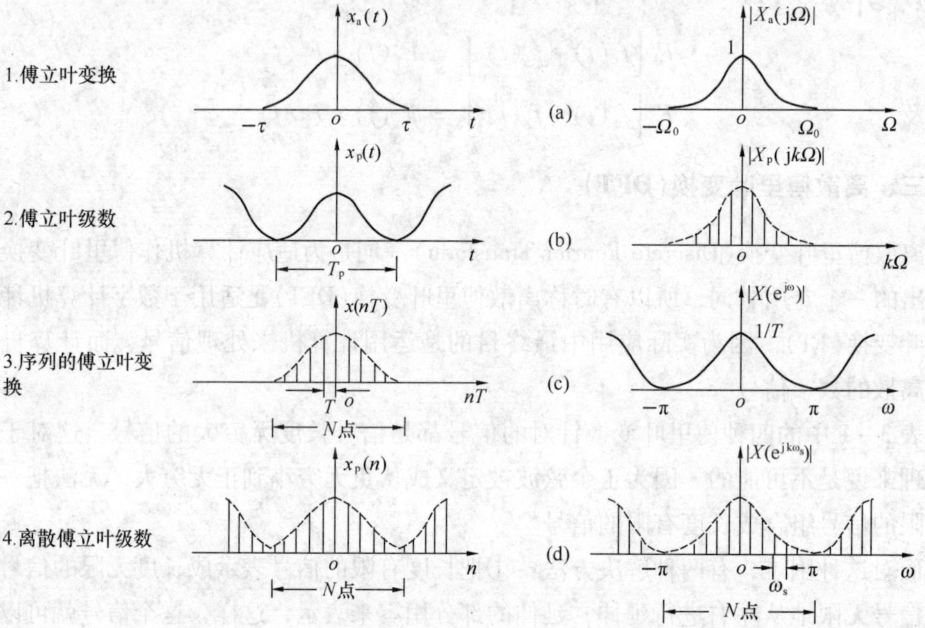

图 3－3　傅里叶变换的 4 种形式

表 3－2　傅里叶变换的四种形式及特点

时　域	频　域
连续、周期 $x(t) = \sum_{k=-\infty}^{\infty} X(fk\omega)e^{jk\omega t}$	离散、非周期 $X(jk\omega) = \frac{1}{T}\int_{t_0}^{t_0+T} x(t)e^{-jk\omega}dt$
连续、非周期 $x(t) = \frac{1}{2\pi}\int_{-\infty}^{\infty} X(j\omega)\varepsilon^{j\omega t}d\omega$	连续、非周期 $x(j\omega) = \int_{-\infty}^{\infty} x(t)e^{-j\omega t}dt$
离散、周期 $x(n) = \frac{1}{N}\sum_{k=0}^{N-1} X(k)e^{j\frac{2u}{N}kn}$	离散、周期 $X(k) = \sum_{m=0}^{N-1} x(n)e^{-j\frac{2\pi}{N}kn}$
离散、非周期 $x(n) = \frac{1}{2\pi}\int_{-\pi}^{\pi} X(e^{j\omega})e^{j\omega n}d\omega$	连续、周期 $X(e^{j\omega}) = \sum_{n=-\infty}^{\infty} x(n)e^{-j\omega n}$

对于非周期信号的傅里叶变换，应建立起频谱密度的概念，对于频谱密度也可以这样理解：频谱密度就像物理中物质密度，原始信号中的每一个点就像是一个混合物，这个混合物是由不同密度的物质组成的，混合物中含有的每种物质的质量是一样的，除了最大和最小两种密度的物质外，这样我们只要把每种物质的密度加起来便可得到该混合物的密度，又该混合物的质量是单位质量，所以得到的密度值跟该混合物的质量值是一样的。

第四节　快速傅里叶变换

快速傅里叶变换(FFT)是针对复数 DFT 计算的一种算法。

虽然 DFT 为离散信号的分析从理论上提供了变换工具，但是很难实现，因为计算时间很长。FFT(快速傅里叶变换)，最大的优势是减少了 DFT 计算时间。

例如，对采样点 $N=1000$，DFT 算法运算量约需 200 万次，而 FFT 仅约需要 1.5 万次，可见 FFT 方法大大地提高了运算效率。

快速傅里叶变换(FFT)是离散傅里叶变换的一种高效的算法，通过选择和重新排列中间结果，可以大大减小运算量。

展开各点的 DFT 计算公式如下：

$$XR(1) = x(0)\cdot\cos(2\pi\times 0\times 1/N) + x(1)\cdot\cos(2\pi\times 1\times 1/N + x(2)\cdot\cos(2\pi\times 2\times 1/N)\cdots\cdots$$

$$XR(2) = x(0)\cdot\cos(2\pi\times 0\times 2/N) + x(1)\cdot\cos(2\pi\times 1\times 2/N) + x(2)\cdot\cos(2\pi\times 2\times 2/N)\cdots\cdots$$

对比两式，可以看出有大量重复的 cos、sin 计算，FFT 的作用就是用技巧减少 cos、sin 项的重复计算，从而加快了计算速度。

以下是用 BASIC 语言编制的 FFT 算法程序。

```
1000 'THE FAST FOURIER TRANSFORM
1010 'Upon entry, N% contains the number of points in the DFT, REX[ ] and
1020 'IMX[ ] contain the real and imaginary parts of the input. Upon return,
1030 'REX[ ] and IMX[ ] contain the DFT output. All signals run from 0 to N%-1.
1040 '
1050 PI = 3.14159265                                    'Set constants
1060 NM1% = N%-1
1070 ND2% = N%/2
1080 M% = CINT(LOG(N%)/LOG(2))
1090 J% = ND2%
1100 '
1110 FOR I% = 1 TO N%-2                                 'Bit reversal sorting
1120   IF I% >= J% THEN GOTO 1190
1130   TR = REX[J%]
1140   TI = IMX[J%]
1150   REX[J%] = REX[I%]
1160   IMX[J%] = IMX[I%]
1170   REX[I%] = TR
1180   IMX[I%] = TI
1190   K% = ND2%
1200   IF K% > J% THEN GOTO 1240
1210   J% = J%-K%
1220   K% = K%/2
1230   GOTO 1200
```

```
1240  J% = J%+K%
1250 NEXT I%
1260 '
1270 FOR L% = 1 TO M%                          'Loop for each stage
1280  LE% = CINT(2^L%)
1290  LE2% = LE%/2
1300  UR = 1
1310  UI = 0
1320  SR =  COS(PI/LE2%)                       'Calculate sine & cosine values
1330  SI  = -SIN(PI/LE2%)
1340  FOR J% = 1 TO LE2%                       'Loop for each sub DFT
1350   JM1% = J%-1
1360   FOR I% = JM1% TO NM1% STEP LE%          'Loop for each butterfly
1370     IP% = I%+LE2%
1380     TR = REX[IP%]*UR - IMX[IP%]*UI        'Butterfly calculation
1390     TI = REX[IP%]*UI + IMX[IP%]*UR
1400     REX[IP%] = REX[I%]-TR
1410     IMX[IP%] = IMX[I%]-TI
1420     REX[I%]  = REX[I%]+TR
1430     IMX[I%]  = IMX[I%]+TI
1440   NEXT I%
1450   TR = UR
1460   UR = TR*SR - UI*SI
1470   UI = TR*SI + UI*SR
1480  NEXT J%
1490 NEXT L%
1500 '
1510 RETURN
```

注：源代码来源于 Digital Signal Processing-A Practical Guide for Engineers and Scientists。

第五节　卷　积

一、卷积的概念

卷积积分是一种数学方法，与加减乘除类似，都是由两个数派生出第三个数，在信号与系统理论研究中占有重要的地位。特别是关于信号的时间域与变换域分析，它是沟通时域和频域的一个桥梁。

在系统分析中，系统输入/输出和系统特性的作用关系在时间域就体现为卷积积分关系。

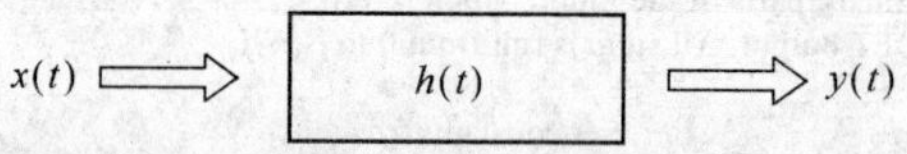

函数 $x(t)$ 与 $h(t)$ 的卷积积分定义为：

$$y(t) = \int_{-\infty}^{\infty} x(\tau)h(t-\tau)\mathrm{d}\tau = x(t) * h(t) \qquad (3-17)$$

其中，$x(\tau)$ 表示系统激励；$h(t-\tau)$ 表示系统脉冲响应函数；$y(t)$ 为输出结果。

二、卷积的物理意义

对于线性时不变系统而言，系统的输出 $y(t)$ 是任意输入 $x(t)$ 与系统脉冲响应函数 $h(t)$ 的卷积。这一运算过程可概括为下述三个内容，如图 3-4(a)、(b)、(c)所示。

(1)将信号 $x(t)$ 分解为许多宽度为 Δt 的窄条面积之和，$t = n\Delta t$ 时的第 n 个窄条的高度为 $x(n\Delta t)$，在 Δt 趋近于零的情况下，窄条可以看作是强度等于窄条面积的脉冲。

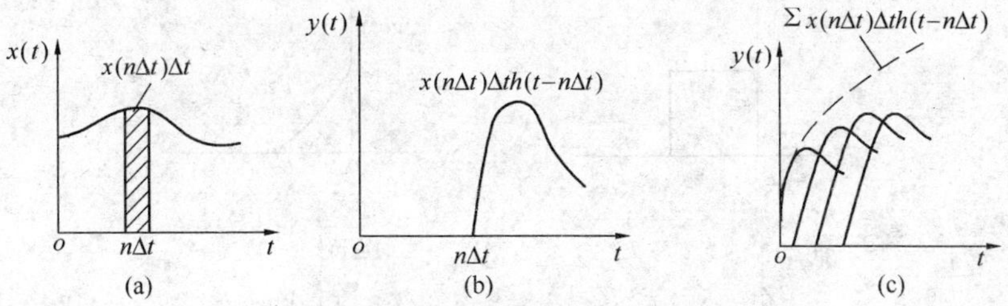

图 3－4　用卷积积分描述任意输入下系统的响应

（2）根据线性系统的齐次性与时不变性，在 $t=n\Delta t$ 时刻，窄条脉冲引起的响应为：$x(n\Delta t)\Delta t h(t-n\Delta t)$。

（3）根据线性系统的叠加原理，各脉冲引起的响应之和即为输出 $y(t)$。

$$y(t)=\sum_{n=0}^{\infty}x(n\Delta t)\Delta t h(t-n\Delta t) \tag{3-18}$$

当 Δt 趋于零时，离散和变为积分和，则上式变为：

$$y(t)=\int_{-\infty}^{\infty}x(\tau)h(t-\tau)\mathrm{d}\tau \tag{3-19}$$

为了更清楚地理解卷积，这里举一个例子。

每当逢年过节，中国人总爱敲锣打鼓以示庆祝。如果只敲一下，人们听到的声音，经过一段时间衰减后就会消失（假设是 3s）。如果连续敲俩下锣的时间间隔 5s，我们听到会是断断续续的声音。如果时间间隔缩短到 1s，在上一个声音还没有完全衰减消失时，另一个声音也传出来，这时它们就会出现叠加。保持时间间隔 1s 连续敲锣，声音不断传出，就形成人们听到的庆祝声了。

这与锣（线性时不变系统）对敲打（脉冲、输入、激励）的响应有关。只敲一下锣，声音会在几秒内慢慢消失（衰减），而不可能突然消失。这样一来，只要敲锣的时间间隔很小，每一次敲打传出的声音都来不及完全衰减，都会对最终的结果有不同的贡献：

T 次敲打锣传出的声音 $=\Sigma$（第 τ 次敲打传出的声音 $*$ 衰减系数）

衰减系数是 $(t-\tau)$ 的函数，数学表达为：$y(t)=\int_{-\infty}^{\infty}x(\tau)h(t-\tau)\mathrm{d}\tau$，是相乘后相加的关系。

三、卷积的计算步骤

卷积的计算步骤包括：（1）反折；（2）平移；（3）相乘；（4）积分。用图形表示如图 3－5。

四、时域、频域卷积定理

1. 时域卷积定理

时间函数卷积的频谱等于各个时间函数频谱的乘积，即，在时间域中两信号的卷积，等效于在频域中频谱的乘积。式（3－16）表达的就是这个意思。

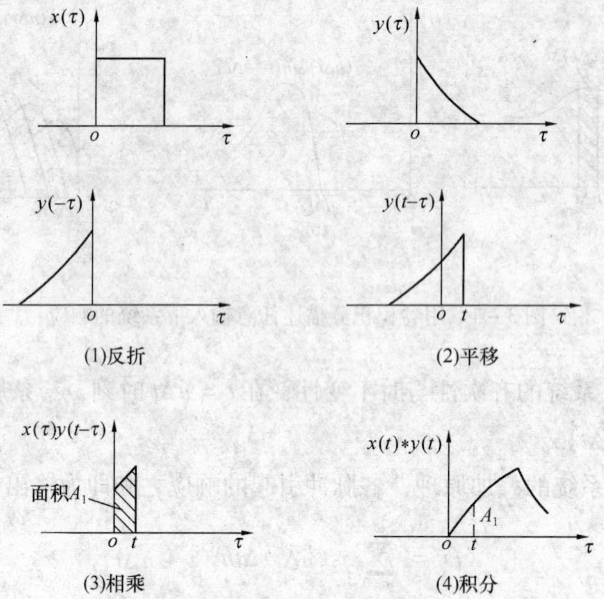

图 3－5　卷积的计算步骤

2. 频域卷积定理

两时间函数的频谱的卷积等效于时域中两时间函数的乘积。

用式子表示为：

如果　$F[h(t)] = H(\omega)$，$F[x(t)] = X(\omega)$

则　$$F[h(t)x(t)] = \frac{1}{2\pi}H(\omega) * X(\omega)$$

或　$$F[h(t)x(t)] = H(f) * X(f)$$

3. 时域、频域卷积定理意义

卷积运算相对于乘法运算来说，复杂而且理解困难。结合傅里叶变换，两个定理实现了把复杂的卷积运算转化成简单的乘法运算。

第四章　信号的分类与描述

信号或动态数据的处理，是设备故障诊断技术的前提和基础。本书所说的信号是指测量信号，它是对系统的某些物理量，如位移、速度、加速度、应力、应变等进行观测获得的数据。为了深入了解信号的物理实质，将其分类研究是非常必要的。

第一节　概　　述

一、信号、信息、消息和信息熵

在阅读本节主要内容之前，先来讨论几个概念。

1. 消息、信息和信号

消息：通常把语言和声音、音乐、文字、符号、数据、图像等统称为消息。

信息：消息中给予收信者的新知识或消息中包含的有意义的内容。其中需要注意的是，信息一定是新知识、新消息。如果是收信者已经知道的内容则不是信息。再举一个通俗的例子，间谍打探的都是信息。

信号：是传递信息的载体，是本书研究的对象。

总之，信息是指消息中所包含的有意义的内容，信号是信息的载体，消息又是以具体信号形式表现出来的。

2. 信息熵

自信息 $I(x_i)$ 是指信源（物理系统）某一事件 x_i 发生时所包含的信息量，物理系统内不同事件发生时，其信息量不同，所以自信息 $I(x_i)$ 是一个随机变量，它不能用来作为整个系统的信息的量度。

信息理论的鼻祖香农（Claude E. Shannon）定义自信息的数学期望为信息熵，即信源的平衡信息量：

$$H(X) = E[-\lg P(x_i)] = -\sum_{i=1}^{N} P(x_i)\lg P(x_i)\ (\text{bit/事件})$$

信息熵是信息论中用于度量信息量的一个概念。一个系统越是有序，信息熵就越低；反之，一个系统越是混乱，信息熵就越高。所以，信息熵也可以说是系统有序化程度的一个度量。

为了更好地对信息熵进行理解，在此举两个例子。例如，英文平均信息熵是 4.03bit 左右、汉字是 9.65bit 左右，即，汉字平均信息量比英文符号大许多，处理起来比较难，不确定性更大。再如，足球比赛中，两支强队比赛的信息熵就比一强一弱对立的信息熵大，比赛更有看头。

二、确定性信号与随机信号

测量信号按照信号的特性进行分类，如图 4－1 所示。

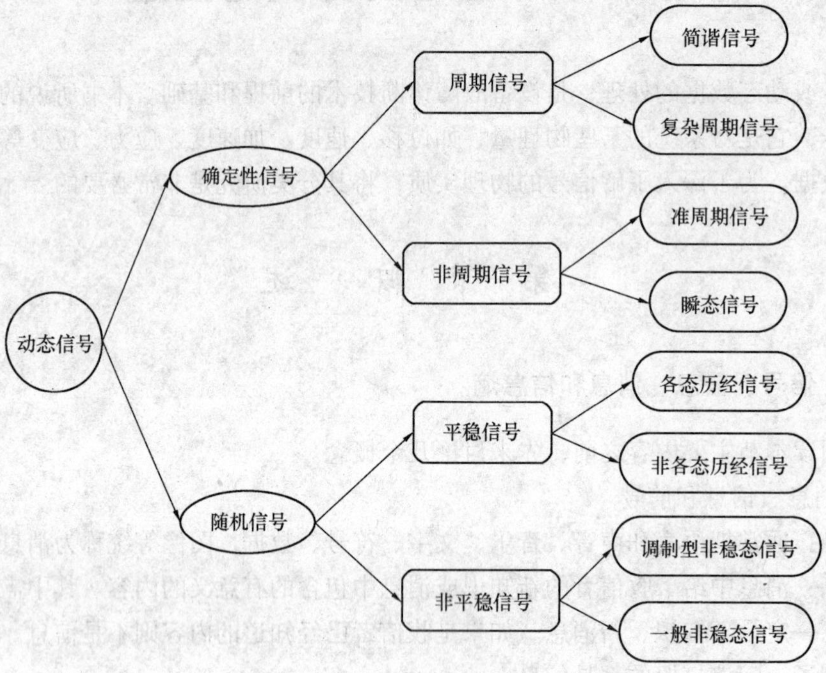

图 4－1　信号的分类

1. 确定性信号

如果描述系统的状态变量可以用确定的时间函数来表述，则称这样的物理过程是确定性的，而描述它们的测量数据就是确定性信号。它还可分为周期信号和非周期信号。

(1) 周期信号

①周期信号的概念

周期信号是经过一定时间可以重复出现的信号，满足条件：

$$x(t) = x(t + nT)$$

式中，T 表示周期；$T = 2\pi/\omega_0$；ω_0 表示基频；$n = 0, \pm 1, \cdots$。

周期信号包括简谐信号和复杂周期信号。表述简谐信号的基本物理量是频率、幅值和初相位；复杂周期信号可借助傅里叶级数展成一系列离散的简谐分量之和，其中任两个分量的频率比都是有理数。

例如，信号 $x(t) = 2\sin(2 \cdot \pi \cdot 100 \cdot t) + 3\sin(2 \cdot \pi \cdot 200 \cdot t) + 5\sin(2 \cdot \pi \cdot 500 \cdot t)$ 满足上述条件，是一个周期信号。

再如，机械系统中，回转体不平衡引起的振动，往往也是一种周期性运动。图 4－2 是测得的轴承振动信号加速度波形，可以近似地看作为周期信号：

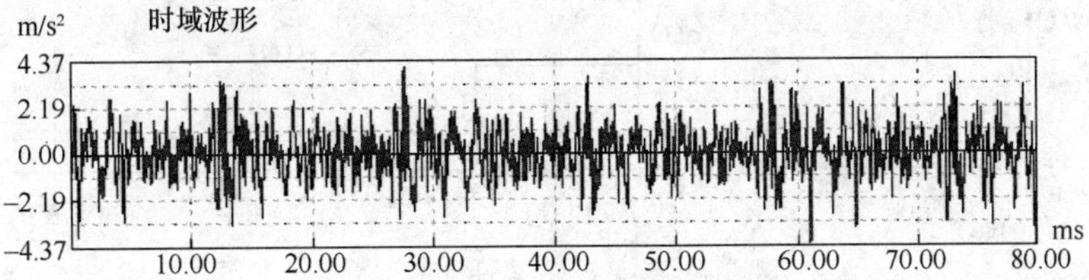

图 4－2　轴承振动信号波形

②周期信号的描述

谐波信号是最简单的周期信号，只有一种频率成分。一般周期信号可以利用傅里叶级数展开成多个乃至无穷多个不同频率的谐波信号的线性叠加。傅里叶级数展开式所包含的两种形式，已在第三章第二节介绍。

(2)非周期信号

①非周期信号的概念

非周期信号是不会重复出现的信号，往往具有瞬变性，如图 4－3 所示。

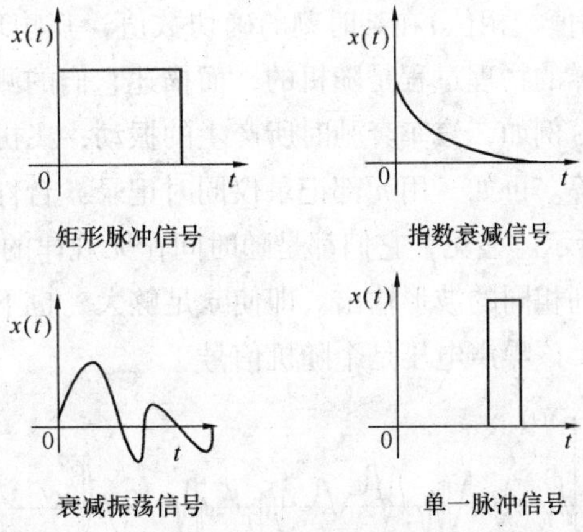

图 4－3　瞬变非周期信号

非周期信号包括准周期信号和瞬态信号。

准周期信号是周期与非周期的边缘情况，是由有限个周期信号合成的，但各周期信号的频率相互间不是公倍关系，其合成信号不满足周期条件。

例如 $x(t)=x_1\sin(3t+\phi_1)+x_2\sin(5t+\phi_2)+x_3\sin(\sqrt{11}t+\phi_3)+\cdots$ 是 N 个正弦信号的合成，其频率比 $3/\sqrt{11}$ 和 $5/\sqrt{11}$ 不是有理数，不成谐波关系。$x(t)$ 为准周期信号。准周期信号的表达式可统一为

$$x(t)=\sum_{n=1}^{\infty}x_n\sin(\omega_n t+\phi_n);(\omega_n/\omega_m\neq \text{const})$$

在忽略 ϕ_n 的情况下，可像处理复杂周期信号一样，用离散谱来表示，只是各分量的频率不再是有理数的关系，这就是准周期信号的特性，如图 4－4 所示。

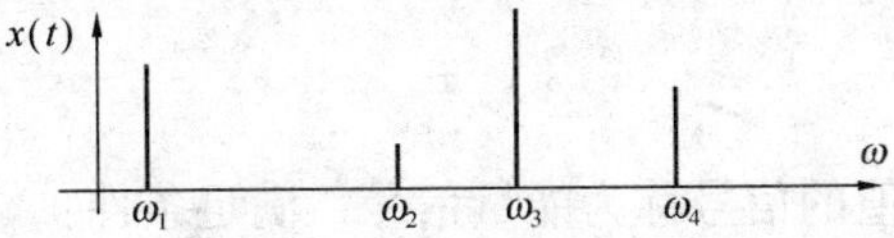

图 4－4　信号频谱分析处理复杂周期信号

这种信号往往出现于通信、振动系统，应用于机械转子振动分析、齿轮噪声分析、语音分析等场合。

瞬态信号的时间函数为各种脉冲函数或衰减函数，如有阻尼自由振动的时间历程就是瞬态信号，瞬态信号可借助傅里叶变换而得到确定的连续频谱函数。也可以理解为除准周期信号以外的非周期信号都称为瞬态信号。

图 4－5 中，(a)敲击时的加速度信号；(b)受拉钢丝绳断裂时绳中的应力；(c)热

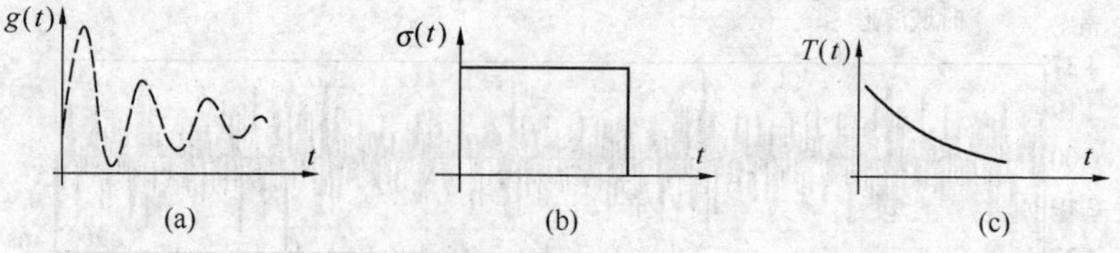

图 4－5　瞬态信号

源消除后的物体温度变化。

②非周期信号的描述

非周期信号的描述——傅里叶变换已在第三章第三节介绍。

2. 随机信号

如果描述系统状态的状态变量不能用确定的时间函数来表述，无法确定状态变量(幅值、相位)在某时刻的确切数值，其物理过程具有不可重复性和不可预知性，则称这样的物理过程是随机的，而描述它们的测量数据就是随机信号，在数学上称为随机过程。例如，汽车奔驰时所产生的振动；飞机在大气流中的浮动；树叶随风飘荡；环境噪声等。再如，用 n 部记录仪同时记录 n 台性能完全相同的输出噪声电压波形，如图 4－6 所示。显见，它们都是随时间作无规律的变化且不因具有相同类型、相同测试条件而得到相同的波形输出。即使 n 足够大，也不可能找到两个完全相同的重复波形。由此可见，该噪声电压是个随机信号。

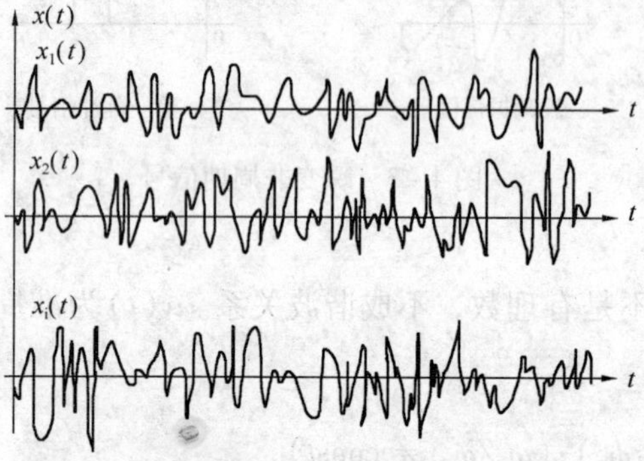

图 4－6　随机信号

在工程实际中，通常是在相同的条件下，对某台设备(或同一型号的设备)进行大量的重复试验所得的试验数据进行统计分析，来研究其规律性。

随机信号虽然具有不确定性，但却具有一定的统计规律性，可借助概率论和随机过程理论来描述。然而，需要指出的是，实际物理过程往往是很复杂的，既无理想的确定性，也无理想的非确定性，而是相互参杂的。

三、能量信号与功率信号

1. 能量信号

在所分析的区间(－∞ ，∞)，能量为有限值的信号称为能量信号，满足条件：

$$\int_{-\infty}^{\infty} x^2(t)\mathrm{d}t < \infty$$

关于信号的能量，可作如下解释：对于电信号，通常是电压或电流，电压在已知区间(t_1，t_2)内消耗在电阻上的能量

$$E = \int_{t_1}^{t_2} \frac{U^2(t)}{R}\mathrm{d}t$$

对于电流，能量

$$E = \int_{t_1}^{t_2} i^2(t) R \, \mathrm{d}t$$

在上面每一种情况下，能量都是正比于信号平方的积分。讨论消耗在 1Ω 电阻上的能量往往是很方便的，因为当 $R = 1\Omega$ 时，上述两式具有相同形式，采用这种规定时，就称方程

$$E = \int_{t_1}^{t_2} x^2(t) \, \mathrm{d}t$$

为任意信号 $x(t)$ 的“能量”。但须注意到，这一关系式中包括了一个带有适当量纲的数“1”，通常定义，当区间(t_1, t_2)为$(-\infty, \infty)$时，能量为有限值的信号称为能量信号，或称为能量有限信号，一般持续时间有限的瞬态信号是能量信号。

2. 功率信号

有许多信号，如周期信号、随机信号等，它们在区间$(-\infty, \infty)$内能量不是有限值。在这种情况下，研究信号的平均功率更为合适。

在区间(t_1, t_2)内，信号的平均功率

$$P = \frac{1}{t_2 - t_1} \int_{t_1}^{t_2} x^2(t) \, \mathrm{d}t$$

若区间变为无穷大时，上式仍然大于零，那么信号具有有限的平均功率，称之为功率信号。具体讲，功率信号满足条件：

$$0 < \lim_{T \to \infty} \frac{1}{2T} \int_{-T}^{T} x^2(t) \, \mathrm{d}t < \infty$$

一般持续时间无限$(T \to \infty)$的信号都属于功率信号。

四、时限与频限信号

1. 时域有限信号(时限信号)

时域有限信号是在有限区间(t_1, t_2)内有定义，而其外恒等于零，如图 4－7 所示。例如，矩形脉冲、三角脉冲、余弦脉冲、δ 脉冲函数等都是时域有限信号。而周期信号、指数衰减信号、随机过程等，则称为时域无限信号。

2. 频限信号

频域有限信号是指信号经过傅里叶变换，在频域内占据一定带宽(f_1, f_2)，其外恒等于零，如图 4－8 所示。例如，正弦信号、sinc(t)函数、限带白噪声等，为时域无限频域有限信号；白噪声、理想采样信号等，则为频域无限信号。

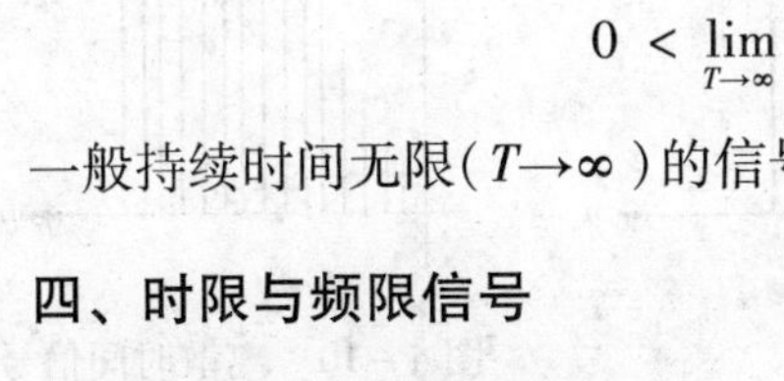

图 4－7　时限信号

图 4－8　频域有限信号

时间有限信号的频谱，在频率轴上可以延伸至无限远。由时、频域对称性可推论，一个具有有限带宽的信号，必然在时间轴上延伸至无限远处。显然，一个信号不能够在时域和频域都是有限的。

五、连续时间信号与离散时间信号

按照时间函数取值的连续性与离散性，可分为连续时间信号与离散时间信号。

1. 连续时间信号

在所讨论的时间间隔内，对于任意时间值(除若干个第一类间断点外)都可给出确定的函数值，即，在所有时间点上都有定义。此类信号称为连续时间信号或模拟信号。连续信号的幅值可以是连续的也可以是不连续的，如图 4－9 所示。

2. 离散时间信号

离散时间信号在时间上是离散的，如图 4－10 所示。只是在某些不连续的规定瞬时给出函数值，而在其他时间没有定义的信号。此处需要注意的是，区别离散时间信号和数字信号。离散信号指的是时间上是离散的，幅度可以离散也可以连续；数字信号不仅时间上是离散的，而且幅度经过了量化处理，也是离散的，计算机处理的信号都是数字信号。从概念上数字信号是离散信号的一种。也就是说，数字信号是离散信号的子集。

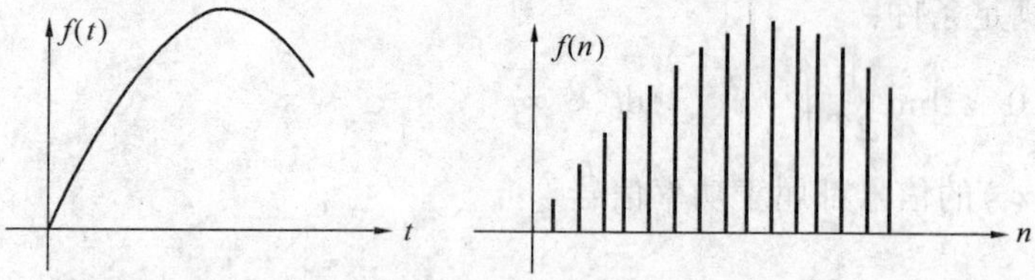

图 4－9　连续时间信号

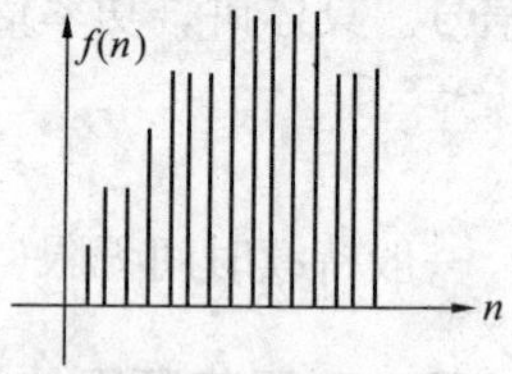

图 4－10　离散时间信号

六、物理可实现信号与物理不可实现信号

1. 物理可实现信号

物理可实现信号又称为单边信号，满足条件：$t<0$ 时，$x(t)=0$，即在时刻小于零的一侧全为零，信号完全由时刻大于零的一侧确定。

2. 物理不可实现信号

物理不可实现信号是指在事件发生前($t<0$)就预知信号，即在时刻小于零的一侧不全为零。

第二节　信号分析中常用的函数

一、δ 函数(单位脉冲函数)

δ 函数表示一瞬间的脉冲，称之脉冲函数。狄拉克(Dirac)于 1930 年在量子力学中引用。从数学意义上讲，脉冲函数完全不同于普通函数，又称之为广义函数。δ 函数在信号分析中占有特殊地位，它是一个理想函数，是物理不可实现信号。

1. δ 函数的涵义

如果在某一理想条件下，如图 4－11 所示，在 ε 时间内，激发出一个方波 $S_\varepsilon(t)$，并且设方波面积为1，则有

$$S_\varepsilon(t)=\begin{cases}1/\varepsilon & 0<t<\varepsilon\\ 0 & t>\varepsilon, t<0\end{cases}$$

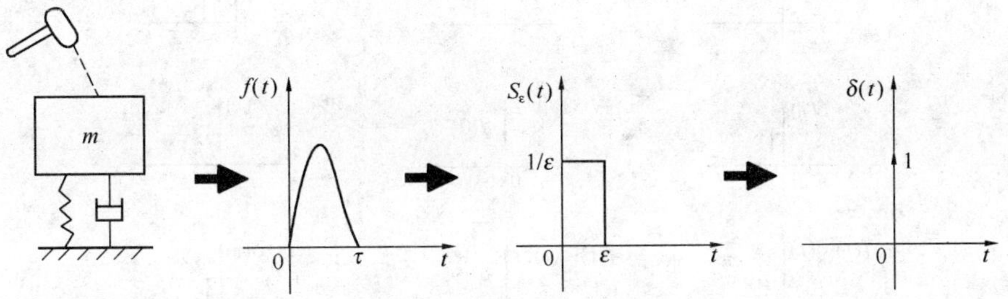

图 4－11　脉冲力与 δ 函数

当 ε 变小时，方波 $S_\varepsilon(t)$ 的高度变大；当 $\varepsilon\to 0$ 时，方波的极限就称为单位脉冲函数。从函数的极限角度看

$$\delta(t)=\begin{cases}\infty & t=0\\ 0 & t\neq 0\end{cases}$$

若延迟到 t_0 时刻，有

$$\delta(t-t_0)=\begin{cases}\infty & t=t_0\\ 0 & t\neq t_0\end{cases}$$

如图 4－12 所示。

从面积角度上看

$$\int_{-\infty}^{\infty}\delta(t)\mathrm{d}t=\lim_{\varepsilon\to 0}\int_{-\infty}^{\infty}S_\varepsilon(t)\mathrm{d}t=1$$

从物理意义上看，δ 函数是一个理想函数，是一种物理不可实现的信号。因为，无论如何，当用任何工具产生冲激力时，其延续时间不可能为零。

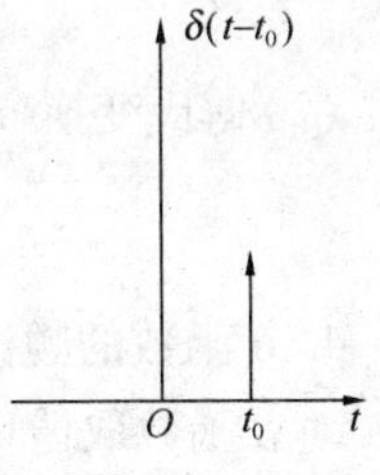

图 4－12　$\delta(t-t_0)$ 函数

δ 函数在原点为无穷大，表示了当冲激时间 $\tau\to 0$ 时，其冲激力为无穷大；δ 函数的单位为 1（亦可以是任意数 k），则表示了冲激能量为有限值。

2. δ 函数的性质

（1）乘积（抽样）特性［图 4－13（a）］

如果 δ 函数与一个连续的函数 $f(t)$ 相乘，其乘积仅在 $t=0$ 处有 $f(0)\delta(t)$，其余各点之乘积均为零，可得

$$f(t)\delta(t)=f(0)\delta(t)$$

或 $$f(t)\delta(t-t_0)=f(t_0)\delta(t-t_0) \tag{4-1}$$

(2)积分(筛选)特性[图4-13(b)]

$$\int_{-\infty}^{\infty} f(t)\delta(t)\mathrm{d}t=f(0)$$

或 $$\int_{-\infty}^{\infty} f(t)\delta(t-t_0)\mathrm{d}t=f(t_0) \tag{4-2}$$

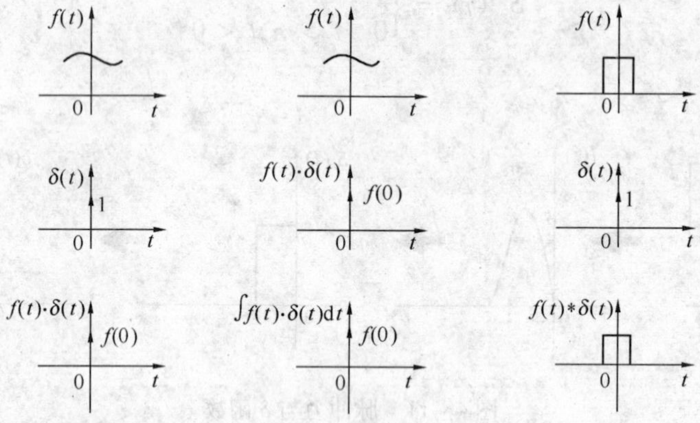

(a)乘积特性　(b)积分特性　(c)卷积特性

图4-13　δ函数的性质

(3)卷积特性[图4-13(c)]

$$f(t)*\delta(t)=\int_{-\infty}^{\infty} f(\tau)\delta(t-\tau)\mathrm{d}\tau=f(t) \tag{4-3}$$

3. δ函数的变换

(1)拉氏变换

$$\Delta(s)=\int_{-\infty}^{\infty}\delta(t)\mathrm{e}^{-st}\mathrm{d}t=1$$

(2)傅氏变换

$$\Delta(f)=\int_{-\infty}^{\infty}\delta(t)\mathrm{e}^{-j2\pi ft}\mathrm{d}t=1$$

4. δ函数的频谱

对δ函数取傅里叶变换，得其频谱

$$\Delta(f)=\int_{-\infty}^{+\infty}\delta(t)\mathrm{e}^{-j2\pi ft}\mathrm{d}t=\mathrm{e}^0=1$$

δ函数的频谱如图4-14所示，其傅里叶逆变换为$\delta(t)=\int_{-\infty}^{+\infty}1\cdot\mathrm{e}^{j2\pi ft}\mathrm{d}f$。

由此可知，时域脉冲函数具有无限宽广的频谱，且在所有的频段上，都是等强度的。这种频谱常常被称作“均匀谱”或“白色谱”。δ(t)是理想的白噪声信号。

二、sinc函数

sinc(t)函数又称为闸门函数、滤波函数或内插函数，在许多场合下频繁出现。其

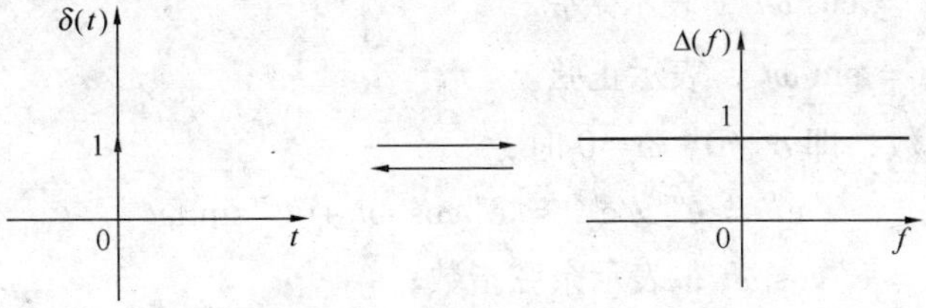

图 4－14　δ－函数及其频谱

定义为

$$\mathrm{sinc}(t)=\frac{\sin t}{t}\ (-\infty<t<\infty) \tag{4-4}$$

或

$$\mathrm{sinc}(t)=\frac{\sin \pi t}{\pi t}\ (-\infty<t<\infty) \tag{4-5}$$

如图 4－15 所示，它是一个偶函数，在 t 的正、负方向幅值逐渐衰减，当 $t=\pm\pi$，$\pm 2\pi,\cdots,\pm n\pi$ 时，函数为零；$t=0$ 时，函数为 1。

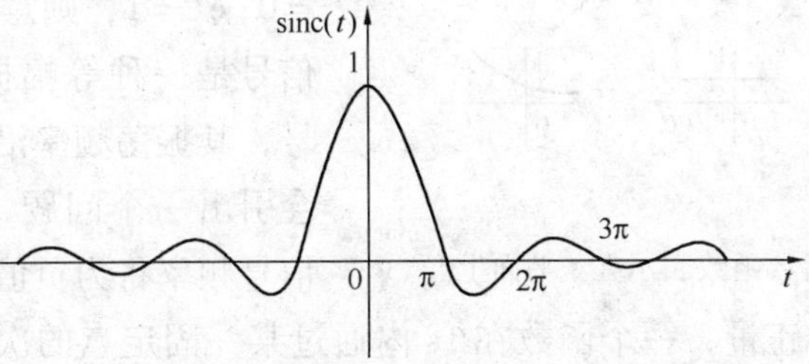

图 4－15　sinc(t) 函数

sinc(t) 函数之所以称为闸门（或抽样）函数，是因为矩形脉冲的频谱为 sinc(t) 函数；而之所以又称为滤波函数，是因为任意信号与 sinc(t) 函数进行时域卷积时，可实现低通滤波；之所以称为内插函数，是因为采样信号复原时，在时域由许多 sinc(t) 函数叠加而成，构成非采样点的波形。

三、复指数函数

1. 复指数函数概念

复指数函数 e^{st}（$-\infty<t<\infty$）又称永存指数，在信号分析中亦占有特殊地位。其指数 $s=\sigma+j\omega$，是一个复数，依据取值不同，函数 e^{st} 可以概括为信号分析中所遇到的多种波形。例如：

（1）当 s 为实数，即 $\omega=0$ 时，如果 $\sigma\neq 0$，则 e^{st} 表示升、降指数函数；$\sigma=0$ 时，则表示直流信号。

（2）当 s 为虚数，即 $\sigma=0$，$\omega\neq 0$ 时，

$$e^{\pm j\omega t}=\cos\omega t\pm j\sin\omega t$$

实部 Re [$e^{j\omega t}$] = cos ωt，表示余弦；

虚部 Im [$e^{j\omega t}$] = sin ωt，表示正弦。

(3) 当 s 为复数，即 $\sigma \neq 0$，$\omega \neq 0$ 时，

$$e^{st} = e^{\sigma t} \cdot e^{j\omega t} = e^{\sigma t}\cos \omega t + je^{\sigma t}\sin \omega t$$

实部 Re [e^{st}] = $e^{\sigma t}\cos \omega t$，表示余弦指数；

虚部 Im [e^{st}] = $e^{\sigma t}\sin \omega t$，表示正弦指数。

如果将上述各种情况表示在 s 平面上，如图 4 – 16 所示。可以看出，s 平面上的每一点都和定的指数函数模式相对应。

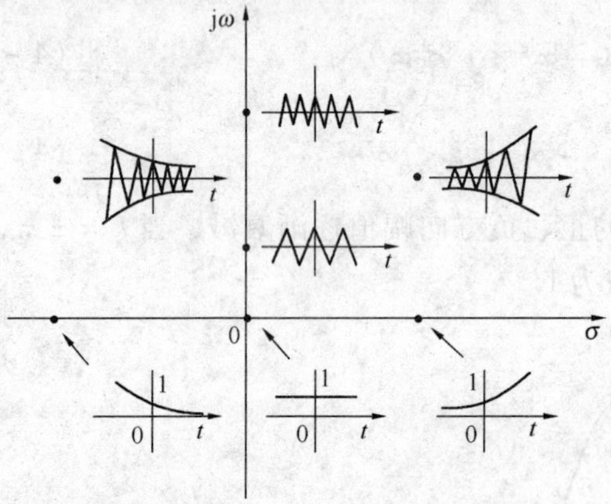

图 4 – 16　复指数函数表示在 s 平面上

虚轴(jω)代表 e^{st} 的振荡频率，而实轴(σ)则代表 e^{st} 的振幅变化。当 s 沿实轴(σ)变化时，$\omega = 0$，这意味着与 σ 轴相关联的信号是一种振幅单调增大($\sigma > 0$)、等幅($\sigma = 0$)或单调减小($\sigma < 0$)的指数信号。当 s 沿虚轴变化时，$\sigma = 0$，$e^{st} = 1$，则意味着与 jω 轴相关联的信号是一种等幅振荡（正弦或余弦）信号，其振荡频率沿虚轴而变化。这自然会引出一个问题，即沿 – jω 轴表示的信号频率将为负值。根据频率的原来定义，频率本来是一个正量，一个函数在 1s 内通过某一固定点的次数总是正的。那么怎样解释这个“负频率”呢？之所以产生这种问题，是由于上述运算中的频率是复指数函数中的指数。因此，负频率是与负指数相关联的，是数学运算的结果，并无确切的物理含义。

此外，复指数函数还具有一些重要性质，例如：

(1) 实际中遇到的任何时间函数，总可以表示成为复指数函数的离散和或连续和，即 e^{st} 作为正交函数出现于傅里叶级数与傅里叶变换之中，即

离散和
$$x(t) = \sum_r C_r e^{st}$$

连续和
$$x(t) = \int_{s_A}^{s_B} C_s e^{st} dt$$

(2) 复指数函数 e^{st} 的微分、积分或通过线性系统时，总会存在于所分析的函数之中，即

微分
$$\frac{d}{dt} e^{st} = s e^{st}$$

积分
$$\int e^{st} dt = \frac{1}{s} e^{st}$$

通过线性系统
$$e^{st} \rightarrow H(s) e^{st}$$

式中，$H(s)$ 表示系统函数。这表明了函数 e^{st} 的永久性质。

2. 复指数函数的物理意义

复指数信号是一种单频信号，选择复指数信号作为基元信号，意味着把输入信号在频率域上进行分解，利用这种分解方法来分析信号和系统，称为信号和系统的频域分析。本书中经常提到：在信号的频域分析中，傅里叶变换是一个重要的工具，其中就用到了复指数函数。

为什么傅里叶变换利用复指数函数，是因为复指数函数和三角函数通过欧拉方程 $e^{(jx)} = \cos(x) + j\sin(x)$ 可实现相互间的转换。傅里叶变换最原始的表述式是用三角函数来进行的，三角函数运算复杂，而指数函数的微分、积分和通过线性系统时函数保持不变。所以，利用复指数函数，可以将复杂的微积分运算转换为代数运算（就是加减乘除）。

四、矩形窗函数

矩形窗函数的表达式为

$$\omega_R(t) = \begin{cases} 1, |t| \leqslant T/2; \\ 0, |t| > T/2. \end{cases}$$

取傅里叶变换，有

$$\omega_R(f) = \int_{-\infty}^{+\infty} \omega_R(t) e^{-j2\pi ft} dt = \int_{-T/2}^{T/2} [\cos(2\pi ft) - j\sin(2\pi ft)] dt$$

$$= 2\int_0^{T/2} \cos(2\pi ft) dt = T\frac{\sin(\pi fT)}{\pi fT} = T\text{sinc}(\pi fT),$$

$$|W_R(f)| = T|\text{sinc}(\pi fT)|。$$

这里定义

$$\text{sinc}(x) = \sin(x)/x$$

前面讲过该函数是以 2π 为周期，并随 x 增加而衰减的振荡，函数在 $x = n\pi$ $(n = \pm 1, \pm 2, \pm 3\cdots)$ 时，幅值为零，如图 4－17 所示。

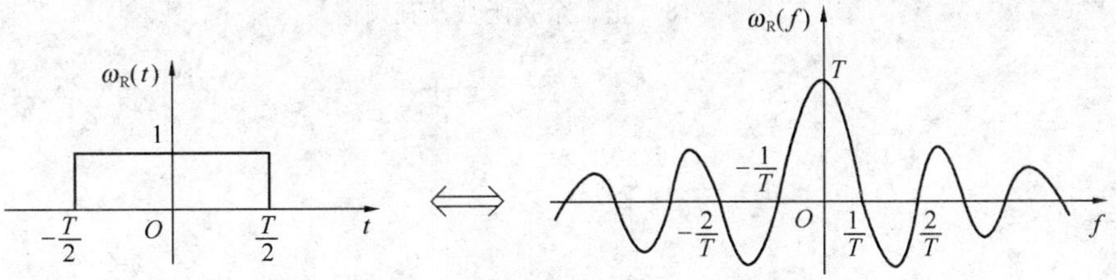

图 4－17　矩形窗函数及其频谱

从图中可知，矩形窗函数在时域中有限区间取值，但频域中频谱在频率轴上连续且无限延伸。由于实际工程测试总是时域中截取有限长度（窗宽范围）的信号，其本质是被测信号与矩形窗函数在时域中相乘，因而所得到的频谱必然是被测信号频谱与矩形窗函数频谱在频域中的卷积，所以实际工程测试得到的频谱也将是在频率轴上连续且无限延伸。

五、谐波函数

谐波函数包括余弦函数和正弦函数。

1. 余弦函数的频谱

利用欧拉公式，余弦函数可以表达为

$$x(t) = \cos 2\pi f_0 t = \frac{1}{2}\left(e^{-j2\pi f_0 t} + e^{j2\pi f_0 t}\right)$$

其傅里叶变换为

$$X(f) = \frac{1}{2}\left[\delta(f+f_0) + \delta(f-f_0)\right]$$

2. 正弦函数的频谱

同理，利用欧拉公式及其傅里叶变换可以表达为

$$x(t) = \sin 2\pi f_0 t = \frac{j}{2}\left(e^{-j2\pi f_0 t} - e^{j2\pi f_0 t}\right)$$

$$X(f) = \frac{j}{2}\left[\delta(f+f_0) - \delta(f-f_0)\right]$$

根据傅里叶变换的奇偶虚实性质，余弦函数在时域中为实偶函数，在频域中也为实偶函数；正弦函数在时域中为实奇函数，在频域中为虚奇函数。如图 4－18 所示。

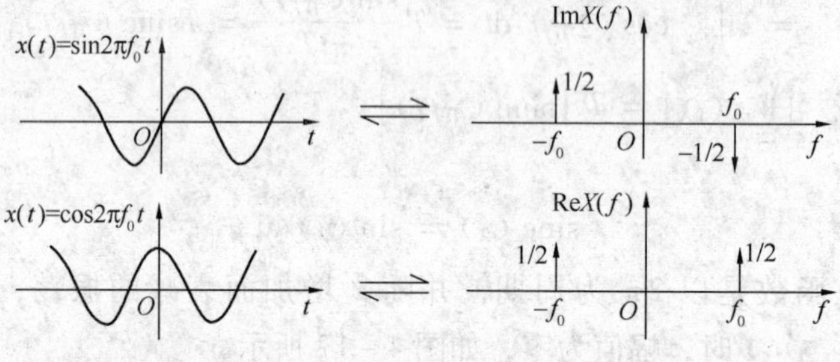

图 4－18　正、余弦函数及其频谱

第五章　信号时域分析

第一节　信号时域特征参数描述

一、信号波形图

信号波形图是指用被测物理量的强度作为纵坐标，用时间作为横坐标记录被测物理量随时间的变化情况的图形，如图 5－1 所示。

图 5－1 中：

(1) T：周期。

(2) 正峰值：就是正值最大值；负峰值，就是负值的绝对值最大值。

(3) 峰峰值：整个波形或选通区域中最高点和最低点的差，比如幅值 5V 的双级性正弦交流电的峰－峰值是 5V－(－5V) 也就是 10V。如果是 5V 单级性正弦直流电压的话，峰－峰值就是 5V－0V，还是 5V。

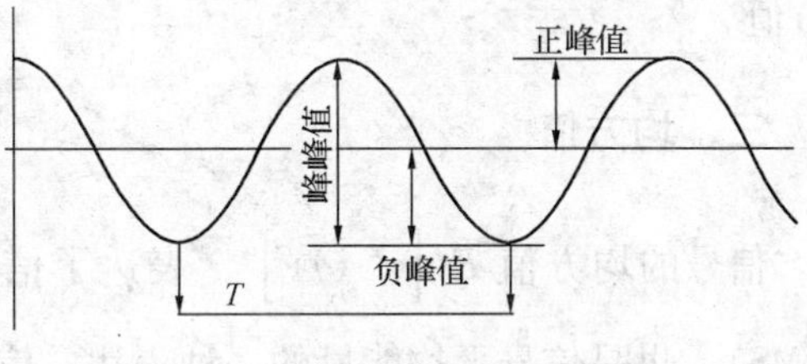

图 5－1　振动信号波形图示例

在研究信号的过程中，还会碰到幅值、瞬时值和有效值，下边我们结合正弦波先简单区分下这几个概念：

(1) 一个正弦波一个周期内有 2 次到达最大值，又称幅值；

(2) 正弦波在任意一瞬时的值叫瞬时值；

(3) 正弦波的有效值的概念是根据热效应定义的，就是把一个正弦波电流通过一个发热电阻，测量出电阻的热量，然后再把一个直流电通过同一个电阻，然后找出与前面测出热量相同的直流电，就是这个正弦波电流的有效值。有效值 E 与最大值 E_m 的关系是 $E=\frac{E_m}{\sqrt{2}}$。

二、均值

均值通常以小写希腊字母 μ 来表示，是统计学家对信号平均值所用的术语。

动态测试数据的平均值就是这个振动量的时间平均。平均值的计算公式为：

$$\mu_x = E[x(t)] = \lim_{T\to\infty}\frac{1}{T}\int_0^T x(t)\,dt$$

或

$$\mu_x = E[x(t)] = \lim_{T\to\infty}\frac{1}{T}\int_{-\frac{T}{2}}^{\frac{T}{2}} x(t)\,dt \quad (5-1)$$

式中 T 是取平均的时间间隔，在实际中 T 不可能取成无穷，所以算出的 μ_x 值必然包含统计误差，故只能作为真值的一种估计值。

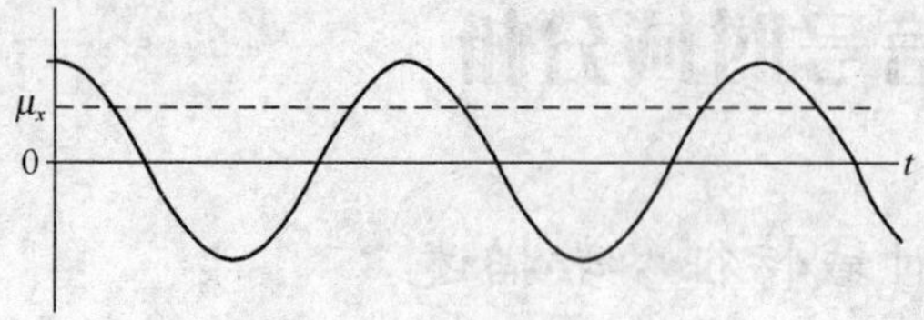

图 5-2　动态测试波形

平均值可作为振动（随机振动）的静态分量（即不随时间变化的分量）。为了分析方便，常常希望振动时间历程的均值为零。如所得动态测试波形显示出可能含有常值成分（静态分量的均值 μ_x）如图 5-2 所示，要把这个常值成分从全部数据中扣除，扣除了常值成分后，相当于把坐标轴移动到平均值 μ_x 处。而按新的坐标轴来描述的曲线，其均值为零。

总之，均值反应了信号变化的中心趋势，在电子学中，平均值通常称作 DC（直流）值。

三、均方值

信号的均方值 $E\left[x^2(t)\right]$，表达了信号的强度；其正平方根值，又称为有效值（RMS），也是信号平均能量的一种表达。信号的均方值常用符号 ψ_x^2 表示。其公式如下所示：

$$\psi_x^2 = E\left[x^2(t)\right] = \lim_{T\to\infty}\frac{1}{T}\int_0^T x^2(t)\mathrm{d}t \tag{5-2}$$

或

$$\psi_x^2 = E\left[x^2(t)\right] = \lim_{T\to\infty}\frac{1}{T}\int_{-\frac{T}{2}}^{\frac{T}{2}} x^2(t)\mathrm{d}t$$

工程测量中仪器的表头示值就是信号的有效值。在某些重要的机器设备的状态监测系统或简易故障诊断中常采用振动量的有效值作为判据。

四、方差

如果只对有限长的记录取时间平均，则仅是其均方值的估计值。均方值的正平方根，一般称为均方根值（有效值 x_{rms}）。若 $x(t)$ 的均值为零则均方值等于方差，因为方差定义为：

$$\sigma_x^2 = \lim_{T\to\infty}\frac{1}{T}\int_0^T \left[x(t) - \mu_x\right]^2\mathrm{d}t \tag{5-3}$$

可见方差相当于随机数据的动态分量或波动分量。故一个随机数据可看成由静态分量加动态分量而组成。方差的正平方根称为标准差 σ_x，展开式（5-3）可得

$$\begin{aligned}\sigma_x^2 &= \lim_{T\to\infty}\frac{1}{T}\int_0^T x^2(t)\mathrm{d}t - \lim_{T\to\infty}\frac{1}{T}\int_0^T 2\mu_x x(t)\mathrm{d}t + \lim_{T\to\infty}\frac{1}{T}\int_0^T \mu_x^2\mathrm{d}t \\ &= \lim_{T\to\infty}\frac{1}{T}\int_0^T x^2(t)\mathrm{d}t - \lim_{T\to\infty}\frac{1}{T}\int_0^T \mu_x^2\mathrm{d}t \\ &= \psi_x^2 - \mu_x^2\end{aligned} \tag{5-4}$$

方差反应了信号绕均值的波动程度。方差分析用于机械设备的故障诊断主要是基

于：当机械设备正常运转时，其输出信号一般较为平稳（即波动很小），方差较小；而故障的设备由于运转不平稳，方差较大。

五、偏度

$$g_1 = \frac{1}{N}\sum_{i=1}^{N}\left[\frac{x_i - \mu}{\sigma}\right]^3 = \frac{E[x-\mu]^3}{\sigma^3} \tag{5-5}$$

概率统计可以证明：如果 $x \sim N(\mu,\sigma^2)$，它的奇次高阶矩为零。因为第一个奇次高阶为3，故有 $E[(x_i-\mu)^3]=0$，它是一个统计估计量，其含义是 $g_1=0$ 表征着理论的分布状态，即没有偏离，如图5-3(a)所示。式(5-5)中的（$x_i-\mu$）是表示观测值对实际均值的偏离量，除以 σ 可以理解为对偏离量 $x_i-\mu$ 进行归一化处理，由于数据 x_t 是随机的，均值 μ 是按样本计算的，并非理论的均值 μ_0，故（$x_i-\mu$）是随机的，有正有负，单个的（$x_i-\mu$）并不能说明分布曲线性质，但式(5-5)是表明（$x_i-\mu$）的三阶中心矩的期望值，它可从总体上表示实际分布曲线的中心相对于理想分布曲线中心（均值 μ_0）的偏离程度。当 $g_1>0$ 时称为正偏度［图5-3(b)］，相当于实际分布曲线整体相对 μ_0 向右移；当 $g_1<0$ 时称为负偏度［图5-3(c)］，相当于实际分布曲线整体相对 μ_0 向左移动。

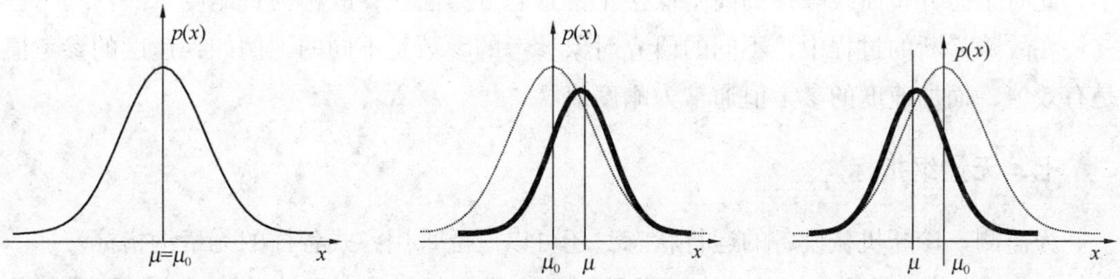

(a)标准状态 $g_1=0$　　(b)正偏度 $g_1>0$　　(c)负偏度 $g_2<0$

图5-3　偏度系数的意义

六、峭度

四阶中心矩也是一个重要的统计估计量。它可以用来表示样本的密度函数 $p(x)$ 图形顶峰的凸平度，称为峭度系数。由概率统计可以证明，如果 $x \sim N(\mu,\sigma^2)$，则有

$$E[x-E(x)]^4 = 3\sigma^4$$

则有

$$\frac{E[x-E(x)]^4}{\sigma^4} = 3$$

于是可定义峭度系数为：

$$g_2 = \frac{E[x-\mu]^4}{\sigma^4} = \frac{1}{N}\sum_{i=1}^{N}\left[\frac{x_i-\mu}{\sigma}\right]^4 \tag{5-6}$$

峭度系数的意义如图5-4所示。当 $g_2=3$ 时，定义为分布曲线具有正常峰度（即零峭度）；当 $g_2>3$ 时，分布曲线具有正峭度。由式(5-6)可知，当标准差 σ 小于正常状态

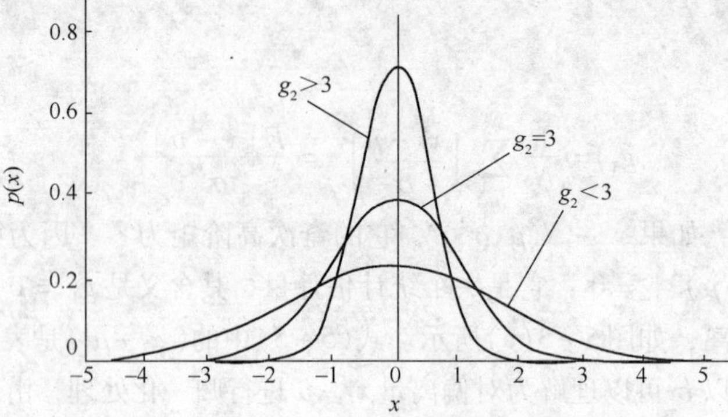

图 5－4　峭度系数的意义

下的标准差，即观测值的分散程度较小时，g_2 增大，此时正态分布曲线峰顶的高度高于正常正态分布曲线，故称为正峭度。当 $g_2<3$ 时，分布曲线具有负峭度，由式(5－6)可以看出，当标准差 σ 大于正常状态下的标准差，即观测值的分散程度较大时，g_2 减小，此时正态分布曲线峰顶的高度低于正常正态分布曲线，故称为负峭度。

在故障诊断的过程中，不同的研究对象参考的参数是不同的。例如，速度的参考值是有效值，而加速度的参考值通常为峭度值。

七、无量纲指标

为监测、诊断机械设备的运行状态，还可以广泛采用各式各样的无量纲指标。

(1)对这些无量纲指标的基本要求是：对机器的运行状态足够敏感，当机器运行状态的变化引起所测参数发生变化时，这些无量纲指标应有明显的变化。

(2)与机器的运行状态之间有稳定的对应关系，只有当机器运行状态发生变化引起所测参数发生变化时，这些无量纲指标才有明显的变化，或者说这些无量纲指标应对机器运行状态之外的其他因素，如载荷大小不敏感。常用的无量纲指标有：

波形因数　$$K=\frac{X_{\rm rms}}{|\overline{X}|}=\frac{\text{有效值}}{\text{绝对平均幅值}}$$

峰值因数　$$C=\frac{\hat{X}}{X_{\rm rms}}=\frac{\text{峰值}}{\text{有效值}}$$

脉冲因数　$$I=\frac{\hat{X}}{|\overline{X}|}=\frac{\text{峰值}}{\text{绝对平均幅值}}$$

裕度因数　$$L=\frac{\hat{X}}{X_{\rm r}}=\frac{\text{峰值}}{\text{方根幅值}}$$

式中　$X_{\rm r}$——方根幅值　$X_{\rm r}=\left[\int_{-\infty}^{\infty}|x|^{\frac{1}{2}}p(x)\,{\rm d}x\right]^2$；

$|\overline{X}|$——绝对平均值　$|\overline{X}| = \int_{-\infty}^{\infty} |x| p(x)\mathrm{d}x$；

$\hat{X}$——峰值　$\hat{X} = E[\max|x(t)|]$。

八、小结

以上所讲均值、均方值等重要参数表达式均是在连续域上写出的，为了加深理解，本小结列出了一些参数离散域中的表达式，并对其之间的关系进行了描述。

有的教材中，把平均值表示成：

$$\mu = \frac{1}{N}\sum_{i=0}^{N-1} x_{\mathrm{i}}$$

前文提到均值相当于电工学中的DC(直流)值，相应的AC(交流)代表的是信号在平均值上下浮动。如果信号是一个简单的重复出现的波形，比如正弦波或者方波，那么它们的大小范围可以用峰峰值来描述。但大多数实际信号并不能显示出一个确定的峰峰值，而是具有随机特性，在这些情况下，应该使用标准偏差 σ。

表达式 $|x_{\mathrm{i}}-\mu|$ 描述的是第 i 个抽样点与平均值的偏差(平均偏差)。信号的平均偏差是把所有抽样点的偏差加起来，然后除以总数 N。这里应注意，在进行求和之前会先对每个偏差求绝对值，否则，正项和负项会相互抵消使均值为零。平均偏差提供的是所有抽样点与平均值的典型差距。为了方便，平均偏差几乎不在统计中使用。这是因为它与信号操作的物理特点不是很匹配。大多数情况下，重要的参数不是距离平均值的偏差，而是距平均值的偏差所表示的功率。比如，电路中引入了多个随机噪声信号，所导致的总噪声等于各个噪声功率的叠加，而不是幅值的叠加。

标准偏差与平均偏差很相似，所不同的是做平均的时候是用功率值取代了幅度值。这是通过在求平均前对每个偏差值先求平方得到的(请记住，功率正比于电压的平方)。最后，再利用平方根来消除最初平方的影响。

标准偏差的表达式定义为

$$\sigma = \sqrt{\frac{1}{N-1}\sum_{i=0}^{N-1}(x_i-\mu)^2}$$

式中：x_i 代表信号值，μ 代表平均值，N 是抽样点的个数，σ 是标准偏差。等效表达式为：$\sigma = \sqrt{(x_0-\mu)^2+(x_1-\mu)^2+\cdots+(x_{\mathrm{N}-1}-\mu)^2/(N-1)}$。注意：平均时间是通过除以 $(N-1)$ 而不是 N 求得的。这一点非常重要。方差 σ^2 在统计中经常出现，代表的是这种偏离的功率；标准偏差衡量的是信号偏离平均值有多远。

另一个应该非常熟悉的是RMS(均方根)值，它在电子领域中广泛应用。按照定义，标准偏差只能描述信号的直流特性，而RMS值则可以同时描述交流和直流特性。如果一个信号没有直流分量，那么它的RMS值和标准偏差应该是相等的。

另外，斜度、峭度均可同理给出离散域中的表达式，在此不作赘述，它们均是故障诊断中非常重要的判断依据。

第二节　信号幅值域分析

概率密度函数是信号幅值域分析的主要方法，下面较详细地介绍概率密度函数在故障诊断技术中的应用。

一、概率密度函数和概率分布函数

概率密度函数指以幅值大小为横坐标，以每个幅值间隙内出现的概率为纵坐标进行统计分析的方法。它反映了信号落在不同幅值强度区域内的概率情况，如图 5－5 所示。

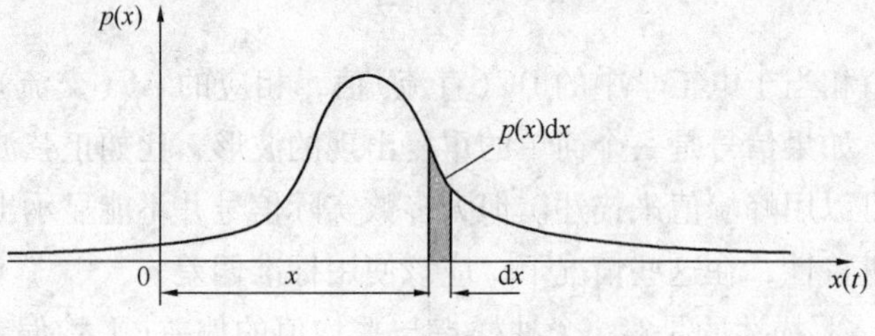

图 5－5　概率密度函数曲线

用公式表达为

$$p(x) = \lim_{\Delta x \to \infty} \frac{p(x < x(t) \leqslant x + \Delta x)}{\Delta x} \tag{5-7}$$

概率分布函数是信号幅值小于或等于某值 R 的概率，定义为：

$$F(x) = \int_{-\infty}^{R} p(x)\mathrm{d}x \tag{5-8}$$

概率分布函数又称为累积概率，表示了信号落在某一区域间的概率。

二、概率密度函数工程应用

概率密度函数是概率相对于振幅的变化率。给出的是随机信号沿幅值域分布的统计规律，根据概率密度函数的曲线形状，对机械故障的判断是非常有用的，表 5－1 列出了时域信号、频谱、概率密度曲线、机械故障之间关系。

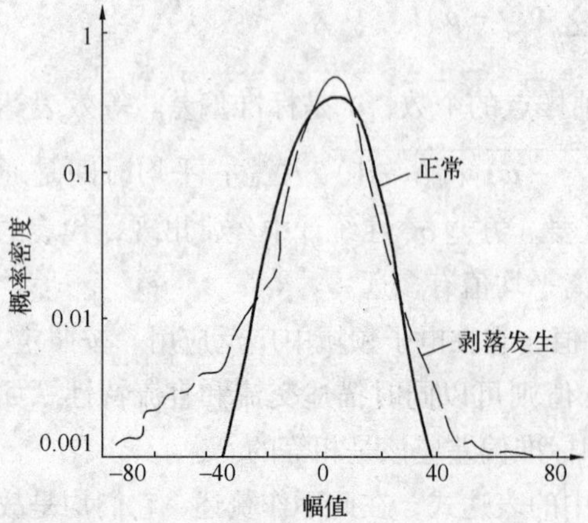

图 5－6　滚动轴承的概率密度函数

图 5－6 是滚动轴承正常状态与发生剥落故障时的概率密度函数曲线对比，从图中可以看出，轴承正常情况下的概率密度函数曲线“较瘦”，而发生剥落故障后的曲线“较胖”，这说明高幅值的比例增加，原因是发生故障后振动幅度加大，因此高振幅的比例值增大。

表 5－1　概率密度曲线与机械故障之间关系

时间历程	频　谱	概率密度分析	注　释	可能的原因
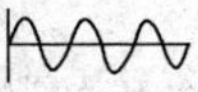	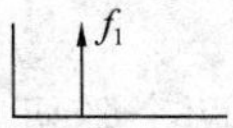	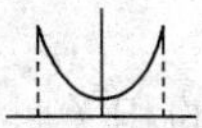	单一频率 同步、异步 重复的	不平衡共振
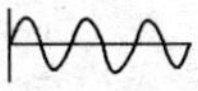	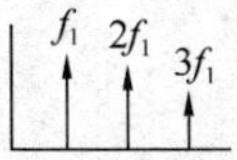	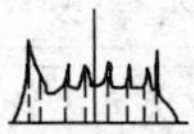	基波与高次谐波组合	齿轮、噪声、风扇故障
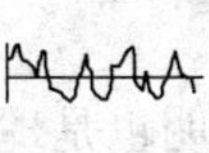	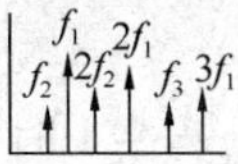	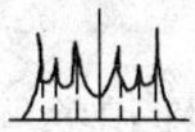	分频与信频组合的复杂波形	各种可能原因
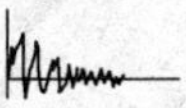	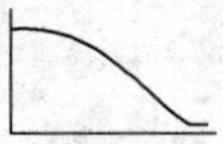		衰减正弦波形	活塞敲击声冲击响应
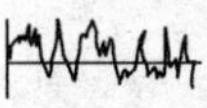	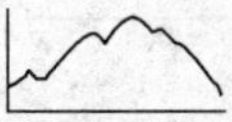	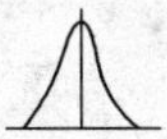	无明显谐波和关系可重复的频谱	流体动力效应
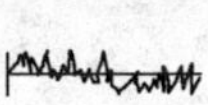	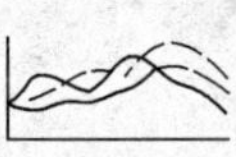		可重复的频谱没有显著变化发生	机器的转速及载荷有轻微的变化过是测量误差
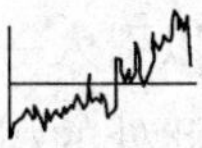	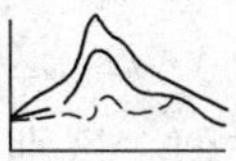	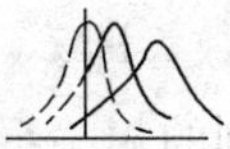	不重复的频率成分有显著变化发生	主要变化已经发生的征兆，可能已经失效

第三节　信号时差域分析

相关分析是信号时差域分析的主要方法，下面较详细地介绍相关分析在故障诊断技术中的应用。

一、相关系数

在测试信号的分析中，相关是一个非常重要的概念。所谓“相关”，指变量之间的线性关系，对于确定性信号来说，两个变量之间可用函数关系来描述，两者一一对应，并为确定的数值。两个随机变量之间不具有这样确定的关系，但如果这两个变量之间具有某种内涵的物理联系，那么，通过大量统计就能发现，它们之间还是存在着某种不精确却具有相应的表征其特性的近似关系。

统计学中用相关系数来描述变量 x，y 之间的相关性。是两个随机变量之积的数学期望，称为相关性，表征了 x，y 之间的关联程度。相关系数用符号 ρ_{xy} 表示。

$$\rho_{xy} = \frac{\sigma_{xy}}{\sigma_x \sigma_y} = \frac{E\left[(x-\mu_x)(y-\mu_y)\right]}{\sqrt{E(x-\mu_x)^2 E(y-\mu_y)^2}} \tag{5-9}$$

式中　σ_{xy} ——随机变量 x，y 的协方差；

μ_x、μ_y ——随机变量 x，y 的均值；

σ_x、σ_y ——随机变量 x，y 的标准差；

当 $\rho_{xy}=1$ 时，说明 x、y 两变量是理想的线性相关；当 $\rho_{xy}=-1$ 时，说明也是理想的线性相关，只是直线的斜率为负；当 $\rho_{xy}=0$ 时，表示两变量之间完全无关；当 $0<\rho_{xy}<1$ 时，表示两变量之间部分相关，如图 5－7 所示。

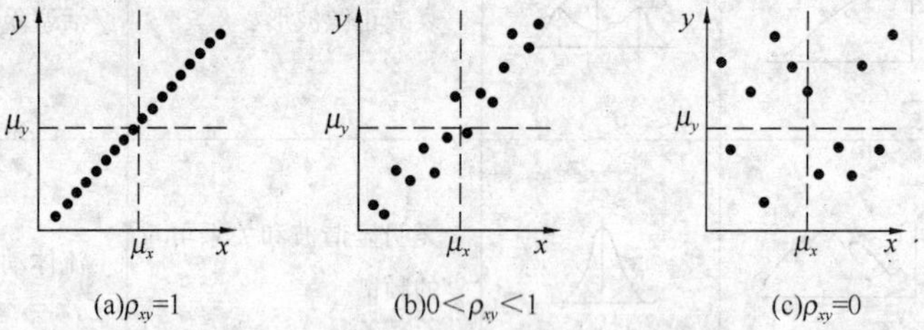

图 5－7　相关系数 ρ_{xy}

二、相关函数

1. 互相关与自相关

(1)互相关

如果所研究的变量 x，y 是与时间有关的函数，即 $x(t)$ 与 $y(t)$。这时可以引入一个与时间 τ 有关的量来定义相关系数，与上面提到的相关系数类似，区别只是此处的相关系数与时间有关。下面给出相关系数的计算公式，式中假定 $x(t)$ 和 $y(t)$ 均值即直流分量都为零。

$$\rho_{xy}(\tau) = \frac{\int_{-\infty}^{\infty} x(t)y(t-\tau)\mathrm{d}t}{\sqrt{\int_{-\infty}^{\infty} x^2(t)\mathrm{d}t \int_{-\infty}^{\infty} y^2(t)\mathrm{d}t}} \tag{5-10}$$

式中，$\rho_{xy}(\tau)$ 是 $\rho_{x(t)}\rho_{y(t-\tau)}$ 的简写形式。

相关函数反应了两个信号在时移中的相关性。此算法用图表示其计算顺序如图 5－8 所示。

即，令 $x(t)$ 与 $y(t)$ 两个信号产生时间差 τ，再相乘和积分，就可以得到 τ 时刻两

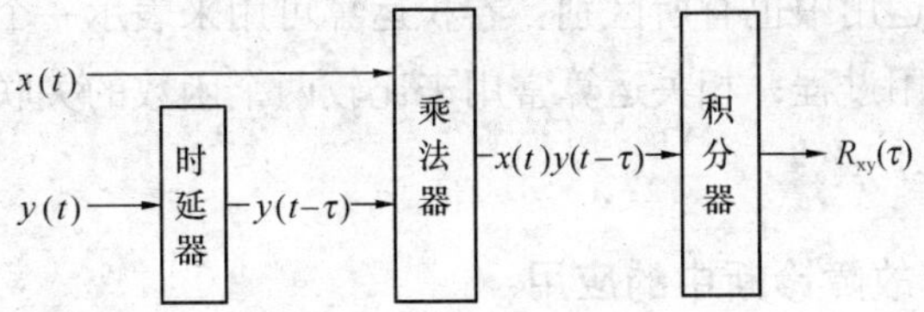

图 5－8　互相关算法图

个信号的相关性。

$$R_{xy}(\tau) = \lim_{T\to\infty}\frac{1}{T}\int_0^T x(t)y(t-\tau)\mathrm{d}t$$

(2) 自相关

令互相关中 $y(t) = x(t)$，即为所求的自相关关系。公式表示为

$$R_x(\tau) = \lim_{T\to\infty}\frac{1}{T}\int_0^T x(t)x(t-\tau)\mathrm{d}t \qquad (5-11)$$

所以，相关函数描述了两个信号间或信号自身不同时刻的相似程度。

2. 相关函数的性质

利用相关函数的性质，通过相关分析可以发现信号中许多有规律的东西。

(1) 自相关函数是 τ 的偶函数，$R_x(\tau) = R_x(-\tau)$。

(2) 当 $\tau=0$，自相关函数具有最大值。

(3) 周期信号的自相关函数仍然是同频率的周期信号，但不保留原信号的相位信息。

(4) 随机噪声信号的自相关函数将随 $|\tau|$ 的增大快速衰减。

(5) 两周期信号的互相关函数仍然是同频率的周期信号，且保留原信号的相位信息。

(6) 两个非同频率的周期信号互不相关。

三、卷积与相关的关系

由相关函数的定义可知，当 $x(t)$ 和 $y(t)$ 均为实能量信号时，$x(t)$ 与 $y(t)$ 的相关函数为：

$$R_{xy}(\tau) = \int_{-\infty}^{+\infty} x(t)y(t-\tau)\mathrm{d}t$$

为便于比较，把上式中的变量 t 与 τ 互换。这样互相关函数可表示为

$$R_{xy}(t) = \int_{-\infty}^{+\infty} x(\tau)y(\tau-t)\mathrm{d}\tau$$

与卷积公式比较可知

$$R_{xy}(t) = x(t) * y(-t)$$

此式表明，$x(t)$ 与 $y(t)$ 互相关函数等于 $x(t)$ 与 $y(-t)$ 的卷积。

本节已经介绍了卷积和相关两种运算。显然，这两种运算都包括了平移、相乘、积分三个步骤，其差别在于相关运算不要对 $y(t)$ 进行反折，而卷积运算则需要反折。这

两种运算在实际工程运用中也有所区别：卷积运算可用来表示一个观测系统或一个观测仪器对输入信号的作用过程；相关运算常用来比较两个函数的关联性、相似程度，用于信号检测、图像识别。

四、相关分析在故障诊断中的应用

1. 用声发射相关分析探测地下(油)管的破损地点

图5-9所示是用相关分析测得的时间延滞量值来探测水管的漏水地点。由于从水管破损处发出的漏水声通过管道向左右传播，这时在漏水管段的两端布置测点进行测定，然后通过互相关函数曲线，由最大延时 τ_m 和钢材传声的速度，就可算出裂纹位于两个检测点中心的方向和距离。设漏损处到两侧点的中心距离为 s，声音沿水管传播速度为 v，传到两个测点的时间分别为 t_1，t_2。故有

$$s = \frac{t_1 v + t_2 v}{2} - t_1 v = \frac{t_1 v + t_2 v - 2t_1 v}{2}$$

$$= \frac{v(t_2 - t_1)}{2} = \frac{v\tau_m}{2}$$

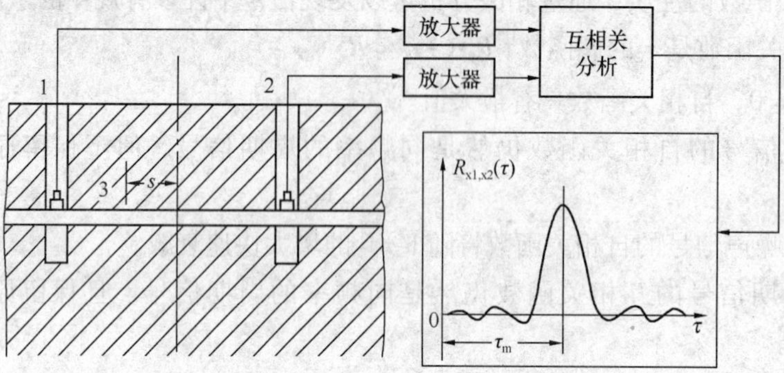

图5-9　地下水管漏损处相关探测分析系统

1，2—探测传感器放置处；3—漏损处

此法确定漏损位置的误差在几十厘米以内，是比较有效的方法。

2. 用声发射分析高压容器裂纹的位置

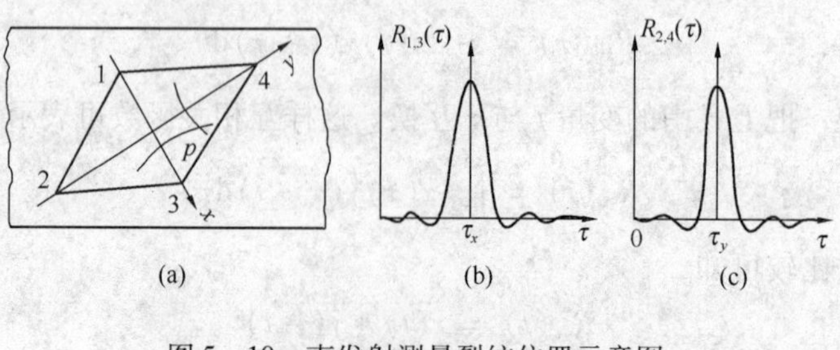

图5-10　声发射测量裂纹位置示意图

图5-10(a)所示，在裂纹区域内(或附近)按菱形顶点布置四个声发射传感器，来测量裂纹处产生的声波。在 x 轴上测点1，3之间距离为 $2a$，在 y 轴上测点2，4之间的

距离为 $2b$。由测量的时间历程曲线做出互相关函数 $R_{1,3}(\tau)$ 及 $R_{2,4}(\tau)$ 如图 5－10(b)、(c)所示。再由迟后时间 τ_x，τ_y 分别做出两条双曲线：

$$\left.\begin{aligned}\left[a^2-\left(\frac{\tau_x v}{2}\right)^2\right]x^2-\left(\frac{\tau_x v}{2}\right)^2 y^2=\left(\frac{\tau_x v}{2}\right)^2\left[a^2-\left(\frac{\tau_x v}{2}\right)^2\right]\\ \left[b^2-\left(\frac{\tau_y v}{2}\right)^2\right]y^2-\left(\frac{\tau_y v}{2}\right)^2 x^2=\left(\frac{\tau_y v}{2}\right)^2\left[b^2-\left(\frac{\tau_y v}{2}\right)^2\right]\end{aligned}\right\} \tag{5-12}$$

式中　v——声音在容器上的传播速度。

两条曲线的交点 p 就是裂纹发生的位置。p 点的位置可由式(5－12)解出：

$$\left.\begin{aligned}x=\frac{v\tau_x}{2}\cdot\sqrt{\frac{\left(\frac{2a}{v}\right)^2-(\tau_x{}^2-\tau_y{}^2)}{\left(\frac{2a}{v}\right)^2-\tau_x{}^2-\frac{\tau_x{}^2\tau_y{}^2}{(2b/v)^2-\tau_y{}^2}}}\\ y=\frac{v\tau_y}{2}\cdot\sqrt{\frac{\left(\frac{2b}{v}\right)^2-(\tau_x{}^2-\tau_y{}^2)}{\left(\frac{2b}{v}\right)^2-\tau_y{}^2-\frac{\tau_x{}^2\tau_y{}^2}{(2a/v)^2-\tau_x{}^2}}}\end{aligned}\right\} \tag{5-13}$$

将 τ_x，τ_y 及 v 一起代入式(5－13)中解出 x、y，则可确定 p 点。

第四节　时域平均分析

时域平均是一种积累平均抗干扰过程，它的突出优点是对输入信噪比没有要求，因而适合于对淹没在强噪声里微弱信号进行预处理。此外，信号时域平均处理的结果是时域波形，易识别出信号的冲击特征，特别是能观察出在某一个周期内发生的多个冲击及各自的强度，故这种信号处理方法在机械故障诊断中得到了广泛应用。

时域波形对故障反映直观、敏感，特别是局部损伤最为明显，因为局部损伤在时域中为冲击信号，容易识别。因此，时域平均法诊断，近年来有很大发展。时域平均法诊断首先要采用时域平均技术，排除各种干扰。

一、时域平均技术原理

通常分析的信号都是经过滤波器滤波的信号，但无论是低通、高通、带通或者带阻，通过的那部分信号中混有的噪声信号还是存在的。通过时域平均方法，就可以解决这一问题。

它是从混有噪声干扰的信号中提取周期信号的一种手段，所以也称相干检波。

若信号 $x(t)$ 由周期信号 $f(t)$ 和随机干扰信号 $n(t)$ 组成，以 $f(t)$ 的周期截取信号 $x(t)$ 为 N 段，得 $x_i(t)$ $(i=1,2,3\cdots N)$，然后将各段对应点的值相加取平均，得

$$\frac{1}{N}\sum_{i=1}^{N}x_i(t)=f(t)+\frac{1}{N}\sum_{i=1}^{N}n_i(t) \tag{5-14}$$

由于随机信号各段对应点的值为随机数，它的平均值 N 当趋于无穷大时应趋于零，于是得

$$\frac{1}{N}\sum_{i=1}^{N} x_i(t) = f(t) \tag{5-15}$$

这样就消除了信号中的随机分量，获得信号中的周期分量。

二、工程应用

时域平均技术是从混有噪声干扰的随机信号中提取周期性信号的技术。通过对机械振动、噪声信号以一定时间间隔去截取采集信号，然后叠加后计算平均，从而达到消除随机干扰和非周期性分量，使周期性成分得以清楚显示的目的。这项技术在机械设备故障诊断中占有较重要的地位。为了更清楚地理解这一方法，下面的例子对比了时域平均前后转子信号图的差别。

1. 测试系统噪声来源

图 5－11 所示为某转子还没有转动时振动传感器的输出信号，由于此时转子并没有转动，从理论上讲，传感器应该没有输出信号，但实际上传感器却有信号输出。这些输出信号类似冲击信号，其幅值大小，位置都是随机的，是一种十分严重的干扰信号。尽管采取各种措施设法屏蔽和减少这种干扰信号，但效果都不会太明显。

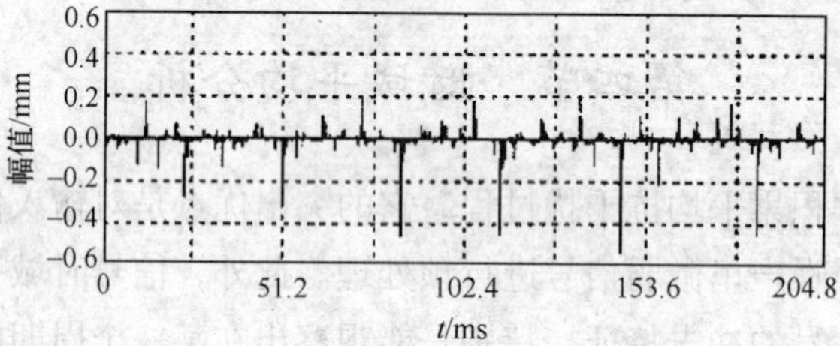

图 5－11　转速为 0r/min 时振动传感器的输出信号

图 5－12 所示为转子转速为 4000r/min 时的振动传感器输出信号的时域波形图。从图上可以看出，由于图 5－11 中噪声信号的幅值比转子振动信号的幅值大得多，真正的转子振动信号几乎被噪声信号淹没。因此，在进一步的信号分析之前，必须对所得的信号进行消噪处理。

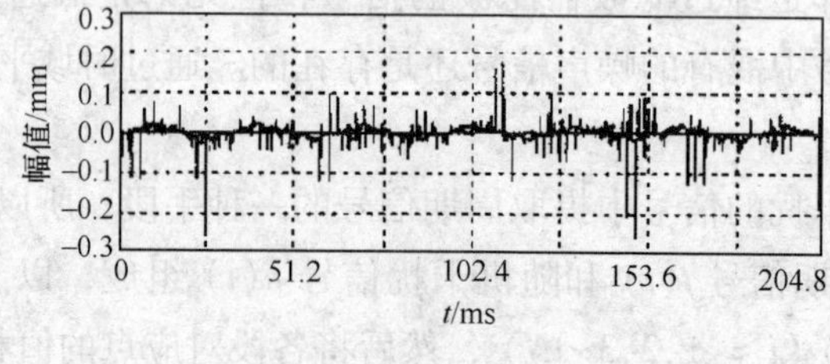

图 5－12　转速为 4000r/min 时振动传感器的输出信号

2. 振动信号的消噪处理

对测试得到的信号以一定的周期为间隔去截取，然后将所截得的信号段叠加平均，这样可消除信号中的非周期分量和随机干扰，保留确定的周期分量。

由于转子振动信号的周期性强，因此可采用时域平均法来提取周期信号，消除噪声干扰。在采集数据时，专门设置了一个采样触发传感器来控制开始采样的时刻，这样就保证了相同转速下每一次采集得到的信号对于转子转角来说具有相同的初始相位，因而可以将采集到的 N 段信号在时域先叠加再平均，达到初步降噪的目的。图 5－13 为 20 段采样信号时域平均后的波形。对比图 5－12 可以看出，此时信号的信噪比有了明显的提高，噪声被大大抑制。

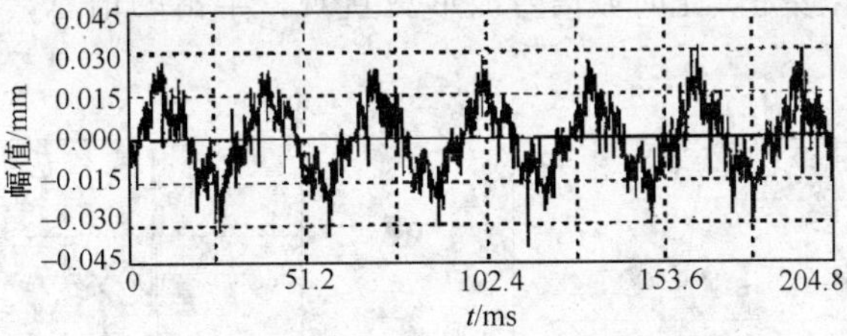

图 5－13　时域平均后的振动信号(4000r/min)

第六章　信号频域分析

信号频域分析是将时域信号 $x(t)$ 变换为频域信号 $X(f)$，从而帮助人们从另一个角度来了解信号的特征。

时域分析只能反映信号的幅值随时间的变化情况，除单频率分量的简谐波外，很难明确揭示信号的频率组成和各频率分量大小。而信号频谱 $X(f)$ 代表了信号在不同频率分量成分的大小，能够提供比时域信号波形更直观，丰富的信息，如图 6－1、图 6－2 所示。

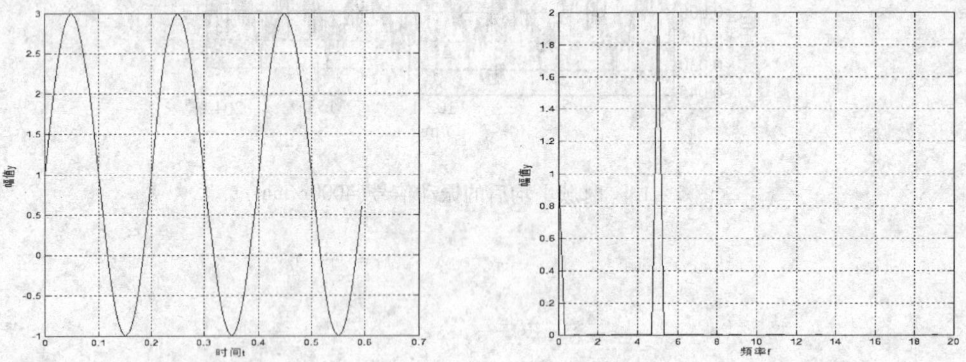

(a) 时域信号　　(b) 时域信号

图 6－1　$y=1+2\sin(2\pi\cdot 5t)$

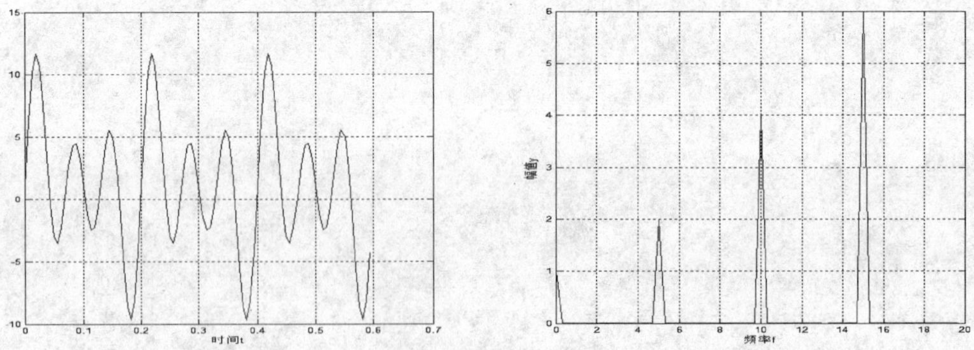

(a) 时域信号　　(b) 频域信号

图 6－2　$y=1+2\sin 2\pi\cdot 5\cdot t+4\sin 2\pi\cdot 10\cdot t+6\sin 2\pi\cdot 15\cdot t$ 时频域比较

实现信号时域和频域相互转换的工具是傅里叶变换。其中，处理周期信号使用傅里叶级数进行处理；非周期信号使用傅里叶变换进行处理。

第一节　频谱分析

工程中，现场采集到的信号是时域信号。把时域信号进行快速傅里叶变换，转换成频域信号，对频域信号的特征进行分析，即频谱分析。

频谱分析在故障诊断中占有重要地位。根据主要频率成分的幅值大小和分布情况判别故障类型是通常采用的诊断方法。

一、频谱的概念

在信号处理的学习中，有一些与谱有关的概念，常常让人觉得糊涂，搞不清其中的关系。所以这里先从概念上理清其间的区别，方便理解。

对一个时域信号进行傅里叶变换，就可以得到信号的频谱，一般讲信号的频谱由两部分构成：幅值谱和相位谱。其中，幅值谱以频率作为自变量，以组成信号的各个频率成分的幅值作为因变量，表征信号的幅值随频率的分布情况(值得注意的是，幅值谱也是一个绝对值的概念)；相位谱是相位随频率变化的曲线，它代表各频率分量在时间原点所具有的相位。

频域分析中还经常用到功率谱分析，那么什么是功率谱呢？要搞清这一概念，必须提到另一种谱，即能量谱，什么又是能量谱呢？功率谱、能量谱与信号的频谱有什么关系呢？

要区分功率谱和能量谱，首先要清楚两种不同类型的信号：功率信号和能量信号。这两种信号在本书前面已作了介绍，为加深理解，这里用实例加以说明。已知阻值为 R 的电阻上的电压和电流分别为 $v(t)$ 和 $i(t)$，则此电信号的瞬时功率为：$p(t) = v^2(t)/R = i^2(t)R$。在作定性分析时，为了方便起见，通常假设电阻 R 为 1Ω 而得到归一化的功率值。作定量计算时可以通过去归一化，即将实际的电阻值代入，即可得到实际的功率值。将上面的概念做一个抽象，对信号 $x(t)$ 定义其瞬时功率 $|f(t)|^2$，在时间间隔$(-T/2, T/2)$内的能量为：

$$E = \int_{-T/2}^{T/2} |f(t)|^2 \mathrm{d}t \tag{6-1}$$

该间隔内的平均功率为：

$$p = E/T \tag{6-2}$$

当且仅当 $f(t)$ 在所有时间上的能量不为零且有限时，该信号为能量信号，即式(6-1)中的 T 趋于无穷大的时候 E 为有限。典型的能量信号如方波信号、三角波信号等。但是有些信号不满足能量信号的条件，如周期信号和能量无限的随机信号，此时就需要用功率来描述这类信号。当且仅当 $x(t)$ 在所有时间上的功率不为 0 且有限时，该信号为功率信号，即式(6-2)中的 T 趋于无穷大的时候 p 为有限。系统中的波形要么具有能量值，要么具有功率值，因为能量有限的信号功率为 0，而功率有限的信号能量为无穷大(这与第四章强调的“一般持续时间有限的瞬态信号是能量信号，持续时间无限的信号都属于功率信号”的说法是一个意思)。一般来说,周期信号和随机信号是功率信号,而非周期的确定信号是能量信号。将信号区分为能量信号和功率信号可以简化对各种信号和噪声的数学分析。还有一类信号其功率和能量都是无限的,如 $f(t) = t$,这类信号很少会用到,暂不讨论。

了解了能量信号和功率信号之后,就可以很好地理解功率谱和能量谱的概念。

对于能量信号,常用能量谱来描述。所谓的能量谱,也称为能量谱密度,是指用密度的概念表示信号能量在各频率点的分布情况。也就是说,对能量谱在频域上积分就可以得到信号的能量。能量谱是信号幅值谱的模的平方,其量纲是焦/赫兹。

对于功率信号,常用功率谱来描述。所谓的功率谱,也称为功率谱密度,是指用密度的概念表示信号功率在各频率点的分布情况。也就是说,对功率谱在频域上积分就可以得到信号的功率。从理论上来说,功率谱是信号自相关函数的傅里叶变换。因为功率信号不满足傅里叶变换的条件,其频谱通常不存在,维纳－辛钦定理证明了自相关函数和傅里叶变换之间对应关系。在工程实际中,即便是功率信号,由于持续的时间限制,可以直接对信号进行傅里叶变换,然后对得到的幅值谱的模求平方,再除以持续时间来估计信号的功率谱。

对确定性的信号,特别是非周期的确定性信号,常用能量谱来描述。而对于随机信号,由于持续期时间无限长,不满足绝对可积与能量可积条件,因此不存在傅里叶变换,所以通常用功率谱来描述。周期性的信号,也同样不满足傅里叶变换的条件,常用功率谱来描述,这些在前面已经有所说明。只有如单频正弦信号等很少的特殊信号,在引入 δ 函数之后,才可以求解信号的傅里叶变换。

对于用功率谱描述的随机信号而言,白噪声是一个特例。根据定义,白噪声是指功率谱密度在整个频域内均匀分布的噪声。严格地说,白噪声只是一种理想化模型,因为实际噪声的功率谱密度不可能具有无限宽的带宽,否则它的功率将是无限大,是物理上不可实现的。然而,白噪声在数学上比较方便,因此它是系统分析的有力工具。一般,只要一个噪声过程所具有的频谱宽度远远大于它所作用系统的带宽,并且在该带宽中其频谱密度基本上可以作为常数来考虑,就可以把它作为白噪声来处理。例如,热噪声和散弹噪声(由真空电子管和半导体器件中电子发射的不均匀性引起)在很宽的频率范围内具有均匀的功率谱密度,通常可以认为它们是白噪声。谱分析中比较常用的是幅值谱和功率谱,功率谱作为一种比较重要的分析手段,将在后面章节单独详细介绍。

二、频谱的表示方法

由傅里叶变换式可知,频谱是个复数,它包含实频、虚频或幅频、相频等信息,工程中为使用方便,常采用以下几种表示方法。

1. 实频特性及虚频特性的表示法

将 $X(\omega)$ 写成

$$X(\omega) = R(\omega) + jI(\omega) \tag{6-3}$$

式中：$R(\omega)$为$X(\omega)$的实部；$I(\omega)$为$X(\omega)$的虚部。反映$R(\omega)$及$I(\omega)$变化规律的曲线，分别称为实频特性曲线及虚频特性曲线，如图 6 - 3 所示。工程中，也将$R(\omega)$称为$X(\omega)$的实频谱，将$I(\omega)$称为$X(\omega)$的虚频谱。

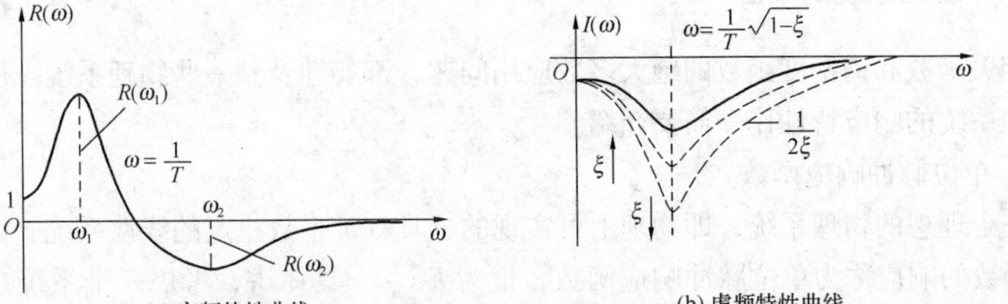

(a) 实频特性曲线　　(b) 虚频特性曲线

图 6 - 3　实频特性和虚频特性曲线

2. 幅频特性及相频特性的表示法

将$X(\omega)$写成

$$X(\omega) = A(\omega)e^{j\varphi(\omega)} \tag{6-4}$$

式中，$A(\omega)$为$X(\omega)$的幅值谱；$\varphi(\omega)$为$X(\omega)$的相位谱。反映$A(\omega)$及$\varphi(\omega)$随ω变化规律的曲线，分别称为幅频特性曲线和相频特性曲线，如图 6 - 4 所示。

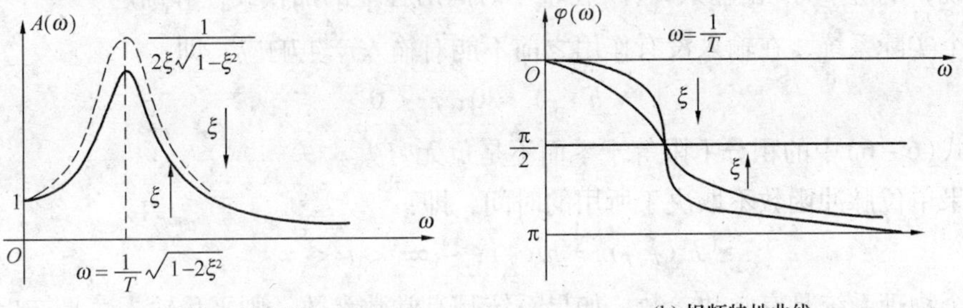

(a) 幅频特性曲线　　(b) 相频特性曲线

图 6 - 4　幅频特性和相频特性曲线

3. 幅相频率特性表示法

将$X(\omega)$视为极坐标中的一矢量，用此矢量端点随频率ω而变化的轨迹来表示$X(\omega)$的方法，称为$X(\omega)$的幅相频率特性表示法。这样的一条矢端轨迹曲线，称为幅相频率特性曲线，如图 6 - 5 所示。显然，其上任意一点均反映了$X(\omega)$的实频、虚频及幅频相频信息。

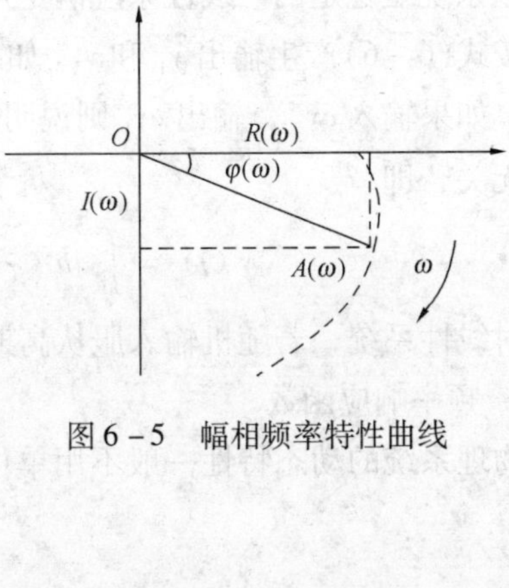

图 6 - 5　幅相频率特性曲线

第二节　相干分析

一、物理系统的响应特性

相关函数和谱密度函数的绝大多数应用问题，都要涉及到一些物理系统。所以这里对物理系统的响应特性作一简要介绍。

1. 单位脉冲响应函数

一个理想的物理系统，即物理上可实现的、具有常系数稳定的线性系统。该系统对于 δ 函数的响应称为单位脉冲响应函数，记为 $h(\tau)$。具体讲，考虑一个系统，其输入为 $x(t)$，输出为 $y(t)$，如图 6－6 所示。

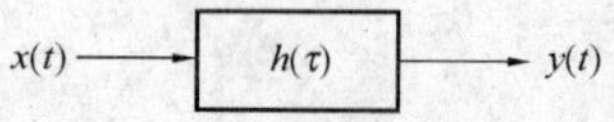

图 6－6　系统输入输出示意图

当 $x(t) = \delta(t)$ 时，单位脉冲响应函数为

$$h(t) = y(t) \tag{6-5}$$

这里的 t 是输入 δ 函数时的瞬时时刻。单位脉冲响应函数在描述系统时的重要性，是由于对任何输入 $x(t)$，系统的输出 $y(t)$ 由如下的卷积运算确定：

$$y(t) = \int_{-\infty}^{\infty} h(\tau)x(t-\tau)\mathrm{d}\tau \tag{6-6}$$

这就是说，响应 $y(t)$ 由输入 $x(t)$ 在整个时间历程上的加权线性和确定。

一个实际系统，在输入没有作用之前不能对输入产生响应。即：

$$h(\tau) = 0;\ \tau < 0 \tag{6-7}$$

因此，式(6－6)中的积分下限等于零而不是负无穷大。

如果单位脉冲函数不取决于所用的时间，即：

$$h(t,\tau) = h(\tau);\ -\infty < t < \infty \tag{6-8}$$

则称这个物理系统具有常数参数。如果系统具有常数参数，则平稳输入总是产生平稳响应(在启动瞬变滞后之后)。如果满足：

$$\int_{-\infty}^{\infty} |h(\tau)|\mathrm{d}\tau < \infty \tag{6-9}$$

则称该系统是稳定的。线性系统满足可加性和齐次性，即给定两个输入 x_1 和 x_2，它们各自按式(6－6)产生输出 y_1 和 y_2。如果输入为 $x_1 + x_2$ 而输出为 $y_1 + y_2$ 说明系统满足可加性，如果输入 cx_1，输出 cy_1 则说明系统具有齐次性(c 为任意常数)。故说明 $h(\tau)$ 与输入无关，即

$$y(t) = \int_{0}^{\infty} h(\tau)x(t-\tau)\mathrm{d}\tau\text{，对所有 } x(t) \tag{6-10}$$

对线性系统，若随机输入服从高斯概率分布，则输出亦服从高斯概率分布。

2. 频率响应函数

物理系统的动态特性一般不用单位脉冲函数 $h(\tau)$ 本身描述，而用 $h(\tau)$ 的一些线

性变换来描述，对于具体应用来说，可采用线性变换中任一个，但对于理想系统来说，最期望的是有一个傅里叶变换，对系统特性作直接的频率域描述。单位脉冲响应函数[$h(\tau)$在$\tau<0$时等于零]的傅里叶变换由下式确定：

$$H(f)=\int_0^{\infty}h(\tau)e^{-j2\pi f t}d\tau \tag{6-11}$$

它被称为频率响应函数。这种频率响应函数一般是一个复数，其实部和虚部的组成为：

$$H(f)=H_R(f)-jH_I(f) \tag{6-12}$$

式中 $H_R(f)=\int_0^{\infty}h(\tau)\cos 2\pi f\tau d\tau$；$H_I(f)=\int_0^{\infty}h(\tau)\sin 2\pi f\tau d\tau$。

为方便起见，用如下的复数极坐标进行描述：

$$H(f)=|H(f)|e^{-j\varphi(f)} \tag{6-13}$$

式中 $H(f)=[H_R^2(f)+H_I^2(f)]^{1/2}$；$\varphi(f)=\tan^{-1}\left[\frac{H_I(f)}{H_R(f)}\right]$。

幅值$|H(f)|$一般称为系统的增益因子，相位$\varphi(f)$称为系统的相位因子。

频率响应函数的物理解释是很简单的。对于一个理想系统来说，一个频率为f的正弦输入将精确地产生一个频率也是f的正弦输出。但是，输出振幅一般不同于输入振幅。而输出与输入相比，在相位上将有如下的漂移：

$$x(t)=X\sin 2\pi ft,\ y(t)=Y\sin(2\pi ft-\theta) \tag{6-14}$$

输出输入振幅之比等于系统增益因子，输出输入间的相位漂移(相位差)等于频率f处的系统相位因子，即：

$$H(f)=\frac{Y(f)}{X(f)},\varphi(f)=\theta(f) \tag{6-15}$$

对于式(6-11)中频率响应函数这个量，工程技术人员一般也称为传递函数。但是精确地讲，传递函数应该用如下的拉普拉斯变换公式来定义：

$$H_1(p)=\int_0^{\infty}h(\tau)e^{-p\tau}d\tau,p=a+jb \tag{6-16}$$

其中p的实部a不限制为零。对于$a\neq 0$的情况的拉普拉斯变换将不同于式(6-11)的傅里叶变换。只剩虚部时($a=0$)，取$b=2\pi f$就可以有$H_1(j2\pi f)=H(f)$。因此只有虚部时，传递函数与频率响应函数是一样的。这就是为什么这两个术语常被混用。

实际上频率响应函数常用互功率谱密度函数与自功率谱密度函数之比来计算，即

$$H(f)=\frac{X^*(f)Y(f)}{X^*(f)X(f)}=\frac{G_{xy}(f)}{G_x(f)} \tag{6-17}$$

利用$G_{xy}(f)$和$G_x(f)$的多次采样平均或者进行频率平滑都可以大大减小$H(f)$的随机误差，提高$H(f)$的精度。

由式(6-13)可知，因为$\varphi(f)$是系统的相位因子，表示输出对输入的相位差。显然$\varphi(f)$就是互谱密度函数的相角。故增益因子和相位因子的估计为：

$$\left|\hat{H}(f)\right| = \frac{\left|\hat{G}_{xy}(f)\right|}{\hat{G}_x(f)} \tag{6-18}$$

$$\hat{\varphi} = \tan^{-1}\frac{\hat{Q}(f)}{\hat{c}(f)} \tag{6-19}$$

式中　$\hat{Q}(f)$——重谱估计；

$\hat{c}(f)$——共谱估计。

二、相干函数

平稳随机信号 $x(t)$ 与 $y(t)$ 之间的相干函数（也叫凝聚函数）$\gamma_{xy}^2(f)$ 定义为：

$$\gamma_{xy}^2(f) = \frac{\left|G_{xy}(f)\right|^2}{G_x(f)\cdot G_y(f)} \tag{6-20}$$

其中自谱 $G_x(f)$ 与 $G_y(f)$ 非零，且无 δ 函数，应事先从数据中去掉非零均值。

显然 $\gamma_{xy}^2(f)$ 是频率的函数，且为实数。

实际上，相干性是相关性的另一种说法，因为它们之间完全相关，如 $x(t)$ 表示线性时不变系统的输入，$y(t)$ 表示输出，则 $\gamma_{xy}^2(f)=1$，表示此输出完全由该输入所引起，干扰等于零。$\gamma_{xy}^2(f)$ 越小表示输入与输出之间的关系越小，即越不相干。当 $x(t)$ 与 $y(t)$ 统计独立时，$\gamma_{xy}^2(f)=0$，称 $x(t)$ 与 $y(t)$ 是不相干的。

当一个系统输出与输入之间的相干函数 $\gamma_{xy}^2(f)$ 大于零小于1时有三种可能：

(1)测量时有外界干扰；

(2)被测系统是非线性的；

(3)输出 $y(t)$ 是输入 $x(t)$ 与其他输入的总效果。线性系统相干函数的值 $\gamma_{xy}^2(f)$ 可理解为频率 f 处对应输入 $x(t)$ 的输出量的均方值在总输出量均方值中所占的比例。而 $[1-\gamma_{xy}^2(f)]$ 则为别的不相关输入所引起的比例。

可见在实验中测量 $\gamma_{xy}^2(f)$ 是很重要的。它可以用于确定两时间函数在频率域的相关程度。还可用于直接评定频率响应函数测量结果的好坏。有时可用于检验系统是否是常系数线性系统。至此，可知 $\gamma_{xy}^2(f)$ 反映的是输出 $y(t)$ 与输入 $x(t)$ 的关系。即，系统的传递特性。

三、相干分析的工程应用

例6-1　某纸浆机，在工作时产生较大的振动，要求其基础必须有较好的减振作用，不使振动传给地面。通过传递函数的测定和分析，就可找出纸浆机工作时由于基础的衰减作用，各种频率的振动衰减了多少，求出纸浆机的振动被基础衰减的程度。试验框图如图6-7所示。利用加速器传感器将纸浆机和基础的振动波形测出，并送到信号处理机分析，分别按照式(6-18)、式(6-19)求得传递函数（频率响应函数）的幅频特性和相频特性曲线。纸浆机和基础间的传递函数求到 100Hz，进行 256 次平均。图 6－8 为传递函数测定结果，其中图(a)为幅频特性；图(b)为相频特性。由图 6－8 可知，振动幅值在 33Hz 附近衰减了 23dB，50～70Hz 的抛物线形频带中，最大衰减为 25dB；相位只在频率较高和截止频率附近才出现紊乱的状态。图 6－8(c)为此系统的相干函数，图中表明，在 8Hz 以上的频率中有 85% 以上的相干性，所以，可以认为传递函数具有较高的可靠性。

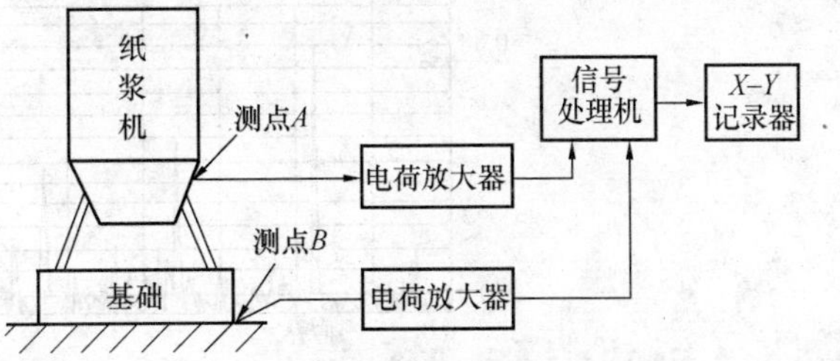

图 6－7　纸浆机传递特性测试系统

把上述输入和输出信号改为振动和噪声信号，可以应用相关分析确定噪声源。

例 6－2　压缩机一组信号的功率谱如图 6－9 所示。

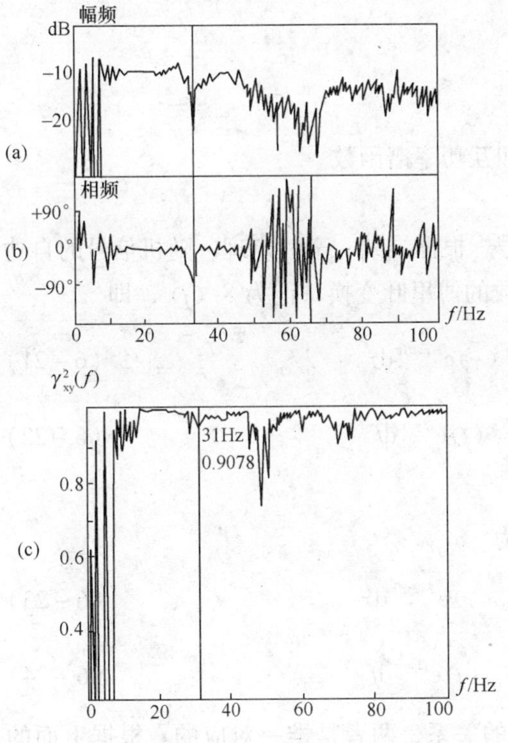

图 6－8　纸浆机基础衰减特性相干与传递函数

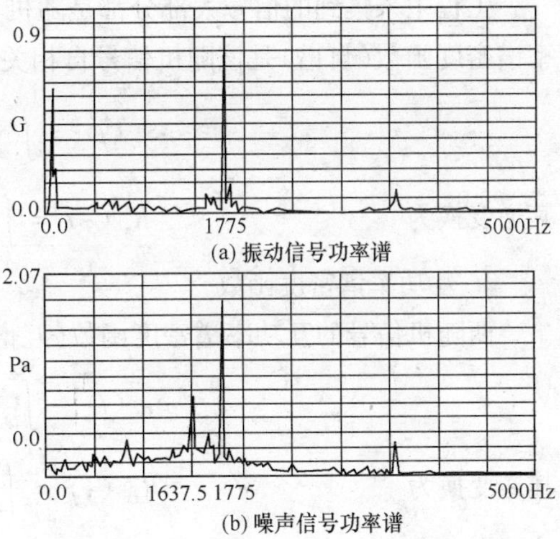

图 6－9　振动、噪声信号功率谱

图 6－9(a)和图 6－9(b)比较分析可知，压缩机的振动信号频率与噪声信号频率成分较为相似，频域分布具有很强的相关性，且造成振动和噪声最大的主要频率基本一致。对频域信号进行相干变换，得到图 6－10。

图 6－10 分析可知，造成振动和噪声最大的主要频率的相干性达到 88%。依此可知，振动和噪声频率特性具有很强的相关性。找到相干性最好的点，结合压缩机的内部

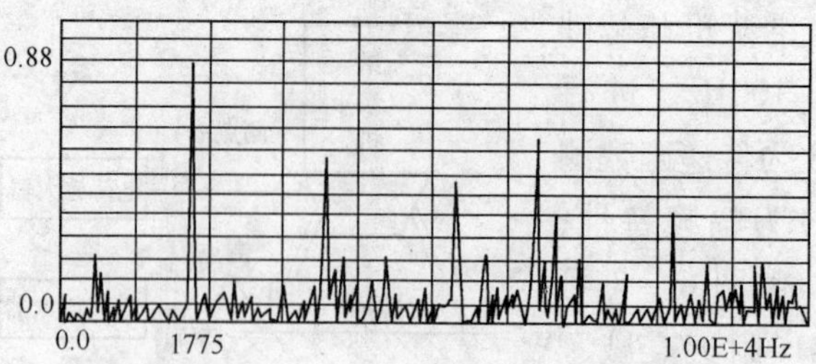

图 6-10 振动和噪声的相干分析

结构分析，就可找到压缩机组主要频率的噪声源位置。

相干分析和相关分析的区别和联系：相干分析是相关分析的归一化；相关分析属于时域分析，相干分析则属于频域分析。

第三节 功率谱分析

一、功率谱密度函数的概念

功率谱密度函数包括自功率谱密度函数和互功率谱函数。

1. 自功率谱密度函数

工程中采集到的信号大部分都是随机信号。根据维纳－辛钦定理，随机信号的自功率谱密度函数(自谱)是该随机信号自相关函数的傅里叶变换，记为 $S_x(f)$ ，即

$$S_x(f) = \int_{-\infty}^{\infty} R_x(\tau)\mathrm{e}^{-\mathrm{j}2\pi f\tau}\mathrm{d}\tau \tag{6-21}$$

其逆变换为

$$R_x(\tau) = \int_{-\infty}^{\infty} S_x(f)\mathrm{e}^{\mathrm{j}2\pi f\tau}\mathrm{d}f \tag{6-22}$$

2. 互功率谱密度函数

两随机信号的互功率谱密度函数(互谱)为

$$S_{xy}(f) = \int_{-\infty}^{\infty} R_{xy}(\tau)\mathrm{e}^{-\mathrm{j}2\pi f\tau}\mathrm{d}\tau \tag{6-23}$$

其逆变换为

$$R_{xy}(\tau) = \int_{-\infty}^{\infty} S_{xy}(f)\mathrm{e}^{\mathrm{j}2\pi f\tau}\mathrm{d}f \tag{6-24}$$

由于 $S(f)$ 和 $R(\tau)$ 之间是傅里叶变换对的关系，两者是惟一对应的。根据上面的式子，$S(f)$ 中包含着 $R(\tau)$ 的全部信息。因为 $R_x(\tau)$ 为实偶函数，$S_x(f)$ 亦为实偶函数。互相关函数 $R_{xy}(\tau)$ 并非偶函数，因此 $S_{xy}(f)$ 亦为虚、实两部分，同样，$S_{xy}(f)$ 保留了 $R_{xy}(\tau)$ 的全部信息。

二、功率谱密度函数的物理意义

$S_x(f)$ 和 $S_{xy}(f)$ 是随机信号的频域描述函数。因随机函数的积分不收敛，不满足狄

里赫利条件，因此其傅里叶变换不存在，无法直接得到频谱。但均值为零的随机信号的相关函数在 $\tau \to \infty$ 时是收敛的，即 $R_x(\tau \to \infty) = 0$，可满足傅里叶变换条件 $\int_{-\infty}^{\infty} |R_x(\tau)| d\tau < \infty$，根据傅里叶变换理论，自相关函数 $R_x(\tau)$ 是绝对可积的。

对于式(6－22)，当 $\tau = 0$ 时，有

$$R_x(0) = \int_{-\infty}^{\infty} S_x(f)\mathrm{d}f \tag{6-25}$$

根据相关函数的定义，当 $\tau = 0$ 时，有

$$\begin{aligned} R_x(0) &= \lim_{T\to\infty} \frac{1}{T}\int_0^T x(t)x(t+0)\mathrm{d}t \\ &= \lim_{T\to\infty} \frac{1}{T}\int_0^T x^2(t)\mathrm{d}t = \lim_{T\to\infty}\int_0^T \frac{x^2(t)}{T}\mathrm{d}t \end{aligned} \tag{6-26}$$

比较以上两式可得

$$\int_{-\infty}^{\infty} S_x(f)\mathrm{d}f = \lim_{T\to\infty}\int_0^T \frac{x^2(t)}{T}\mathrm{d}t \tag{6-27}$$

上式表明：$S_x(f)$ 曲线下的总面积与 $x^2(t)/T$ 曲线下的总面积相等。从物理意义上讲，$x^2(t)$ 是信号 $x(t)$ 的能量，$x^2(t)/T$ 是信号 $x(t)$ 的功率，而 $\lim_{T\to\infty}\int_0^T \frac{x^2(t)}{T}\mathrm{d}t$ 是信号 $x(t)$ 的总功率。这一总功率与 $S_x(f)$ 曲线下的总面积相等，故 $S_x(f)$ 曲线下的总面积就是信号的总功率。这一总功率由无数不同频率上的功率元 $S_x(f)\mathrm{d}f$ 组成，$S_x(f)$ 的大小表明总功率在不同频率处的功率分布，因此，$S_x(f)$ 表示信号的功率密度沿频率轴的分布，故又称 $S_x(f)$ 为功率谱密度函数，如图 6－11 所示。用同样的方法，可以解释互谱密度函数 $S_{xy}(f)$。

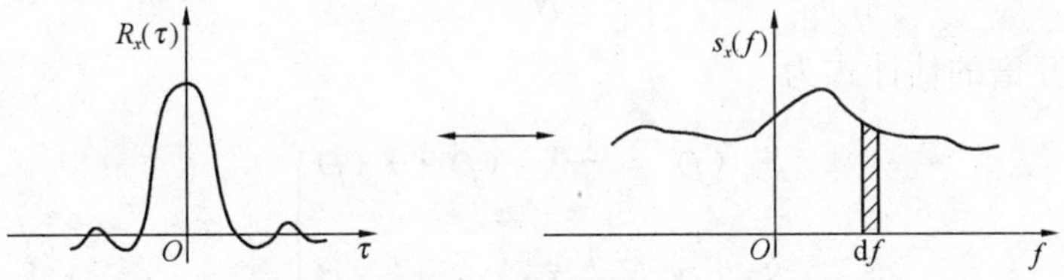

图 6－11　自功率谱的图形解释

下面说明自功率谱密度函数 $S_x(f)$ 和幅值谱 $X(f)$ 或能量谱 $|X(f)|^2$ 之间的关系。根据巴塞伐尔定理，在整个时间轴上信号平均功率为

$$P_{\mathrm{av}} = \lim_{T\to\infty}\frac{1}{T}\int_0^T x^2(t)\mathrm{d}t = \int_{-\infty}^{\infty}\lim_{T\to\infty}\frac{1}{T}|X(f)|^2\mathrm{d}f \tag{6-28}$$

比较式(6－28)与式(6－25)可得

$$S_x = \lim_{T\to\infty}\frac{1}{T}|X(f)|^2 \tag{6-29}$$

自功率谱密度函数是偶函数，它的频率范围是 $(-\infty, \infty)$，又称双边自功率谱密

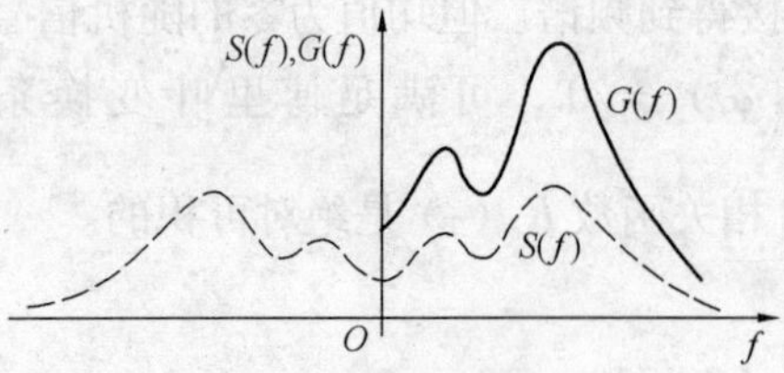

图 6－12　单边谱和双边谱

度函数。它在频率范围$(-\infty, 0)$的函数值是其$(0, \infty)$频率范围函数值的对称映射，因此，可用在$0 \sim \infty$频率范围内$G_x(f) = 2S_x(f)$来表示信号的全部功率谱。我们把$G_x(f)$称为$x(t)$信号的单边功率谱密度函数。图6－12为单边谱和双边谱的比较。

三、功率谱的计算

功率谱的计算有以下几种方法。第一种为布拉克－杜开法（Blackman－Tukey），这种方法首先根据原始信号计算出相关函数，然后进行傅里叶变换而得到相应的功率谱函数；第二种为模拟滤波信号器法，它是采用模拟分析仪进行分析计算的一种方法；第三种是库立－杜开法（Cooley－Tukey），即用 FFT 计算功率谱。前两种方法是较早采用的方法。由于计算机的飞速发展，用 FFT 算法进行实时、在线信号处理已经成为现实，下面是这种算法的估计式。

模拟信号自谱的估计式为

$$\left.\begin{aligned} \hat{H}_x(f) &= \frac{1}{T}\left|X(f)\right|^2 \\ \hat{G}_x(f) &= \frac{2}{T}\left|X(f)\right|^2 \end{aligned}\right\} \tag{6-30}$$

数字信号自谱的估计式为

$$\left.\begin{aligned} \hat{S}_x(k) &= \frac{1}{N}\left|X(k)\right|^2 \\ \hat{G}_x(k) &= \frac{2}{N}\left|X(k)\right|^2 \end{aligned}\right\} \tag{6-31}$$

模拟信号互谱的估计式为

$$\left.\begin{aligned} \hat{S}_{xy}(f) &= \frac{1}{T}X^*(f) \cdot Y(f) \\ \hat{S}_{yx}(f) &= \frac{1}{T}X(f) \cdot Y^*(f) \end{aligned}\right\} \tag{6-32}$$

数字信号互谱的估计式为

$$\left.\begin{aligned} \hat{S}_{xy}(k) &= \frac{1}{N}X^*(k) \cdot Y(k) \\ \hat{S}_{yx}(k) &= \frac{1}{N}X(k) \cdot Y^*(k) \end{aligned}\right\} \tag{6-33}$$

四、功率谱的应用

1. 相关函数的快速傅里叶变换

自相关和互相关的定义和计算方法在上章节虽已做过介绍，但在实际工程应用中，广泛采用的是本节介绍的间接方法。根据维纳－辛钦定理，可用快速傅里叶变换来计算相关函数，即先用快速傅里叶变换计算功率谱密度函数，然后计算它的傅里叶逆变换，进而得到相关函数。与直接法相比减少了运算次数和时间，具有突出的优越性。自相关函数丢失了原信号的相位信息，而互相关函数虽然已失去原来各信号的相位信息，但却保留了各信号之间的相位差信息。这对于研究平稳随机过程的动态特性和任意机械系统的传递特性有十分重要的作用。

(1)自相关函数的快速傅里叶变换分析

由 FFT 计算功率谱密度函数后，再做傅里叶逆变换而得到的自相关函数，是一个循环自相关估计，其关系式(略去推导)为：

$$\hat{R}_x^e(r) = \left[\hat{R}_x(r) + \hat{R}_x(N-r)\frac{N-r}{N}\right] \tag{6-34}$$

式中，$\hat{R}_x^e(r)$ 是 $x(t)$ 的循环自相关估计。它是以 N 为周期的周期函数，如图 6－13 所示。

在实际分析中所需要的不是循环相关函数，而要真相关函数或线性相关函数 $\hat{R}_x(r)$。为此将图 6－13 中的周期增加一倍，使两个分量拉开，避免互相重叠，如图 6－14 所示。这样，若只取前 N 个点($0 \sim N-1$)的值，即可得到通常所说的真相关估计。

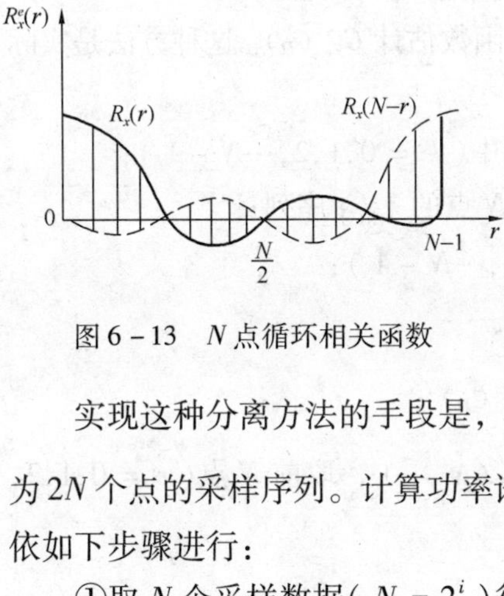

图 6－13　N 点循环相关函数

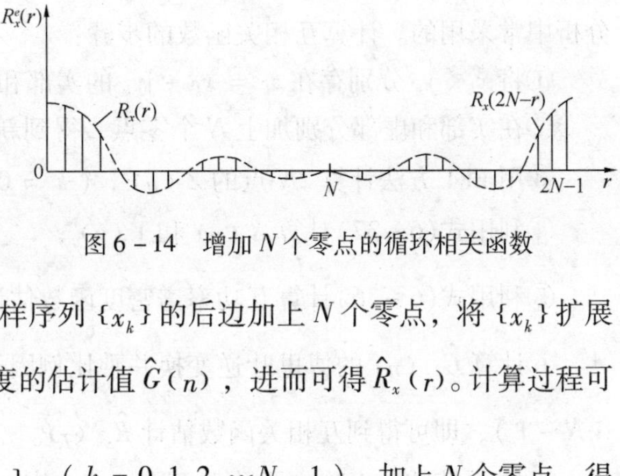

图 6－14　增加 N 个零点的循环相关函数

实现这种分离方法的手段是，在采样序列 $\{x_k\}$ 的后边加上 N 个零点，将 $\{x_k\}$ 扩展为 $2N$ 个点的采样序列。计算功率谱密度的估计值 $\hat{G}(n)$，进而可得 $\hat{R}_x(r)$。计算过程可依如下步骤进行：

①取 N 个采样数据($N=2^i$)得 $\{x_k\}$，($k=0,1,2,\cdots N-1$)，加上 N 个零点，得 $2N$ 个点的新序列 $\{x_k\}$。

②对 $2N$ 个点数据作快速傅里叶变换，求得 $X(n)$，($n=0,1,2,\cdots N-1$)；

③计算 $2N$ 点的功率谱密度函数的估计 $\hat{G}(n)$；

④计算 $\hat{G}(n)$ 的傅里叶逆变换并乘上比例因子 $N/(N-r)$，($r=0,1,2,\cdots N-1$)；

⑤仅留 $\hat{R}_x^e(r)$ 前 N 个点的值，即可得到 $\hat{R}_x(r)$；

⑥在应用中，还常用到自相关系数：

$$\hat{\rho}_x = \frac{\hat{R}_x(r)}{\hat{R}_x(0)} \tag{6-35}$$

从理论上说，该系数在 ±1 之间变化，即 $-1 \leqslant \hat{\rho}_x \leqslant 1$。

(2)互相关函数的快速傅里叶变换分析

与自相关函数类似，互相关函数的快速傅里叶算法，也是先用 FFT 方法计算互功率谱密度函数：

$$\hat{G}_{xy}(n) = \frac{2h}{N}\left|X^*(n)Y(n)\right| \tag{6-36}$$

然后再计算 $\hat{G}_{xy}(n)$ 的逆变换，从而得到互相关函数。

对样本记录 $x(t)$，$y(t)$ 作 $N=2^i$ 的 FFT 计算，可有两种方法，其一是对 $x(t)$，$y(t)$ 各自作离散傅里叶变换，然后计算互功率谱，再作逆变换得到相关估计。其二是先假设一个复数序列 x_k，使得 $z_k = x_k + \mathrm{j}y_k$。然后对 z_k 做离散傅里叶变换得到 $Z(n)$，依据离散傅里叶变换性质，$X(n)$ 和 $Y(n)$ 可由下式确定：

$$\left.\begin{aligned} X(n) &= \frac{Z(n) + Z^*(-n)}{2} \\ Y(n) &= \frac{Z(n) - Z^*(N-n)}{2j} \end{aligned}\right\} \tag{6-37}$$

得到 $X(n)$ 和 $Y(n)$ 后，即可求得互功率谱密度函数估计 $\hat{G}_{xy}(n)$。这种方法是实际分析中常采用的。计算互相关函数的步骤：

①将 x_k，y_k 分别存在 $z_k = x_k - \mathrm{j}y_k$ 的实部和虚部中($k=0,1,2,\cdots N-1$)；

②在实部和虚部分别加上 N 个零点，得到新的 $2N$ 点的 $\{x_k\}$ 序列；

③用 FFT 方法计算 $2N$ 点的 $Z(n)$，($k=0,1,2,\cdots N-1$)；

④利用式(6-37)计算 $X(n)$ 和 $Y(n)$；

⑤利用式(6-36)计算互功率谱密度函数估计 $\hat{G}_{xy}(n)$；

⑥计算 $\hat{G}_{xy}(n)$ 的傅里叶逆变换并乘比例因子 $N/(N-r)$，取前 N 点($r=0,1,2,\cdots N-1$)，即可得到互相关函数估计 $\hat{R}_{xy}(r)$。

2. 求系统的频率响应函数 $H(f)$

自功率谱密度 $S_x(f)$ 为自相关函数 $R_x(\tau)$ 的傅里叶变换，故 $S_x(f)$ 包含着 $R_x(\tau)$ 中的全部信息。自功率谱密度 $S_x(f)$ 反映信号的频域结构，这与幅值谱 $|X(f)|$ 相似，但是自功率谱密度所反映的是信号幅值的平方，因此其频域结构特征更为明显，如图 6-15 所示。

图 6-15　幅值谱和自功率谱图

对于图 6 – 16 所示的线性系统，若输入为 $x(t)$，输出为 $y(t)$，系统的频率响应函数为 $H(f)$，则

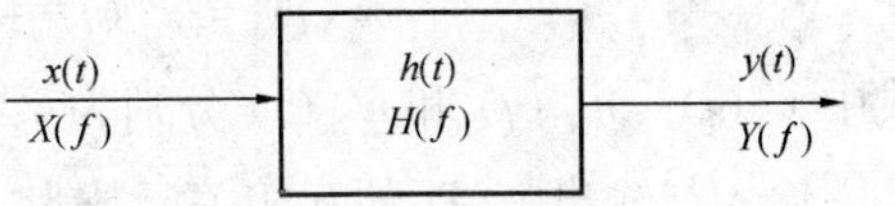

图 6 – 16　理想单输入、输出系统

$$H(f)=\frac{Y(f)}{X(f)}$$

式中，$H(f)$、$Y(f)$、$X(f)$ 均为 f 的复函数。如 $X(f)$ 可表示为

$$X(f)=X_R(f)+jX_I(f)$$

$X(f)$ 的共轭值为

$$X^*(f)=X_R(f)-jX_I(f)$$

则有

$$X(f)X^*(f)=X_R^2(f)+X_I^2(f)=|X(f)|^2$$

$$H(f)=\frac{Y(f)}{X(f)}\cdot\frac{X^*(f)}{X^*(f)}=\frac{S_{xy}(f)}{S_{xx}(f)}=\frac{G_{xy}(f)}{G_{xx}(f)} \tag{6-38}$$

上式说明，系统的频响函数可以由输入、输出间的互谱密度函数与输入功率谱密度函数之比求得。由于 $S_{xy}(f)$ 包含频率和相位信息，故 $H(f)$ 亦包含幅频与相频信息。此外，$H(f)$ 还可用下式求得：

$$H(f)H^*(f)=\frac{Y(f)}{X(f)}\cdot\frac{Y^*(f)}{X(f)}=\frac{S_y(f)}{S_x(f)}=|H(f)|^2$$

$$|H(f)|=\sqrt{\frac{S_y(f)}{S_x(f)}}$$

在频响函数求得之后，对 $H(f)$ 取傅里叶逆变换，便可求得脉冲响应函数 $h(t)$。但应注意，未经平滑或平滑不好的频响函数中的虚假峰值（干扰引起），将在脉冲响应函数中形成虚假的正弦分量。

可以证明，输入、输出的自功率谱密度与系统频率响应函数的关系如下：

$$S_y(f)=|H(f)|^2S_x(f) \tag{6-39}$$

$$G_y(f)=|H(f)|^2G_x(f) \tag{6-40}$$

通过输入、输出自谱的分析，就能得出系统的幅频特性。但这样的谱分析丢失了相位信息，不能得出系统的相频特性。

对于如图 6 – 16 所示的单输入、单输出的理想线性系统，由式(6 – 38)可得

$$S_{xy}(f)=H(f)S_x(f) \tag{6-41}$$

故从输入的自谱和输入、输出的互谱就可以直接得出系统的频率响应函数。式(6 – 41)与式(6 – 39)不同，所得到的 $H(f)$ 不仅含有幅频特性而且含有相频特性，这是因为互相关函数中包含着相位信息。

3. 互谱排除噪声影响

图 6 – 17 为一个受到外界干扰的测试系统，$n_1(t)$ 为输入噪声，$n_2(t)$ 为加在系统中间环节的噪声，$n_3(t)$ 为加在输出端的噪声。该系统的输出 $y(t)$ 为

$$y(t)=x'(t)+n'_1(t)+n'_2(t)+n_3(t) \tag{6-42}$$

式中 $x'(t)$、$n'_1(t)$ 和 $n'_2(t)$ 分别为系统对 $x(t)$、$n_1(t)$ 和 $n_2(t)$ 的响应。

输入与输出 $y(t)$ 的互相关函数为

$$R_{xy}(\tau)=R'_{xx}(\tau)+R'_{xn_1}(\tau)+R'_{xn_2}(\tau)+R_{xn_3}(\tau) \tag{6-43}$$

由于输入 $x(t)$ 和噪声 $n_1(t)$、$n_2(t)$ 和 $n_3(t)$ 是独立无关的，故互相关函数 $R_{xn_1}(\tau)$、$R_{xn_2}(\tau)$ 和 $R_{xn_3}(\tau)$ 均为零，所以

$$R_{xy}(\tau)=R'_{xx}(\tau) \tag{6-44}$$

故
$$S_{xy}(f)=S'_{xx}(f)=H(f)S_x(f) \tag{6-45}$$

式中 $H(f)=H_1(f)\cdot H_2(f)$ 为系统的频率响应函数。

可见，利用互谱分析可排除噪声的影响，这是这种分析方法的突出优点。然而应当注意到，利用式(6-45)求线性系统的 $H(f)$ 时，尽管其中的互谱 $S_{xy}(f)$ 可不受噪声的影响，但是输入信号的自谱 $S_x(f)$ 仍然无法排除输入端测量噪声的影响，从而形成测量误差。

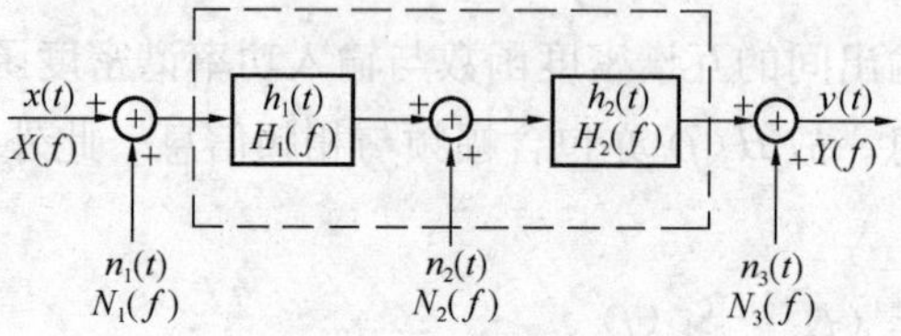

图 6-17　受外界干扰的系统

图 6-17 所示系统中 $n_1(t)$ 是输入端的噪声，从分离所感兴趣的输入信号来看，它是一种干扰。为了测试系统的动特性，有时故意给正在运行的系统以特定的已知扰动——输入 $n(t)$，从式(6-43)可以看出，只要 $n(t)$ 和其他各输入量无关，在测得 $S_{xy}(f)$ 和 $S_n(f)$ 后，就可以计算得到 $H(f)$。

4. 功率谱在设备诊断中的应用

发动机连杆轴承间隙变化时，其振动功率谱也随之变化如图 6-18 所示。间隙增加，功率谱值也相应增加，并且在 12Hz 处尤其明显，谱峰的功率随着连杆轴承间隙的增大而呈抛物线关系增加。

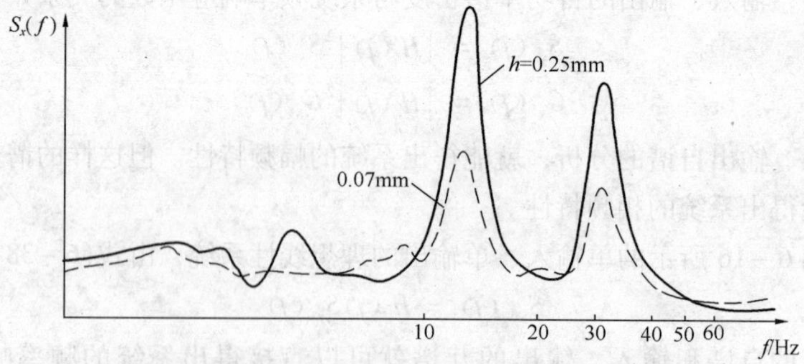

图 6-18　发动机在连杆轴承间隙变化时的振动谱

第四节　倒频谱分析

倒频谱是检测复杂谱图中周期分量的有效工具，在语言分析中语音音调的测定、机

械振动中故障监测和诊断以及排除回波(反射波)等方面均得到广泛的应用。对于高速大型旋转机械，其旋转状况较复杂，尤其当设备出现不对中、轴承或齿轮缺陷、油膜涡动、摩擦及质量不对称等异常现象时，振动会变得更为复杂。此时用一般频谱分析方法已经难以辩识缺陷的频率分量，当频谱图上呈现出复杂的周期结构时，用倒频谱对其进行分析，可增强识别能力。

一、倒频谱的概念

倒频谱分析也称为二次频谱分析。已知时域信号 $x(t)$ 经过傅里叶变换变为频域函数 $X(f)$ 或功率谱密度函数 $G_x(f)$。当频谱图上呈现出复杂的周期结构时，如果再进行一次对数的功率谱密度函数傅里叶变换并取二次方，则可得到倒频谱函数 $C_p(q)$。

其数学表达式为

$$C_p(q) = \left|F\{\lg G_x(f)\}\right|^2 \tag{6-46}$$

$$C_a(q) = \sqrt{C_p(q)} = \left|F\{\lg G_x(f)\}\right| \tag{6-47}$$

倒频谱也可表述为“对数功率谱的功率谱”。工程上常用的是取开二次方根的形式，即 $C_a(q)$，称为幅值倒频谱，有时简称倒频谱。自变量 q 称为倒频率，它具有与自相关函数 $R_x(\tau)$ 中的自变量 τ 相同的时间量纲，即单位为 s 或 ms(因为倒频谱是傅里叶正变换，积分变量是频率 f 而不是时间 τ，故倒频谱 $C_a(q)$ 的自变量 q 具有时间的量纲)；q 值大者称为高倒频率，表示谱图上的快速波动；q 值小者称为低倒频率，表示谱图上的缓慢波动。

倒频谱是频域函数的傅里叶变换，对谱函数取对数的目的是使变换以后的信号能量格外集中，同时还可解析卷积成分，易于对原信号的识别。

二、倒频谱与解卷积

工程上实测的波动、噪声信号往往不是振源信号本身，而是振源或音源信号 $x(t)$ 经过传递系统 $h(t)$ 到达测点的输出信号 $y(t)$。

对于线性系统 $x(t)$、$h(t)$、$y(t)$，三者的关系可用卷积公式表示，即

$$y(t) = x(t)h(t) = \int_0^{+\infty} x(\tau)h(t-\tau)\mathrm{d}\tau$$

在时域上信号经过卷积后一般给出的是一个比较复杂的波形，难以区分源信号(振动信号或噪声信号)与系统的响应。为此，需要作傅里叶变换，在频域上进行频谱分析后。得

$$Y(f) = X(f)H(f) \text{ 或 } G_y(f) = G_x(f)G_h(f) \tag{6-48}$$

然而，有时即使在频域上得出谱图，也难以区分源信号与系统响应。故需对上式两边取对数，有

$$\lg G_y(f) = \lg G_x(f) + \lg G_h(f) \tag{6-49}$$

式(6-49)的示意图如图 6-19(a)所示。图中 $\lg G_x(f)$ 是源信号，具有明显的周期特

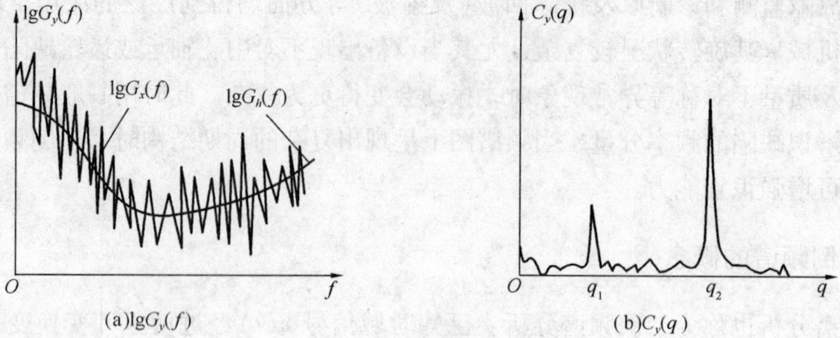

图 6-19　倒频谱分析示意图

征，经系统响应的修正 $\lg G_h(f)$（图中的中线），合成为输出信号 $\lg G_y(f)$。

若对式(6-49)再进一步作傅里叶变换，可得幅值倒频谱为

$$F[\lg G_y(f)] = F[\lg G_x(f)] + F[\lg G_h(f)]$$

或
$$|F[\lg G_y(f)]| = |F[\lg G_x(f)]| + |F[\lg G_h(f)]|$$

即
$$G_y(q) = G_x(q) + G_h(q) \tag{6-50}$$

上式在倒频域上表示，由两部分组成：一部分是高倒频率 q_2，在倒频谱图上形成波峰；另一部分是低倒频率 q_1，如图 6-19(b)所示。前者表示源信号特征，而后者表示系统响应，各自在倒频谱图上占有不同的倒频率范围。可见，倒频谱提供了清晰的分析结果。

三、倒频谱的工程应用

一对工作中的齿轮，在实测得到的振动或噪声信号中，包含着一定数量的周期分量。如果齿轮产生缺陷，则其振动或噪声信号还将产生大量的谐波分量及边带频率成分。

设在该旋转机械中有两个频率 ω_1 与 ω_2 存在，在这两个频率的激励下，机械振动的响应呈现出周期性脉冲的拍，也就是呈现其振幅以差额 $\omega_2-\omega_1$（设 $\omega_2>\omega_1$）进行幅度调制的信号，从而形成拍的波形，这种调幅信号是自然产生的。譬如调幅波起源于齿轮啮合频率（齿数×轴转速）ω_0 的正弦载波，其幅值由于齿轮的偏心影响成为随时间变化而变化的某一函数 $S_m(t)$，于是输出

$$x(t) = S_m(t)\sin(\omega_0 t+\varphi)$$

假设齿轮轴转动频率为 ω_m，则上式可写成

$$x(t) = A(1+m\cos\omega_m t)\sin(\omega_0 t+\varphi)$$

式中 m 为常数。其图形如图 6-20(a)所示，看起来像一周期函数，但实际上它并非是一个周期函数，除非 ω_0 与 ω_m 成整倍数关系，在实际应用中，这种情况并不多见。进一步化简上式得

$$x(t) = A\sin[(\omega_0 t + \varphi)] + \frac{mA}{2}\sin[(\omega_0 + \omega_m)t + \varphi] + \frac{mA}{2}\sin[(\omega_0 - \omega_m)t + \varphi]$$

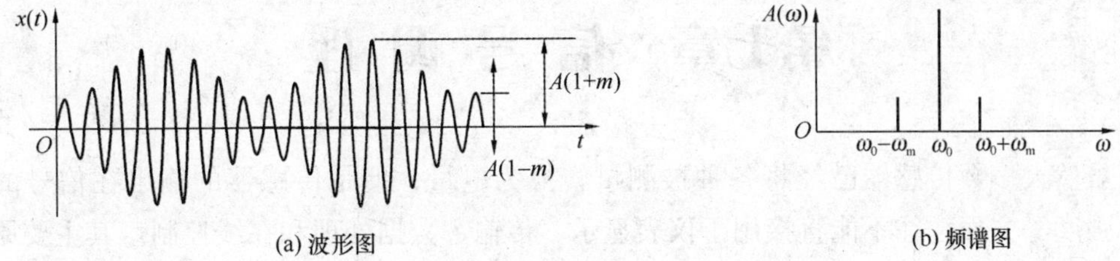

图 6－20　齿轮啮合中的拍波现象

不难看出，它是 ω_0 、($\omega_0 + \omega_m$)与($\omega_0 - \omega_m$)三个不同的正弦波之和，如图 6－20(b)所示。这里差频($\omega_0 - \omega_m$)与和频($\omega_0 + \omega_m$)通称为边带频率。

实际上，如果齿轮缺陷严重或多种故障存在，以致在许多经常出现不对中、松动以及非线性刚度等，则边带频率将大量增加。图 6－21(a)所示为一个减速器的频谱图，图 6－21(b)所示为它的倒频谱图。从倒频谱图上可清楚地看出，有两个主要频率分量 117. 6Hz(8. 5ms)及 48. 8Hz(20. 5ms)。其中，高倒频率 117. 6Hz 表示源信号特征，低倒频率 48. 8Hz 表示系统响应。

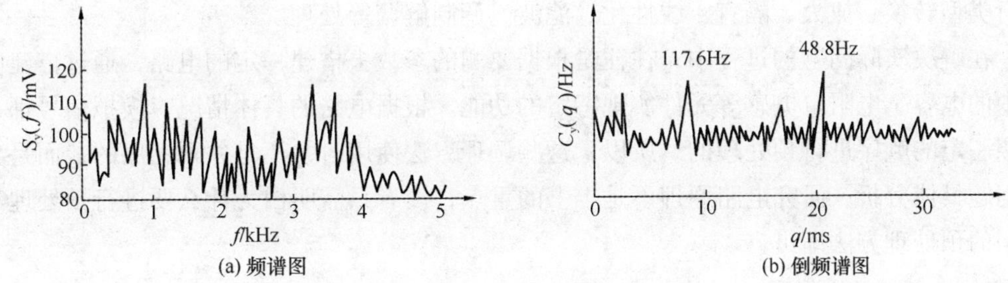

图 6－21　减速器的频谱和倒频谱图

第七章 信号调理

虽然大多数传感器已经将各种被测量转换为电量，但是传感器的输出在信号的种类、强度等方面往往不能直接用于仪表显示、传输、数据处理和在线控制。其主要原因是：大多数传感器输出的电信号很微弱，需要进一步放大，有的还要进行阻抗变换；输出信号中混杂有干扰噪声，需要去掉噪声，提高信噪比；若测试工作仅对部分频段的信号感兴趣，则有必要从输出信号中分离出所需的频率成分；当采用数字式仪器、仪表和计算机时，还要把模拟输出信号转换为数字信号等等。因此，在采用这些信号之前，必须根据具体要求，对信号的幅值、驱动能力、传输特性、抗干扰能力等进行调理。本章将讨论信号调理中常见的环节：信号预处理、滤波以及信号调制与解调等。

第一节 信号预处理

所谓信号预处理，是指在对信号进行变换、提取、识别或者评估之前，对测试信号进行类型转换、放大、隔直、线性化、滤波、调制解调等处理。

在解决实际问题的过程中，往往是根据要测的参数去搭建一定的电路，通过搭建电路中的电容、电阻、电感等元件实现特定的功能。根据电路的具体情况，模拟信号都是按照一定的顺序进行预处理的。所以，这些调理方法使用时并不是并列无序的，而是具体问题具体分析。研究电路原理不是本书的重点，读者只需明白为什么要进行预处理和常用的预处理方法即可。

一、信号类型的转换

传感器可以把被测量转换为电路或磁路参数，如果后续所需要的信号是电压信号，这时可以通过电桥来实现，这就实现了信号类型的转换。表 7－1 列举了几种电桥，供读者参考。

表 7－1 电 桥 电 路

直流电桥：电阻 R_1、R_2、R_3、R_4 作为四个桥臂，在 a、c 两端接入直流电源 U_i，在 b、d 两端输出电压 U_o	半桥式电桥	半桥单臂	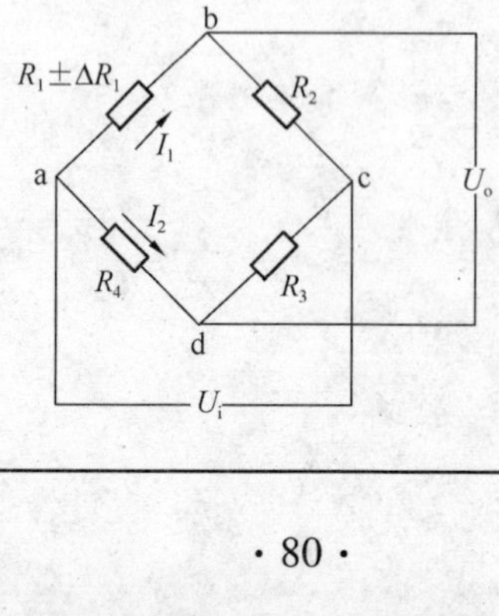	$U_0 = \left(\frac{R_1+\Delta R_1}{R_1+\Delta R_1+R_2} - \frac{R_4}{R_3+R_4}\right)U_i$ 若 $R_1 = R_2 = R_3 = R_4 = R_0$， $\Delta R_0 \ll R_0$ 则 $U_0 \approx \Delta R_0/4R_0 \times U_i$

续表

直流电桥：电阻 R_1、R_2、R_3、R_4 作为四个桥臂，在 a、c 两端接入直流电源 U_i，在 b、d 两端输出电压 U_o	半桥式电桥	半桥双臂	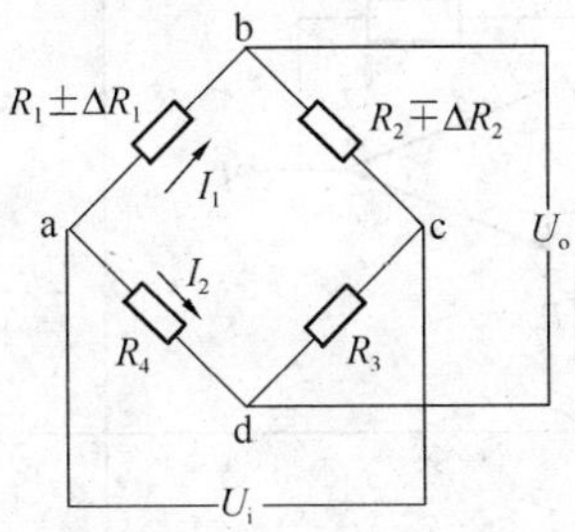	当 $R_1 = R_2 = R_3 = R_4 = R_0$，$\Delta R_1 = \Delta R_2 = \Delta R_0$ 时，$U_0 = \frac{\Delta R}{2R_0}U_i$
	全桥式电桥		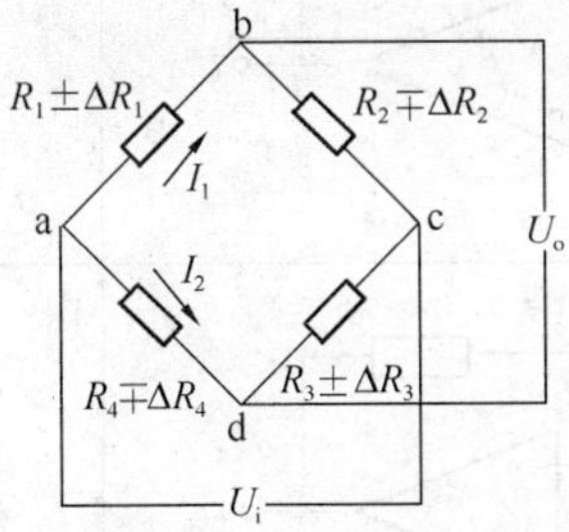	$U_0 = \frac{\Delta R_0}{R_0}U_i$
交流电桥：C_1、C_2 为电容 L_1、L_2 为电感	电容电桥		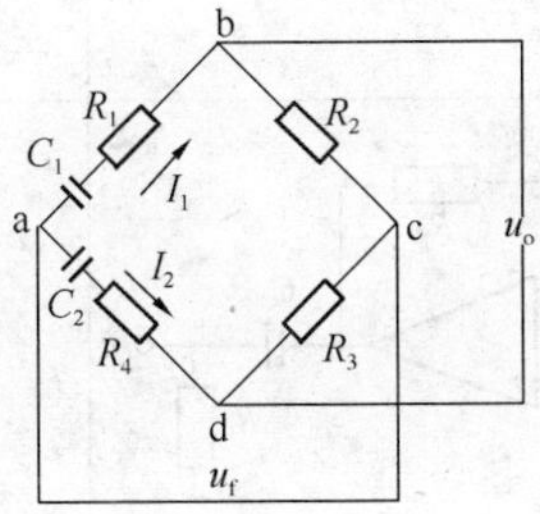	$\left(R_1 + \frac{1}{j\omega C_1}\right)R_3 = \left(R_4 + \frac{1}{j\omega C_2}\right)R_2$ $\begin{cases} R_1R_3 = R_2R_4 \\ \frac{R_3}{C_1} = \frac{R_2}{C_2} \end{cases}$
	电感电桥		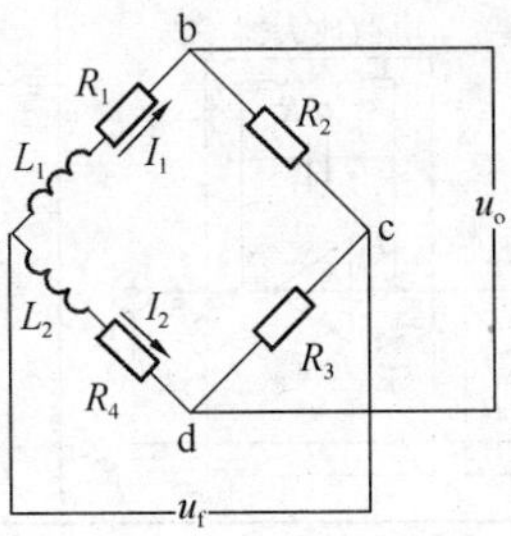	$(R_1 + j\omega L_1)R_3 = (R_4 + j\omega L_2)R_2$ $\begin{cases} R_1R_3 = R_2R_4 \\ L_1R_3 = L_2R_2 \end{cases}$

二、放大

传感器输出的微弱电压、电流或电荷信号，其幅值或功率不足以进行后续的转换处理或驱动指示器、记录器以及各种控制机构，因此需对其进行放大处理，其作用就是把传感器输出的信号的幅值增加。表 7-2 中简要介绍了几种放大器。

表7-2　放　大　器　电　路

<table>
<tr><td rowspan="3">直流放大器：
电压增益 A_v
反馈电阻 R_F</td><td>反相放大器</td><td>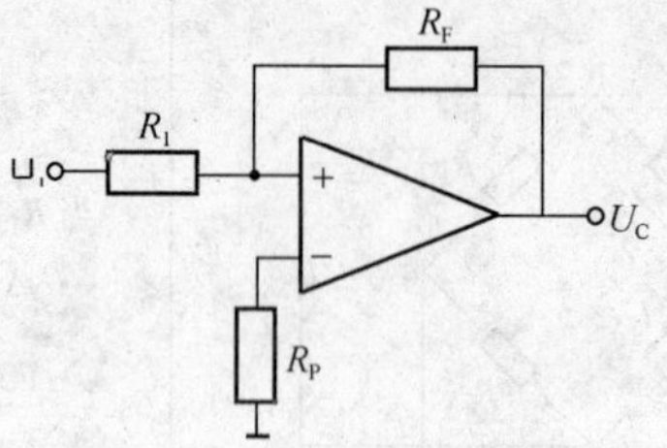
</td><td>$A_v=\frac{U_C}{U_i}=-\frac{R_F}{R_1}$</td></tr>
<tr><td>同相放大器</td><td>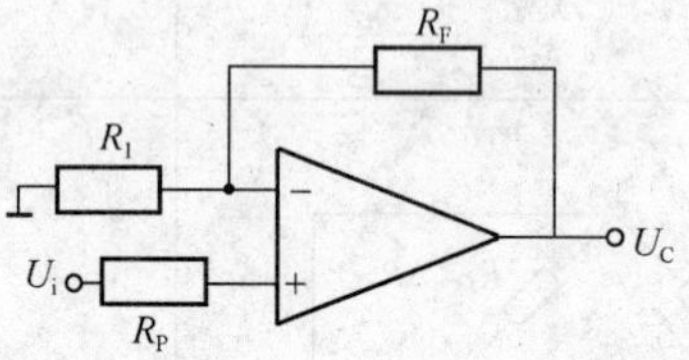
</td><td>$A_v=\frac{U_C}{U_i}=1+\frac{R_F}{R_1}$</td></tr>
<tr><td>差动放大器</td><td>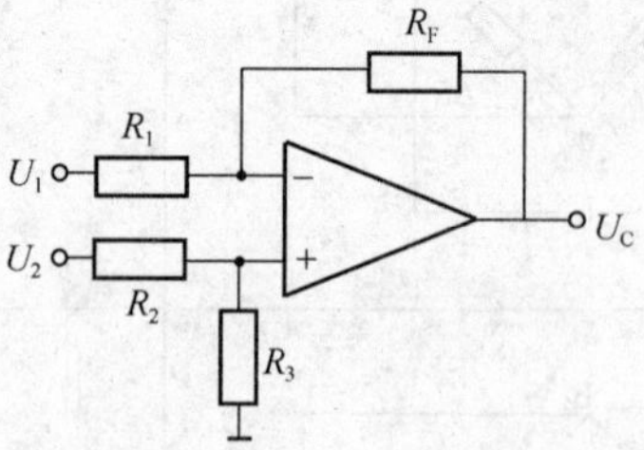
</td><td>$U_0=-\frac{R_F}{R_1}U_1+(1+\frac{R_F}{R_1})(\frac{R_3}{R_2+R_3})U_2$</td></tr>
<tr><td colspan="2">交流放大器</td><td>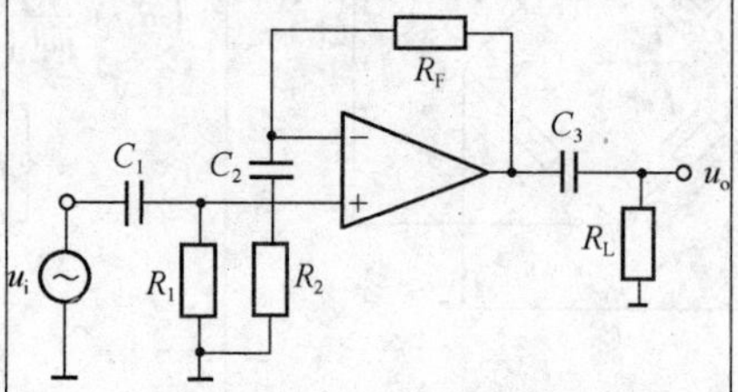
</td><td>$A_v=1+\frac{R_F}{R_1}$
$C_1=C_3=(3\sim10)/(2\pi R_L f_L)$</td></tr>
<tr><td colspan="2">电荷放大器</td><td>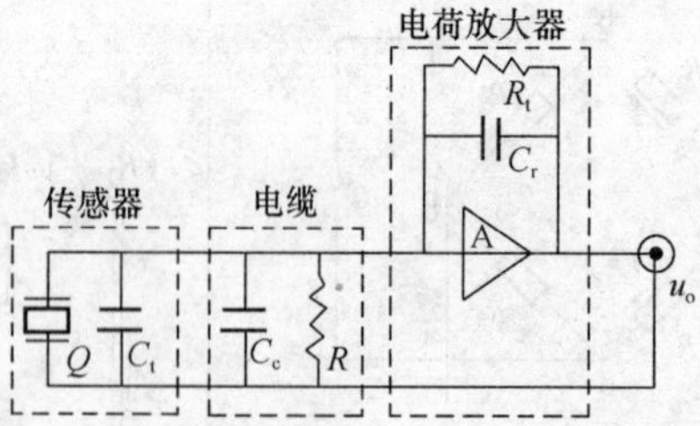
</td><td>$U_o=\frac{-Q}{C_r}\cdot\frac{1}{1+\frac{1}{AC_r}(C_t+C_r+C_c)}$</td></tr>
</table>

三、隔直

一般情况下，传感器的信号包括直流和交流信号两部分，如电涡流传感器测转子振动，直流信号是传感器的安装偏置电压，它反映了间隙电压。交流信号反映的是振动值，相对直流分量来说交流分量幅值很小，一般约为几毫伏。直流和交流信号幅值相差很大，有时只需要放大交流信号，采用隔直电路就可以达到这个目的。通过将交、直流分量分离，同时缩小直流分量，放大有用的交流分量，这样就避免了因输入信号幅值过大而超出了数据采集卡 A/D 转换器参考电压范围，也可以确保在采用一定位数的 ADC 条件下，提高被测试振动信号的分辨率和精度。

四、线性化

在数字仪表中，对非电量参数的数字化测量所使用的传感器的一个重要指标就是数据的线性化。但对传感器来说，输出信号的非线性化是绝对的。这势必难以保证系统的精度与准确度，有时甚至不得不规定传感器的使用范围。为了提高仪器和系统的精度，扩大其使用范围和提高系统的性价比，对传感器输出信号或其他模拟信号进行线性化处理和非线性化补偿就显得尤为重要。

第二节 滤 波

在对设备运行状态进行监测时，一般是通过振动信号来检测其早期故障。由于各种复杂因素的影响，振动信号中含有大量的噪声。因此，要获得振动信号的准确特征并依据这些特征进行设备运行状态的监测和故障诊断，必须进行信号的滤波处理，以提高信噪比。

在许多测量环境中，时变信号电压可以看作由许多不同频率、不同振幅的简谐波的合成。经常需要通过一种电路选择或抑制某些频率成分，有这种功能的电路称为频率滤波电路，简称滤波器（Filter）。滤波器是一种选频装置，可以使信号中特定的频率成分通过，而极大地衰减其他频率成分。在测试装置中，利用滤波器的这种选频作用，可以滤除干扰噪声或进行频谱分析。有两种最常用的情况需要滤波：一种是在信号中夹杂着噪声；另一种情况是数据采集系统以离散的时间采集信号，必须采用滤波器以避免混叠。

一、滤波器分类

根据滤波器的选频作用，一般分为低通、高通、带通和带阻滤波器，如表 7－3 所示。

表 7－3 三种滤波器的幅频特性

滤波器	幅 频 特 性	频 谱 图
低通滤波器	从 0 ~ f_2 频率之间，幅频特性平直，它可以使信号中低于 f_2 的频率成分几乎不受衰减地通过，而高于 f_2 的频率成分受到极大地衰减	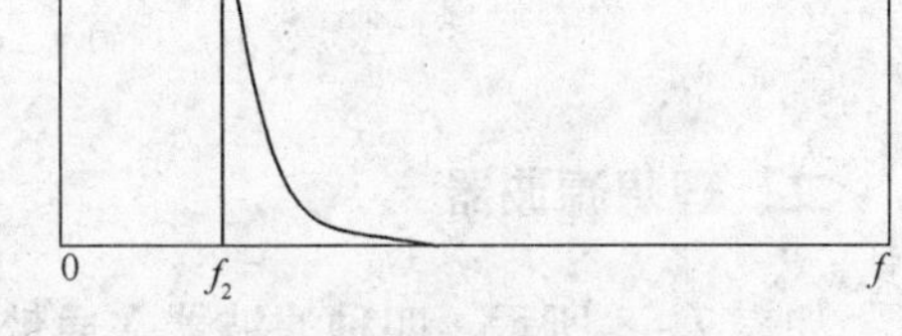

续表

滤波器	幅频特性	频谱图
高通滤波器	与低通滤波相反，从频率 $f_1 \sim \infty$，其幅频特性平直。它使信号中高于 f_1 的频率成分几乎不受衰减地通过，而低于 f_1 的频率成分将受到极大地衰减	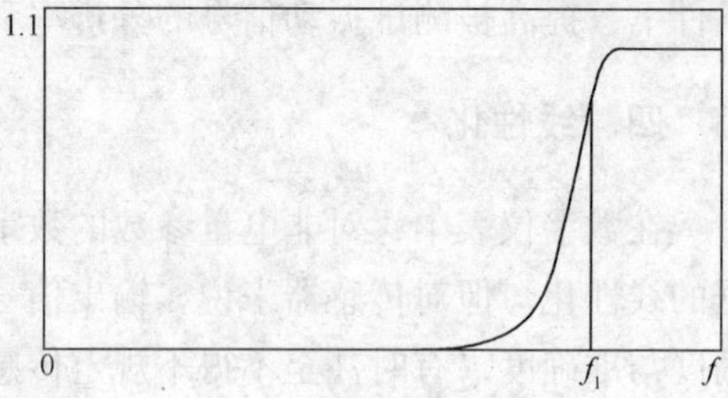
带通滤波器	右图表示带通滤波器，它的通频带在 $f_1 \sim f_2$ 之间。它使信号中高于 f_1 而低于 f_2 的频率成分可以不受衰减地通过，而其他成分受到衰减	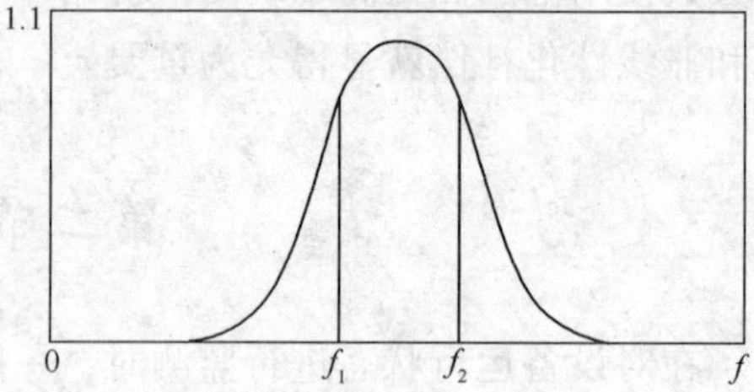
带阻滤波器（陷波器）	与带通滤波相反，阻带在频率 $f_1 \sim f_2$ 之间。它使信号中高于 f_1 而低于 f_2 的频率成分受到衰减，其余频率成分的信号几乎不受衰减地通过	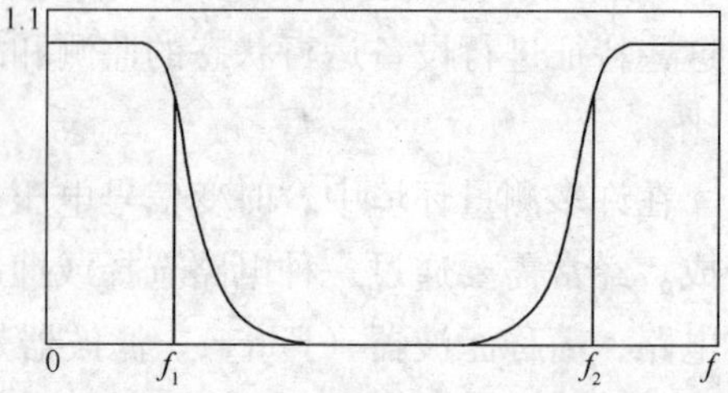

其中，低通滤波器和高通滤波器是滤波器的两种最基本的形式，带通滤波器和带阻滤波器可以通过低通滤波器与高通滤波器的串、并联来实现。

低通滤波器与高通滤波器的串联为带通滤波器，如图 7－1 所示。

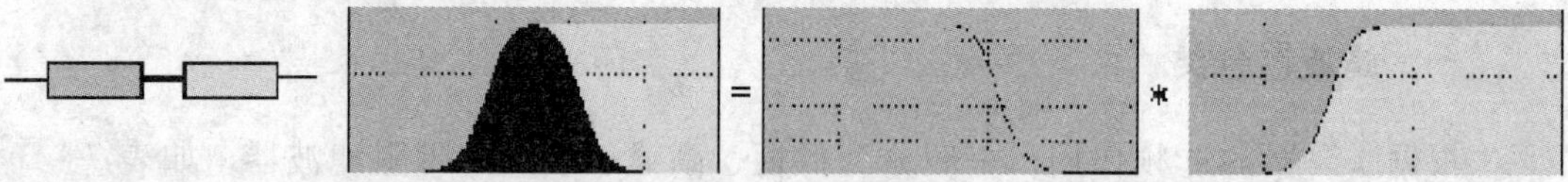

图 7－1　带通滤波器

低通滤波器与高通滤波器的并联为带阻滤波器，如图 7－2 所示。

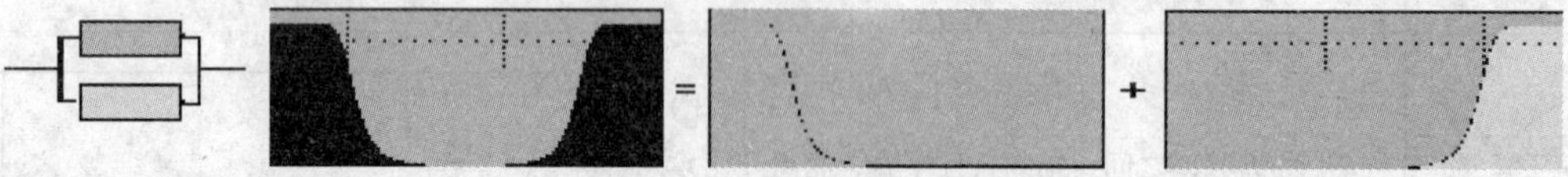

图 7－2　带阻滤波器

二、理想滤波器

如表 7－3 所示，四种滤波器在通带与阻带之间存在一个过渡带，其幅频特性是一条斜线，在此频带内，信号受到不同程度的衰减。这个过渡带是滤波器所不希望的，但也是不可避免的。

理想滤波器是指能使带通内信号的幅值和相位都不失真，阻带内的频率成分都衰减为零的滤波器，其通带和阻带之间有明显的分界线。也就是说，理想滤波器在通带内的幅频特性应为常数，相频特性的斜率为常值；在通带外的幅频特性应为零。理想滤波器的幅频特性曲线如7－3所示。理想滤波器是一个理想化的模型，在物理上是不能实现的，但是，对其的深入了解对掌握滤波器的特性是十分有帮助的。

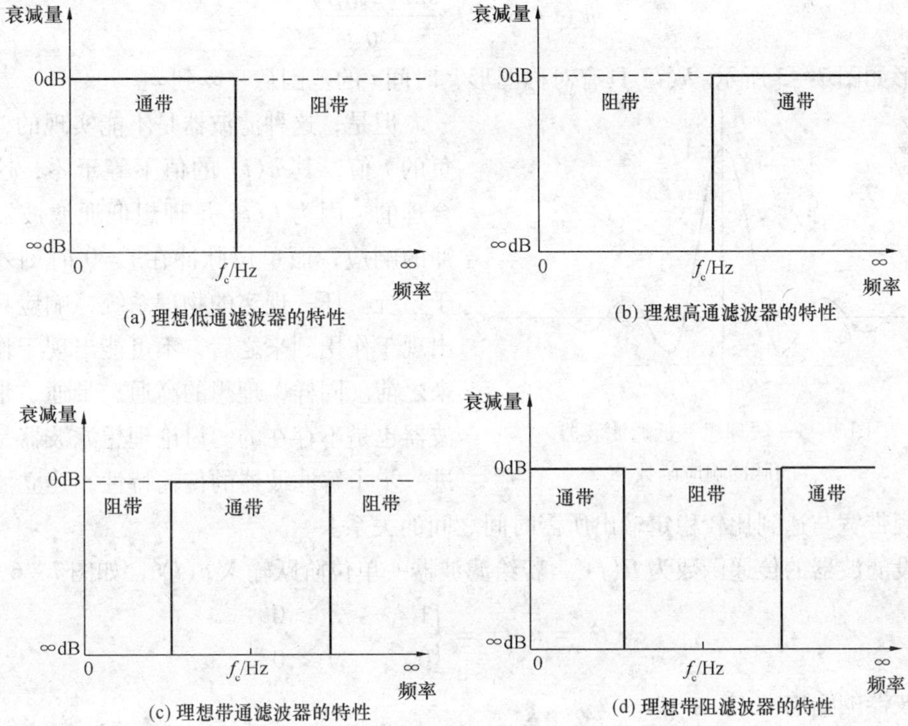

图7－3　理想滤波器的幅频特性曲线图

根据线性系统的不失真测试条件，理想测量系统的频率响应函数应是

$$H(f) = A_0 e^{-j2\pi f t_0}$$

式中　A_0、t_0 都是常数。

以理想低通滤波器为例，若滤波器的频率响应满足下列条件：

$$H(f) = \begin{cases} A_0 e^{-j2\pi f t_0} & |f| < f_c \\ 0 & \text{其他} \end{cases} \tag{7-1}$$

则称为理想低通滤波器。式中 f_c 为滤波器的截止频率。图7－4为理想低通滤波器的幅、相频特性图，图中频域图形以双边对称形式画出，相频图中直线斜率为 $-2\pi t_0$。

这种在频域为矩形窗函数的“理想”低通滤波器的时域脉冲响应函数 $h(t)$ 是sinc函数。sinc函数是前面提到的信号分析中常用的函数之一。如果没有相位角滞后，则 $t_0 = 0$，则

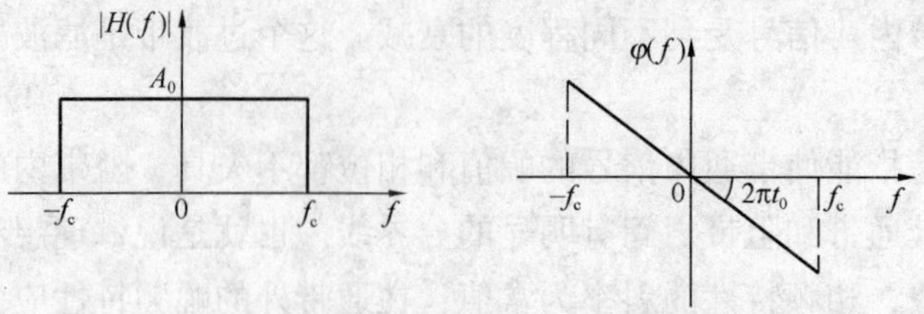

图 7－4　理想低通滤波器幅、相频特性曲线

$$h(t) = 2Af_c \frac{\sin(2\pi f_c t)}{2\pi f_c t} \tag{7-2}$$

其图形如图 7－5 所示。$h(t)$ 具有对称图形，时间 t 的范围从 $-\infty$ 到 ∞。

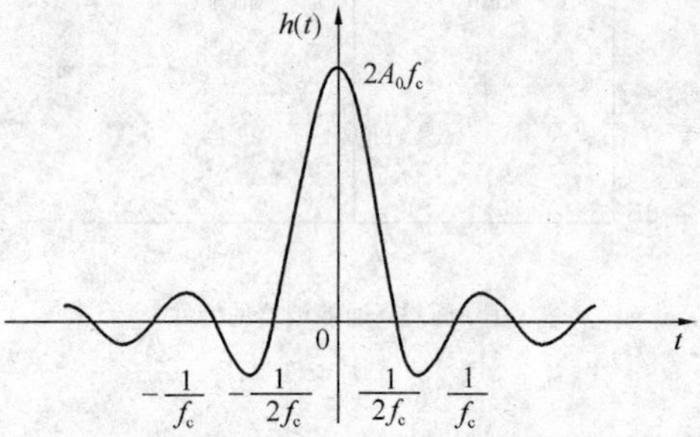

图 7－5　“理想”低通滤波器的脉冲响应函数

但是，这种滤波器是不能实现的，对于负的 t 值，其 $h(t)$ 的值不等于零，这是不合理的。因为 $h(t)$ 是理想低通滤波器对脉冲的响应，而单位脉冲在 $t=0$ 时刻才作用于系统。任一现实的物理系统，响应只可能出现于作用到来之后，不可能出现于作用到来之前。同样，理想的高通、带通、带阻滤波器也是不存在的。讨论理想滤波器是为了进一步了解滤波器的传输特性，建立滤波器的通频带宽与达到比较稳定输出所需时间之间的关系。

设滤波器的传递函数为 $H(f)$，若给滤波器一单位阶跃输入 $u(t)$，如图 7－6 所示。

$$x(t) = u(t) = \begin{cases} 1 & t \geq 0 \\ 0 & t < 0 \end{cases}$$

则滤波器的输出 $y(t)$ 为

$$y(t) = h(t) * x(t) = \int_{-\infty}^{\infty} x(\tau) h(t-\tau) d\tau \tag{7-3}$$

其结果如图 7－7 所示。

从图可见，输出响应从零值（a 点）到稳定值 A_0（b 点）需要一定的建立时间 T_e。计算积分式（7－3）有

$$T_e = t_b - t_a = \frac{0.61}{f_c}$$

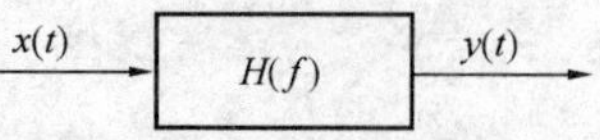

图 7－6　滤波过程

式中 f_c 为低通滤波器的截止频率，也称为滤波器的通频带。由上式可见，滤波器的通频带越宽，即 f_c 越大，则 T_e 越小，则图 7－7 中图形越陡峭。如果将理论响应值的 0.1～0.9 作为计算建立时间的标准，则

$$T_e = t'_b - t'_a = \frac{0.45}{f_c}$$

因此，低通滤波器对阶跃响应的建立时间 T_e 和带宽 B（即通频带的宽度，对于低

通滤波器，$B = f_c - 0 = f_c$）成反比，即

$$BT_e = 常数$$

这一结论对其他滤波器（高通、带通、带阻）也适用。

另一方面，滤波器的带宽表示着它的频率分辨力，通频带越窄则分辨力越高。因此，滤波器的高分辨力和测量时快速响应的要求是相互矛盾的。当采用滤波器从信号中选取某一频率成分时，就需要有足够的时间。如果建立时间不够，就会产生虚假的结果，而过长的时间也是没有必要的，一般采用 $BT_e = 5 \sim 10$ 。

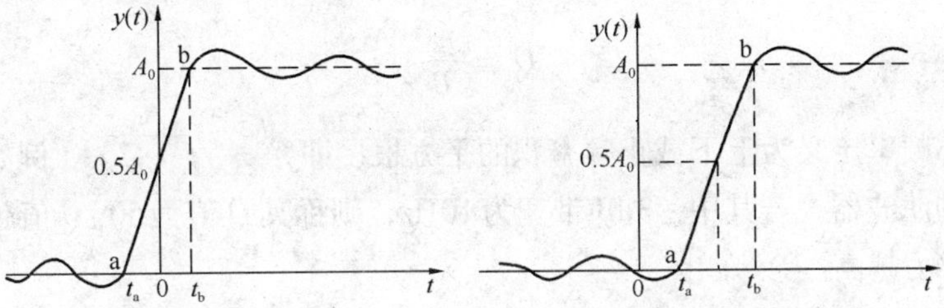

(a)无相角滞后，时移$t_0=0$　　(b)无相角滞后，时移$t_0 \neq 0$

图 7－7　理想低通滤波器对单位阶跃输入的响应

三、实际滤波器

理想滤波器是不存在的，在实际滤波器的幅频特性图中，通带和阻带之间应没有严格的界限。在通带和阻带之间存在一个过渡带。在过渡带内的频率成分不会被完全抑制，只会受到不同程度的衰减。当然，希望过渡带越窄越好，也就是希望对通带外的频率成分衰减得越快、越多越好。因此，在设计实际滤波器时，总是通过各种方法使其尽量逼近理想滤波器。

为了了解某一实际滤波器的特性，就需要通过一些参数指标来确定。图 7－8 为理想滤波器（细实线）和实际带通滤波器（粗实线）的幅频特性。

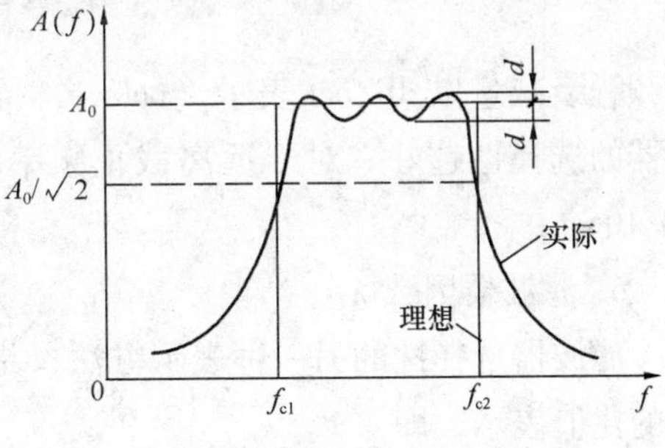

图 7－8　理想带通与实际带通滤波器的幅频特性

对于理想滤波器，其特征参数为截止频率，在截止频率之间的幅频特性为常数 A_0，截止频率以外的幅频特性为零；对于实际滤波器，其特征参数没有这么简单，其特性曲线没有明显的转折点，通带中幅频特性也不是常数，因此，实际滤波器需要用以下的概念和参数去描述它。

1. 纹波幅度 d

在一定频率范围内，实际滤波器在通频带内可能呈波纹变化。其波动幅度 d 与幅频特性的平均值 A_0 相比，越小越好，一般应远小于 －3dB，即 $d \ll A_0/\sqrt{2}$ 。

2. 截止频率 f_c

幅频特性值等于 0.707 A_0 所对应的频率称为滤波器的截止频率。以 A_0 为参考值，

0.707 A_0 对应于 -3dB 点，即相对于 A_0 衰减 3dB。若以信号的幅值平方表示信号功率，则所对应的点正好是半功率点。

3. 带宽 B

上下两截止频率之间的频率范围称为滤波器带宽，或 -3dB 带宽，单位为 Hz。带宽决定着滤波器分离信号中相邻频率成分的能力——频率分辨力。

4. 品质因数 Q 值

定义中心频率 f_n 和带宽 B 之比为滤波器的品质因数：

$$Q = \frac{f_n}{B}$$

其中中心频率定义为上下截止频率积的平方根，即 $f_n = \sqrt{f_{c1} \cdot f_{c2}}$。例如一个中心频率为 500Hz 的滤波器，若其中 -3dB 带宽为 10Hz，则称其 Q 值为 50。Q 值越大，表明滤波器频率分辨力越高。

5. 倍频程选择性 W

在两截止频率外侧，实际滤波器有一个过渡带，这个过渡带的幅频曲线倾斜程度表明了幅频特性衰减的快慢，它决定着滤波器对带宽外频率成分衰阻的能力。通常用倍频程选择性来表征。所谓倍频程选择性，是指在上截止频率 f_2 与 $2f_{c2}$ 之间，或者在下截止频率 f_{c1} 与 $f_{c1}/2$ 之间幅频特性的衰减值，即频率变化一个倍频程时的衰减量：

$$W = -20\lg \frac{A(2f_{c2})}{A(f_{c2})} \tag{7-4}$$

或

$$W = -20\lg \frac{A\left(\frac{f_{c1}}{2}\right)}{A(f_{c1})} \tag{7-5}$$

倍频程衰减量以 dB/oct 表示（octave，倍频程）。显然，衰减越快（即 W 值越大），滤波器的选择性越好。对于远离截止频率的衰减率也可用 10 倍频程衰减数表示之，即 dB/10oct。

6. 滤波器因数 λ

滤波器选择性的另一种表示方法，是用滤波器幅频特性的 -60dB 带宽与 -3dB 带宽的比值表示，即

$$\lambda = \frac{B_{-60\mathrm{dB}}}{B_{-3\mathrm{dB}}}$$

理想滤波器 $\lambda = 1$，一般要求滤波器 $1 < \lambda < 5$。如果带阻衰减量达不到 -60dB，则以标明衰减量（如 -40dB）的带宽与 -3dB 带宽之比来表示其选择性。

四、恒带宽比、恒带宽滤波器

在实际测试中，为了能够获得需要的信息或某些特殊频率成分，可以将信号通过放大倍数相同而中心频率各不相同的多个带通滤波器，各个滤波器的输出主要反映信号中

在该通带频率范围内的量值。这时有两种做法：一种是使用一组各自中心频率固定但又按一定规律相隔的滤波器组，如图 7－9 所示，图中数字 16、31.5、63、…、16000 为各滤波器的中心频率；另一种是使带通滤波器的中心频率是可调的，通过改变滤波器的参数使其中心频率跟随所需要测量的信号频段。

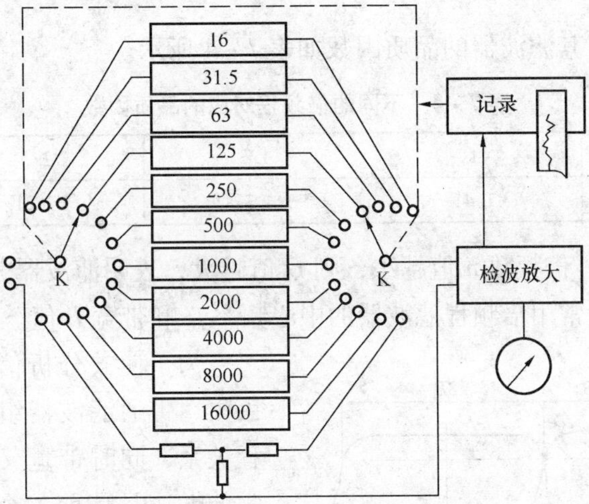

图 7－9　邻接式倍频程频谱分析滤波器

图中所示频谱分析装置所用的滤波器组，其通带是相互连接的，以覆盖整个感兴趣的频率范围，保证不丢失信号中的频率成分。通常是前一个滤波器的 －3dB 上截止频率（高端）就是下一个滤波器的 －3dB 下截止频率（低端）。滤波器组应具有同样的放大倍数。

1．恒带宽比滤波器

在讨论实际滤波器参数时曾讲到，品质因数 Q 为中心频率 f_n 和带宽 B 之比，即 $Q=\frac{f_n}{B}$。若采用具有相同 Q 值的调谐滤波器做成邻接式滤波器（图 7－10），则该滤波器组是一些恒带宽比的滤波器构成的。因此，中心频率 f_n 越大，其带宽 B 也越大，频率分辨率越低。

假设一个带通滤波器的低端截止频率为 f_{c1}，高端截止频率为 f_{c2}，f_{c2} 和 f_{c1} 有下列关系式：

$$f_{c2}=2^n f_{c1} \tag{7-6}$$

式中 n 称为倍频程数。若 $n=1$，则称为倍频程滤波器；若 $n=1/3$，则称为 1/3 倍频程滤波器。而滤波器的中心频率为

$$f_n=\sqrt{f_{c1}\cdot f_{c2}} \tag{7-7}$$

可得

$$f_{c2}=2^{\frac{n}{2}}f_n$$

$$f_{c1}=2^{-\frac{n}{2}}f_n$$

因此，滤波器带宽

$$f_{c2} - f_{c1} = B = \frac{f_n}{Q}$$

如果用滤波器的品质因数 Q 值来表示，则有

$$\frac{1}{Q} = \frac{B}{f_n} = 2^{\frac{n}{2}} - 2^{-\frac{n}{2}} \tag{7-8}$$

对于不同的倍频程，其滤波器的品质因数如表 7-4 所示。

表 7-4　不同的倍频程对应的品质因数

倍频程 n	1	1/3	1/5	1/10
品质因数 Q	1.41	4.32	7.21	14.42

由表 7-4 可知，倍频数 n 值越小，则 Q 值越大，表明滤波器分辨力越高。根据上述关系，就可确定出常用倍频程滤波器的中心频率 f_0 和带宽 B 值。

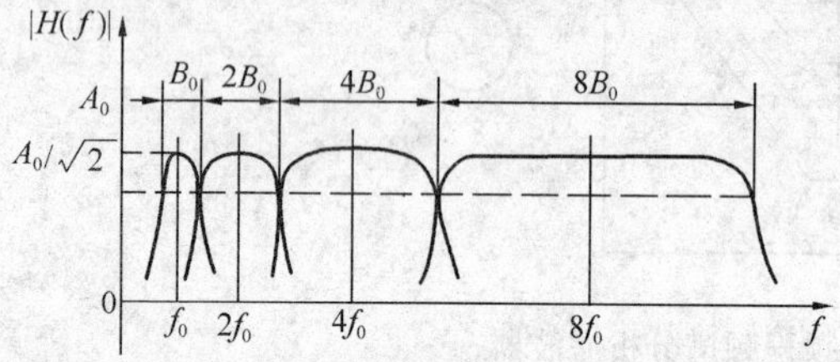

图 7-10　带通滤波器的邻接

为了使被分析信号的频率成分不致丢失，带通滤波器组的中心频率是倍频程关系，同时带宽又需是邻接式的，通常的做法是使前一个滤波器的 -3dB 上截止频率与后一个滤波器的 -3dB 下截止频率相一致，如图 7-10 所示。这样的一组滤波器将覆盖整个频率范围，称之为"邻接式"的。

对于邻接的一组滤波器，利用式（7-6）和式（7-7）可以推得：后一个滤波器的中心频率 f_{n2} 与前一个滤波器的中心频率 f_{n1} 之间有下列关系式：

$$f_{n2} = 2^n f_{n1} \tag{7-9}$$

因此，根据式（7-8）和式（7-9），只要选定 n 值就可以设计覆盖给定频率范围的邻接式滤波器组。对于 $n=1$ 的倍频程滤波器，如表 7-5 所示。

表 7-5　$n=1$ 的倍频程滤波器组

中心频率/Hz	16	31.5	63	125	250	……
带宽/Hz	11.31	22.27	44.55	88.39	176.78	……

对于 1/3 倍频程滤波器组，如表 7-6 所示。

表 7-6　1/3 倍频程滤波器组

中心频率/Hz	12.5	16	20	25	31.5	40	50	63	……
带宽/Hz	2.9	3.7	4.6	5.8	7.3	9.3	11.6	14.6	……

2. 恒带宽滤波器

从上述例子可以看出，恒带宽比（Q 为常数）的滤波器，其通频带在低频段内甚窄，而在高频段内则较宽。因此，滤波器组的频率分辨率在低频段内较好，在高频段内甚差。

为了使滤波器组的分辨率在所有频段都具有同样良好的频率分辨率，可以采用恒带宽的滤波器。表 7－7 为恒带宽比滤波器和恒带宽滤波器的特性对照表，为了便于说明问题，图中滤波器的特性都画成是理想滤波器的特性。

表 7－7 恒带宽带通滤波器与恒带宽比带通滤波器

用于频谱分析装置中的带通滤波器，可根据中心频率与带宽之间的数值关系，分为两种：	
一种是带宽 B 不随中心频率 f_0 变化而变化，称为恒带宽带通滤波器，如图（a）所示，其中心频率处在任何频段上时，带宽都相同	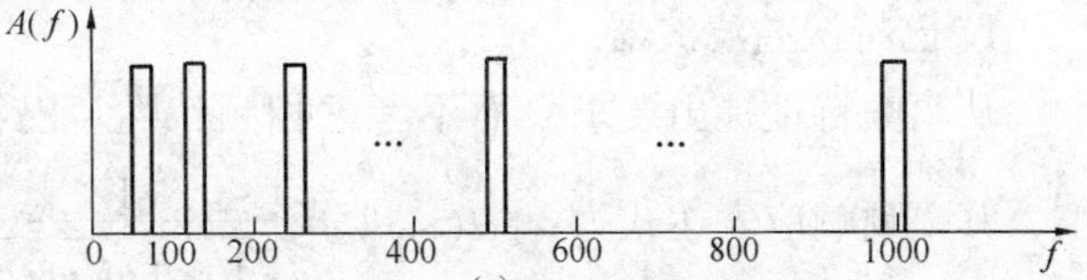 (a)
另一种是带宽 B 与中心频率 f_0 的比值是不变的，称为恒带宽比带通滤波器，如图（b）所示，其中心频率越高，带宽也越宽	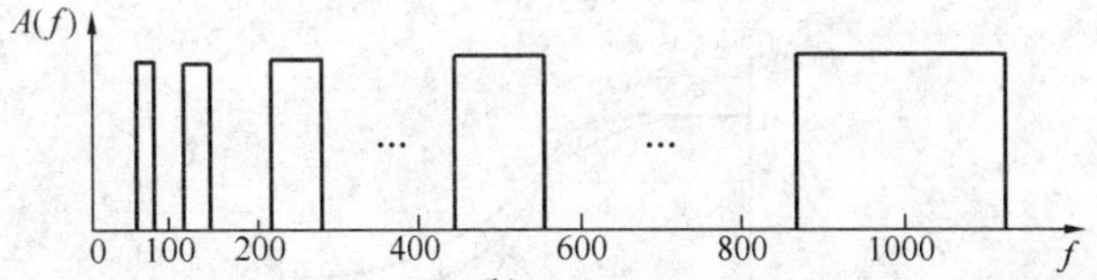 (b)

一般情况下，为使滤波器在任意频段都有良好的频率分辨力，可采用恒带宽带通滤波器（如收音机的选频）。所选带宽越窄，则频率分辨力越高，但这时为覆盖所要检测的整个频率范调，所需要的滤波器数量就很大。因此，在很多时候，恒带宽带通滤波器不一定做成固定中心频率的，而是利用一个参考信号，使滤波器中心频率跟随参考信号的频率而变化。在做信号频谱分析的过程中，参考信号是由可作频率扫描的信号发生器供给的。这种可变中心频率的恒带宽带通滤波器被用于相关滤波和扫描跟踪滤波中。

五、可实现的典型滤波网络函数

由以上分析可知，实用中的滤波器，在通频带内不平坦；在过渡带部分不陡直；阻带部分不为零。而滤波器设计是在一定限度内进行逼近的。为了寻求逼近理想特性的规律，下面分析集中参数元件所构成的滤波系统，其传输函数的一般形式为

$$H(s) = \frac{Y(s)}{X(s)} = \frac{b_m s^m + b_{m-1}s^{m-1} + \cdots + b_1 s + b_0}{a_n s^n + a_{n-1}s^{n-1} + \cdots + a_1 s + a_0} = \frac{k\prod_{j=1}^{m}(s - b_j)}{\prod_{i=1}^{n}(s - a_i)} \tag{7-10}$$

取 $s = \mathrm{j}\omega$，则系统的频率响应函数

$$H(\omega) = \frac{k\prod_{j=1}^{m}(\mathrm{j}\omega - b_j)}{\prod_{i=1}^{n}(\mathrm{j}\omega - a_i)} \tag{7-11}$$

式中，a_i 为第 i 个极点位置；b_i 为第 j 个零点位置；零点 m 个，极点 n 个，一般 $m \leqslant n$；

k 为常数。

要实现逼近理想特性的滤波网络，问题的实质是决定上式中的全部系数 a、b 以及阶次 n。系数 a、b 决定于网络元件参数，n 值表示了极点数目，即滤波器的阶次。n 值与实现此函数所需滤波器的元件数量有关，n 值影响着传输函数特性，对于同一类型的逼近函数，n 值越大，逼近特性越好。

根据“最佳逼近特性”的标准进行分类，可分为巴特沃兹、切比雪夫滤波器。

1. 巴特沃兹滤波器

从幅频特性提出要求，而不考虑相频特性。巴特沃兹滤波器具有最大平坦幅度特性，其幅频响应表达式为：$|H(\omega)| = \dfrac{1}{\sqrt{1+(\omega/\omega_n)^{2n}}}$。

巴特沃兹滤波函数特性如图 7－11 所示。

2. 切比雪夫滤波器

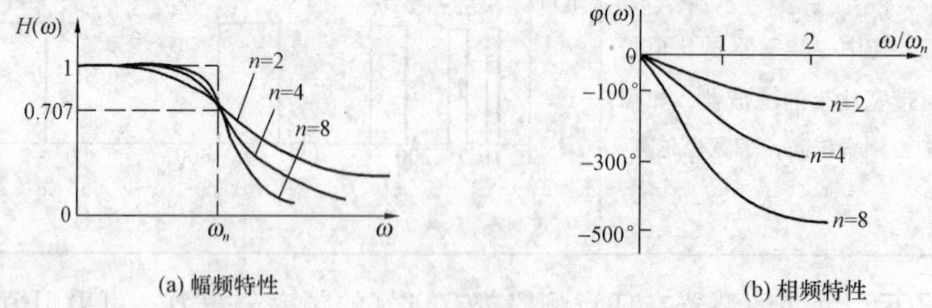

图 7－11　巴特沃兹滤波函数特性

切比雪夫滤波器也是从幅频特性方面提出逼近要求的，其幅频响应表达式为：

$$|H(\omega)| = \frac{1}{\sqrt{1+\varepsilon^2 T_n^2(\omega/\omega_n)}}$$

ε 是决定通带波纹大小的系数，波纹的产生是由于实际滤波网络中含有电抗元件；T_n 是第一类切比雪夫多项式，它的定义为：

$$T_n(x) = \begin{cases} \cos(n\arccos x) & |x| \leqslant 1 \\ \mathrm{ch}(n\,\mathrm{arcch} x) & |x| > 1 \end{cases}$$

与巴特沃兹逼近特性相比较，这种特性虽然在通带内有起伏，但对同样的 n 值在进入阻带以后衰减更陡峭，更接近理想情况，如图 7－12 所示。ε 值越小，通带起伏越小，截止频率点衰减的分贝值也越小，但进入阻带后衰减特性变化缓慢。切比雪夫滤波器与巴特沃兹滤波器进行比较，切比雪夫滤波器的通带有波纹，过渡带较陡直，因此，

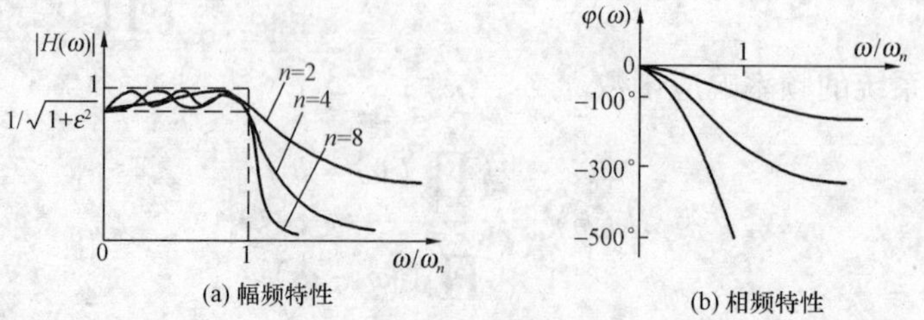

图 7－12　切比雪夫滤波函数特性

在不允许通带内有纹波的情况下，巴特沃兹型更可取；从相频响应来看，巴特沃兹型要优于切比雪夫型，通过上面两图比较可以看出，前者的相频响应更接近于直线。

其实两者主要区别是：切比雪夫滤波器的 $|H(\omega)|^2$ 在通带范围内是等幅起伏的，所以在同样的通带内衰减要求下，其阶数较巴特沃兹滤波器要小。

第三节　数　字　滤　波

滤波器有模拟滤波器和数字滤波器两种形式，区别见图 7－13。从功能上又可分为低通、高通、带通和带阻滤波器。如果滤波器的输入和输出都是离散时间信号，则该滤波器的冲击响应也必然是离散的，这种滤波器即为数字滤波器。

一、数字滤波

数字滤波器的作用是利用离散时间系统的特性对输入信号波形（或频谱）进行加工处理，或者说利用数字方法按预定要求对信号进行变换，把输入序列 $x(n)$ 变换成一定的输出序列 $y(n)$（图 7－13），从而达到改变信号频谱的目的。从广义讲，数字滤波是由计算机程序来实现的，是具有某种算法的数字处理过程。

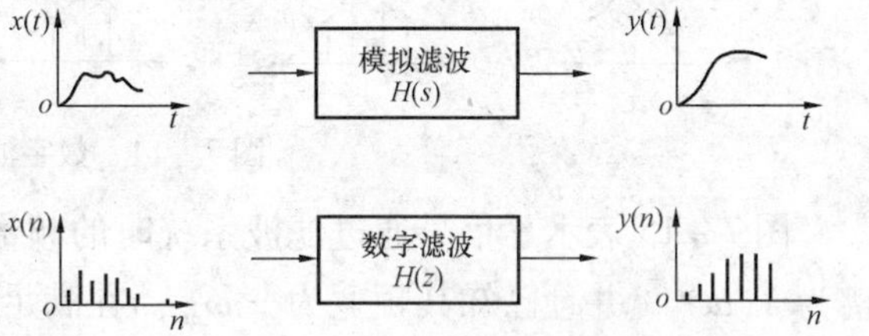

图 7－13　数字滤波系统

数字滤波器与模拟滤波器相比，它们的作用相同，而分析方法不同。数字滤波器的数学模型为差分方程式，运算内容为延时、乘法、加法运算。构成数字滤波器的元器件为加法器、乘法器、延时器等。而模拟滤波器的数学模型为微分方程式，运算内容则为微（积）分、乘法、加法。构成模拟滤波器的元器件为电阻、电容、运算放大器等。两者的对比可归纳为表 7－8。

表 7－8　数字滤波与模拟滤波对比

比较项目	模拟滤波器	数字滤波器
输入、输出	模拟信号	数字信号
系统	连续时间	离散时间
系统特性	时不变、叠加、齐次	非移变、叠加、齐次
数字模型	微分方程式	差分方程式
运算内容	微（积）分、乘、加法	延时、乘、加法
系统构成	分立元件 （电阻、电容、运算放大器等）	软件；程序 硬件，乘、加、延时运算块
系统函数	（s 域）$\left.\begin{aligned}H(s)&=\frac{Y(s)}{X(s)}\\H(\omega)&=\frac{Y(\omega)}{X(\omega)}\end{aligned}\right\}$	（z 域）$\left.\begin{aligned}H(z)&=\frac{Y(z)}{X(z)}\\H(e^{j\omega})&=\frac{Y(e^{j\omega})}{X(e^{j\omega})}\end{aligned}\right\}$

数字滤波可用软件或硬件实现。软件实现方法是按照差分方程式或框图所表示的输出与输入序列的关系，编制计算机程序，在通用计算机上实现；硬件实现方法是把用数字电路制成的加法器、乘法器、延时器等，按框图加以连接，构成运算器，即数字滤波器来实现。

数字滤波器的应用与模拟滤波器相似，除用来对信息作处理加工外，还用来作抗干扰滤波器，以及对信号限带需要的低通、高通、带通以及带阻滤波器，还可用于各种校正环节的反滤波器等。

二、数字滤波过程的信号频谱

图 7－14 表示了含有数字滤波器的滤波系统。它一般包含了采样、数字滤波、数模转换以及模拟滤波等。

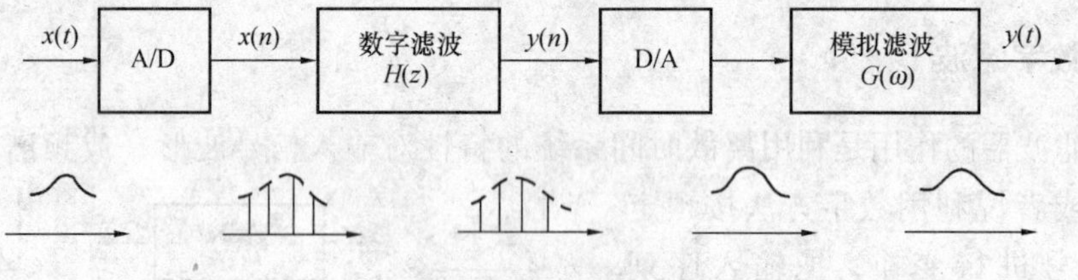

图 7－14　数字滤波过程

图 7－15 表示了信号通过滤波系统时的频谱变化情况。若输入信号为 $x(n)$，其频谱为 $X(\omega)$，并且已知其频宽为 $\pm\omega_m$。在满足采样定理的条件下进行 A/D 转换，则采样信号的频谱

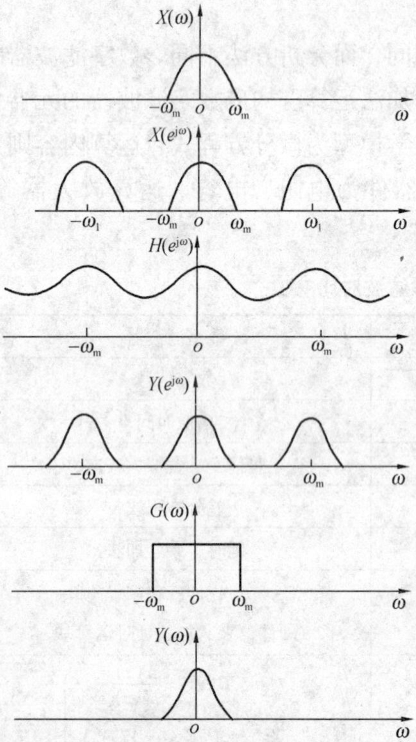

图 7－15　数字滤波过程的频谱

$$X(e^{j\omega}) = \frac{1}{T}\sum_{k=-\infty}^{\infty} X(\omega - k\omega_s) \quad (7-12)$$

式中，采样频率 $\omega_s \geqslant 2\omega_m$。显然这是一个以 ω_s 为周期的谱图。当通过数字滤波器以后，其频谱应为

$$Y(e^{j\omega}) = H(e^{j\omega})X(e^{j\omega}) \quad (7-13)$$

式中，$H(e^{j\omega}) = H(z)\big|_{z=e^{j\omega}}$，为数字滤波器的频响函数。显然，信号通过数字滤波以后，仍然是一个周期谱图。为此，经过 D/A 转换以后，仍须采用模拟滤波。若模拟滤波器的频响函数为 $G(\omega)$，则输出信号 $y(t)$ 的频谱：

$$Y(\omega) = G(\omega)H(e^{j\omega})X(e^{j\omega}) = \frac{1}{T}G(\omega)H(e^{j\omega})\sum_{k=-\infty}^{\infty} X(\omega - k\omega_s) \quad (7-14)$$

由于 $\omega_s \geqslant 2\omega_m$，因而 $X(e^{j\omega})$ 是 $X(\omega)$ 以 ω_s 为周期而重复，且不产生混叠效应的函数。若假定模拟滤波器是一个理想低通滤波器，即

$$G(\omega) = \begin{cases} 1 & |\omega| \leqslant \omega_c \\ 0 & \text{其他} \end{cases} \tag{7-15}$$

式中，$\omega_m \leqslant \omega_c \leqslant (\omega_s - \omega_m)$，则可以从 $y(n)$ 的周期性频谱中选出频谱 $y(\omega)$，以恢复出连续信号 $y(t)$。于是有

$$Y(\omega) = \frac{1}{T}H(e^{j\omega})X(\omega) \tag{7-16}$$

此式表明，数字滤波器的频率响应 $H(e^{j\omega})$ 起着对输入连续信号 $x(t)$ 的频谱进行滤波改造的作用。

三、基于 MATLAB 的信号处理工具箱数字滤波器设计

很多信号的处理与分析都是基于正弦基波和某些整次谐波而进行的，而系统电压电流信号（尤其是故障瞬变过程）中混有各种复杂成分，所以滤波器是常用的提高信噪比的手段。目前二次信号处理软件主要采用数字滤波器。传统的数字滤波器设计使用繁琐的公式计算，改变参数后需要重新计算，在设计滤波器尤其是高阶滤波器时工作量很大。利用 MATLAB 信号处理工具箱（Signal Processing Toolbox）可以快速有效地实现数字滤波器的设计。

1. 数字滤波器及传统设计方法

数字滤波器可以理解为是一个计算程序或算法，将代表输入信号的数字时间序列转化为代表输出信号的数字时间序列，并在转化过程中，使信号按预定的形式变化。数字滤波器有多种分类，根据数字滤波器冲激响应的时域特征，可将数字滤波器分为两种，即无限长冲激响应（IIR）滤波器和有限长冲激响应（FIR）滤波器。

IIR 数字滤波器具有无限宽的冲激响应，与模拟滤波器相匹配，所以 IIR 滤波器的设计可以采取在模拟滤波器设计的基础上进一步变换的方法。FIR 数字滤波器的单位脉冲响应是有限长序列。它的设计问题实质上是确定能满足所要求的转移序列或脉冲响应的常数问题，设计方法主要有窗函数法、频率采样法和等波纹最佳逼近法等。

在对滤波器实际设计时，整个过程的运算量是很大的。例如利用窗函数法设计 M 阶 FIR 低通滤波器时，首先要根据式（7－17）计算出理想低通滤波器的单位冲激响应序列 $h_d(n)$，然后根据式（7－18）计算出 M 个滤波器系数 $h(n)$。当滤波器阶数比较高时，计算量比较大，设计过程中改变参数或滤波器类型都要重新计算。

$$h_d(n) = \frac{1}{\omega_s}\int_{-\omega_s/2}^{\omega_s/2} H(\omega)e^{jn\omega}\mathrm{d}\omega \tag{7-17}$$

$$h(n) = h_d(n)\omega(n) \tag{7-18}$$

设计完成后对已设计的滤波器的频率响应要进行校核。要得到幅频相频响应特性，运算量也是很大的。平时所要设计的数字滤波器，阶数和类型并不一定是完全给定的，很多时候要根据设计要求和滤波效果不断地调整，以达到设计的最优化。在这种情况下，滤波器设计就要进行大量复杂的运算，单纯的靠公式计算和编制简单的程序很难在短时间内完成。利用 MATLAB 强大的计算功能进行计算机辅助设计，可以快速有效地

设计数字滤波器，大大地简化计算量。

2. 数字滤波器的 MATLAB——FDATOOL 界面设计

（1）FDATOOL 的介绍

FDATOOL（Filter Design & Analysis Tool）是 MATLAB 信号处理工具箱里专用的滤波器设计分析工具，MATLAB6.0 以上的版本还专门增加了滤波器设计工具箱（Filter Design Toolbox）。FDATOOL 可以设计几乎所有的常规滤波器，包括 FIR 和 IIR 的各种设计方法。它操作简单，方便灵活。

FDATOOL 界面总共分两大部分，一部分是 Design Filter，在界面的下半部，用来设置滤波器的设计参数；另一部分则是特性区，在界面的上半部分，用来显示滤波器的各种特性。Design Filter 部分主要分为：

①Filter Type（滤波器类型）选项，包括 Lowpass（低通）、Highpass（高通）、Bandpass（带通）、Bandstop（带阻）和特殊的 FIR 滤波器。

②Design Method（设计方法）选项，包括 IIR 滤波器的 Butterworth（巴特沃斯）法、Chebyshev TypeI（切比雪夫 I 型）法、Chebyshev TypeII（切比雪夫 II 型）法、Elliptic（椭圆滤波器）法和 FIR 滤波器的 Equiripple 法、Least - Squares（最小乘方）法、Window（窗函数）法。

③Filter Order（滤波器阶数）选项，定义滤波器的阶数，包括 Specify Order（指定阶数）和 Minimum Order（最小阶数）。在 Specify Order 中填入所要设计的滤波器的阶数（N 阶滤波器，Specify Order $= N-1$），如果选择 Minimum Order 则 MATLAB 根据所选择的滤波器类型自动使用最小阶数。

④Frenquency Specifications 选项，可以详细定义频带的各参数，包括采样频率 f_s 和频带的截止频率。它的具体选项由 Filter Type 选项和 Design Method 选项决定，例如 Bandpass（带通）滤波器需要定义 Fstop1（下阻带截止频率）、Fpass1（通带下限截止频率）、Fpass2（通带上限截止频率）、Fstop2（上阻带截止频率），而 Lowpass（低通）滤波器只需要定义 Fstop1、Fpass1。采用窗函数设计滤波器时，由于过渡带是由窗函数的类型和阶数所决定的，所以只需要定义通带截止频率，而不必定义阻带参数。

⑤Magnitude Specification 选项，可以定义幅值衰减的情况。例如设计带通滤波器时，可以定义 Wstop1（频率 Fstop1 处的幅值衰减）、Wpass（通带范围内的幅值衰减）、Wstop2（频率 Fstop2 处的幅值衰减）。当采用窗函数设计时，通带截止频率处的幅值衰减固定为 6db，所以不必定义。

⑥Window Specification 选项，当选取采用窗函数设计时，该选项可定义，它包含了各种窗函数。

（2）带通滤波器设计实例

以一个 FIR 滤波器的设计为例说明如何使用 MATLAB 设计数字滤波器。在小电流接地系统中注入 83.3Hz 的正弦信号，对其进行跟踪分析，要求设计一带通数字滤波器，滤除工频及整次谐波，以便在非常复杂的信号中分离出该注入信号。参数要求：96 阶 FIR 数字滤波器，采样频率 1000Hz，采用 Hamming 窗函数设计。

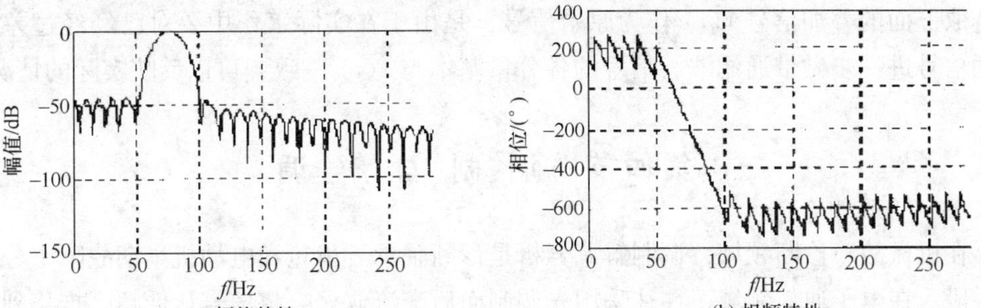

(a) 幅值特性　　(b) 相频特性

图 7 - 16　滤波器幅频和相频响应

本例中，首先在 FilterType 中选择 Bandpass（带通滤波器）；在 Design Method 选项中选择 FIRWindow（FIR 滤波器窗函数法），接着在 Window Specifications 选项中选取 Hamming；指定 FilterOrder 项中的 Specify Order = 95；由于采用窗函数法设计，只要给出通带下限截止频率 f_{c1} 和通带上限截止频率 f_{c2}，选取 $f_{c1}=70\text{Hz}$，$f_{c2}=84\text{Hz}$。设置完以后点击 Design Filter 即可得到所设计的 FIR 滤波器。通过菜单选 Analysis 可以在特性区看到所设计滤波器的幅频响应、相频响应、零极点配置和滤波器系数等各种特性如图 7 - 16所示。设计完成后将结果保存为 1. fda 文件。

在设计过程中，可以对比滤波器幅频相频特性和设计要求，随时调整参数和滤波器类型，以便得到最佳效果。其他类型的 FIR 滤波器和 IIR 滤波器也都可以使用 FDATOOL 来设计。

3. Simulink 仿真

通过调用 Simulink 中的功能模块构成数字滤波器的仿真框图，在仿真过程中，可以双击各功能模块，随时改变参数，获得不同状态下的仿真结果。例如构造以基波为主的原始信号 $x(t)=5\sin(100\pi t)+2\sin(200\omega t)+\sin(2\times 83.3\pi t)$，通过 Simulink 环境下的 Digital Filter Design（数字滤波器设计）模块导入 FDATOOL 所设计的滤波器文件 1. fda。仿真图和滤波效果图如图 7 - 17 所示。

可以看到经过离散采样、数字滤波后分离出了 83.3Hz 的频率分量（scope1）。之所

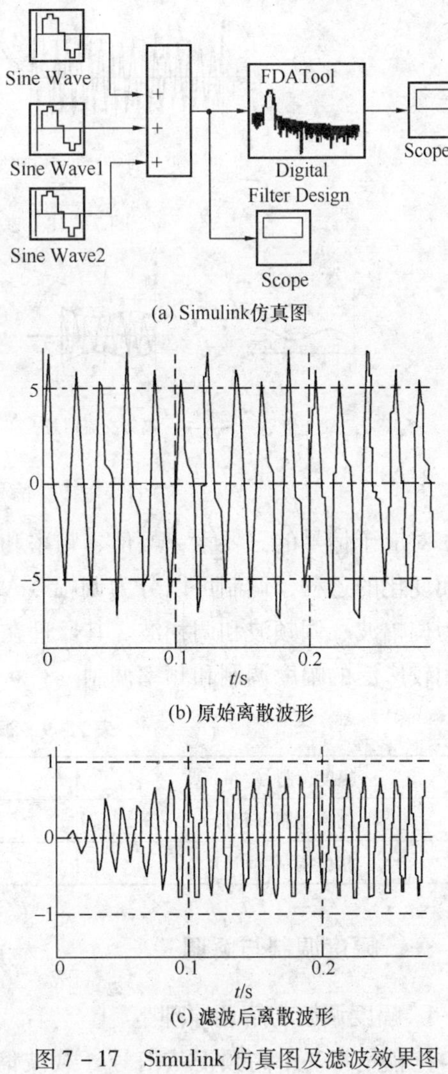

(a) Simulink仿真图

(b) 原始离散波形

(c) 滤波后离散波形

图 7 - 17　Simulink 仿真图及滤波效果图

以选取上面的叠加信号 $x(t)$ 作为原始信号，是由于在实际工作中要对已经经过差分滤波的信号进一步做带通滤波，信号的各分量基本与 $x(t)$ 一致，可以反映实际的情况。

第四节　调 制 与 解 调

在机械故障诊断领域，调制解调分析是诊断轴承、齿轮和电动机早期故障十分有效的手段。在电子通信领域，往往采用先调制而后交流放大，将信号从低频区推移到高频区，也可以提高电路的抗干扰能力和信号的信噪比。因此，调制就是使一个信号的某些参数在另一个信号的控制下而发生变化的过程。前一信号称为载波［图 7－18（a)]，后一信号（控制信号）称为调制信号［图 7－18（b)]。最后的输出是已调制波，一般都便于放大和传输。最终从已调制波中恢复出调制信号的过程，称为解调。实际上，许多传感器的输出就是一种已调制信号，因此调制与解调技术在测试领域中极为常用。信号调制与解调的原理如图 7－19 所示。

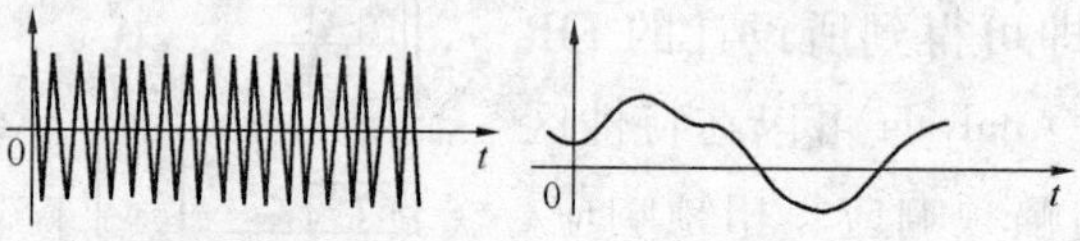

(a)载波信号 $z(t)=A\cos(2\pi ft+\phi)$　　(b)调制信号 $x(t)$

图 7－18　载波信号与调制信号

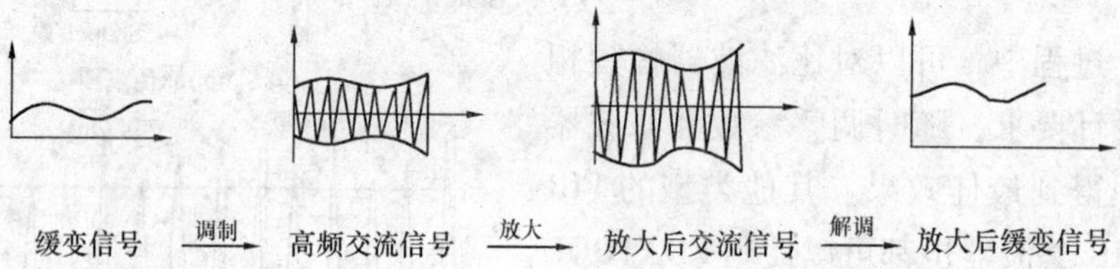

图 7－19　信号调制与解调的原理

对应于信号的三要素：幅值、频率和相位，根据载波的幅值、频率和相位随调制信号而变化的过程，调制可以分为调幅（AM)、调频（FM）和调相（PM)。其波形分别称为调幅波、调频波和调相波。其原理在表 7－9 中可以分别体现出来，本节主要介绍应用较广泛的幅度调制和频率调制。

表 7－9　调制与解调的种类

幅度调制（AM)	$y(t) = [A * x(t)]\cos(2\pi ft + \phi)$
频率调制（FM)	$y(t) = A\cos[2\pi(f_0 + x(t)) * t + \phi]$
相位调制（PM)	$y(t) = A\cos[2\pi ft + (\phi_0 + x(t))]$

一、幅度调制与解调

1. 幅度调制与解调原理

调幅是将一个高频正弦信号（载波信号）与测试信号（调制信号）相乘，使载波信号幅值随测试信号的变化而变化。现以频率为 f_z 的余弦信号 $z(t)$ 作为载波进行讨论。

由傅里叶变换的性质知，在时域中两个信号相乘，则对应在频域中这两个信号进行卷积，即

$$x(t)\cdot z(t) \rightleftharpoons X(f) * Z(f) \tag{7-19}$$

余弦函数的频域图形是一对脉冲谱线，即

$$z(t) = \cos(2\pi f_z t) \Leftrightarrow \frac{1}{2}\delta(f-f_z) + \frac{1}{2}\delta(f+f_z) \tag{7-20}$$

一个函数与单位脉冲函数卷积的结果，就是将其图形由坐标原点平移至该脉冲函数处。所以，若以高频余弦信号作载波，把信号 $x(t)$ 和载波信号 $z(t)$ 相乘，其结果就相当于把原信号频谱图形由原点平移至载波频率 f_z 处，其幅值减半，如图 7－20 所示，即

$$\begin{aligned} x_m(t) &= x(t)\cdot\cos(2\pi f_z t) \\ &\rightleftharpoons \frac{1}{2}X(f) * \delta(f+f_z) + \frac{1}{2}X(f) * \delta(f-f_z) \end{aligned} \tag{7-21}$$

这一过程就是调幅，所以调幅过程就相当于频率"搬移"过程。

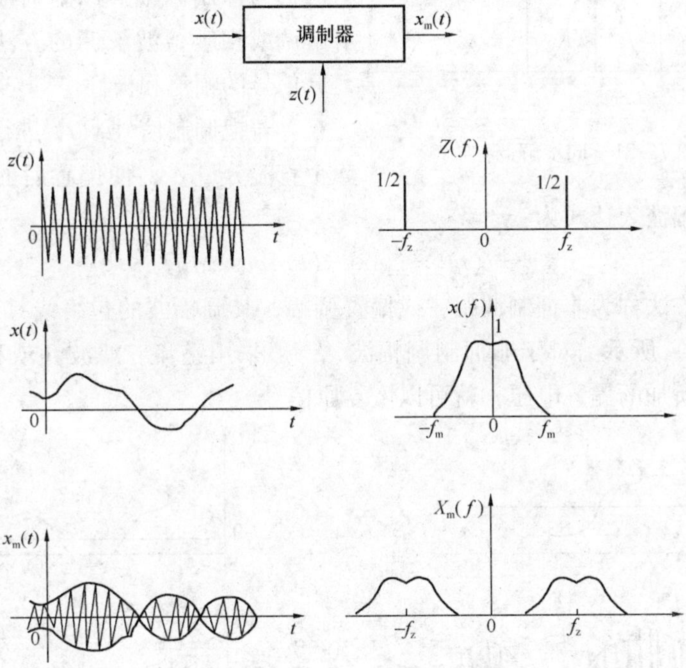

图 7－20 调幅过程

若把调幅波 $x_m(t)$ 再次与载波 $z(t)$ 信号相乘，则频域图形将再一次进行"搬移"，即 $x_m(t)$ 与 $z(t)$ 相乘积的傅里叶变换为：

$$\begin{aligned} F[x_m(t)z(t)] &= F[x(t)z^2(t)] = F[x(t)\cos^2(2\pi f_z t)] \\ &\rightleftharpoons \frac{1}{2}X(f) + \frac{1}{4}X(f) * \delta(f+2f_z) + \frac{1}{4}X(f) * \delta(f-2f_z) \\ &= \frac{1}{2}X(f) + \frac{1}{4}X(f+2f_z) + \frac{1}{4}X(f-2f_z) \end{aligned} \tag{7-22}$$

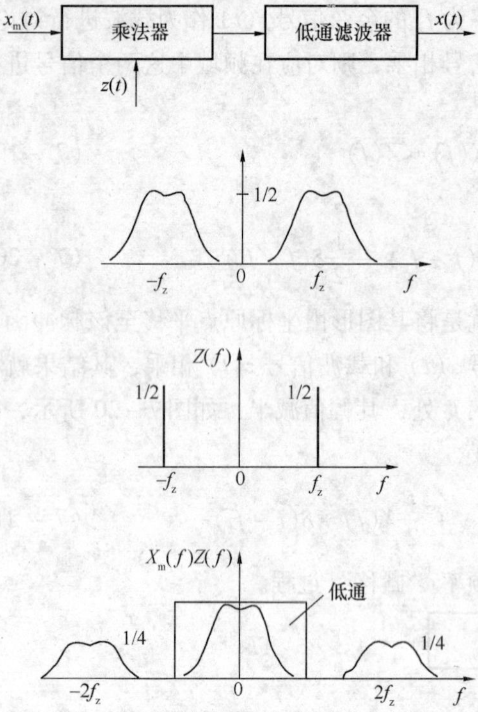

图 7－21　同步解调

这一结果如图 7－21 所示。若用一个低通滤波器滤除中心频率为 $2f_z$ 的高频成分，那么将可以复现原信号的频谱（只是其幅值减少了一半，这可用放大处理来补偿），这一过程称为同步解调。“同步”指解调时所乘的信号与调制时的载波信号具有相同的频率和相位。

上述的调制方法，是将调制信号 $x(t)$ 直接与载波信号 $z(t)$ 相乘。这种调幅波具有极性变化，即在信号过零线时，其幅值发生由正到负（或由负到正）的突然变化，此时调幅波的相位（相对于载波）也相应地发生 180°的相位变化。此种调制方法称为抑制调幅。抑制调幅波须采用同步解调或相敏检波解调的方法，方能反映出原信号的幅值和极性。

若把调制信号 $x(t)$ 进行偏置，叠加一个直流分量 A，使偏置后的信号都具有正电压，此时调幅波表达式为：

$$x_m(t) = [A + x(t)]\cos 2\pi f_z t \tag{7-23}$$

这种调制方法称为非抑制调幅，或偏置调幅，其调幅波的包络线具有原信号形状，如图 7－22（a）所示。对于非抑制调幅波，一般采用整流、滤波（或称包络法检波）以后，并减去所加的偏置电压，就可以恢复原信号。

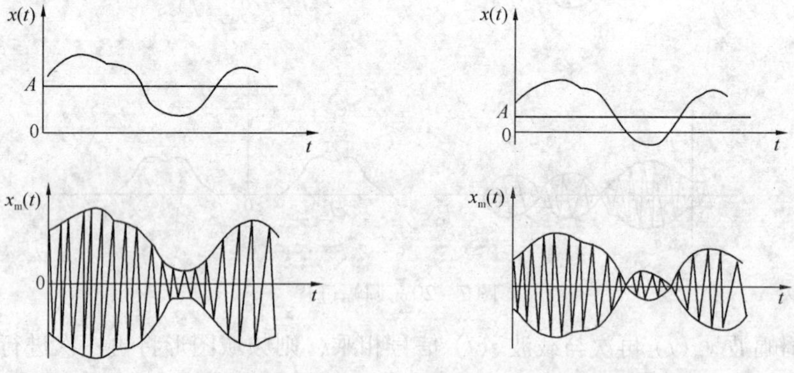

(a) 正常调制　　(b) 过调

图 7－22　非抑制调幅波

2. 调幅波的波形失真

信号经过调制以后，有下列情况可能出现波形失真现象。

(1) 过调失真：对于非抑制调幅，要求其直流偏置必须足够大，否则 $x(t)$ 的相位将发生180°倒相，如图7－22（b）所示，此称为过调。此时，如果采用包络法检波，则检出的信号就会产生失真，而不能恢复出原信号。

（2）重叠失真：调幅波是由一对每边为f_m的双边带信号组成。当载波频率f_z较低时，正频端的下边带将与负频端的下边带相重叠，如图7－23所示。这类似于采样频率较低时所发生的频率混叠效应。因此，要求载波频率f_z必须大于调制信号$x(t)$中的最高频率，即$f_z > f_m$。实际应用中，往往选择载波频率至少数倍甚至数十倍于调制信号中的最高频率。

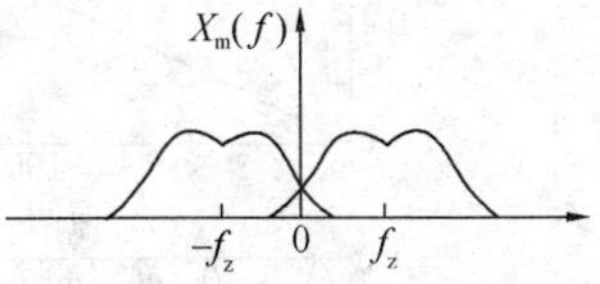

图7－23 调幅波的重叠失真

（3）调幅波通过系统时的失真：调幅波通过系统时，还将受到系统频率特性的影响，图7－24表示了系统的带通特性所引起的调幅波波形变化。图中，（a）为理想情况下，调幅波不变；（b）为边带波被衰减，使调幅波深度变浅；（c）则为边带波被放大，使调幅波深度变深。

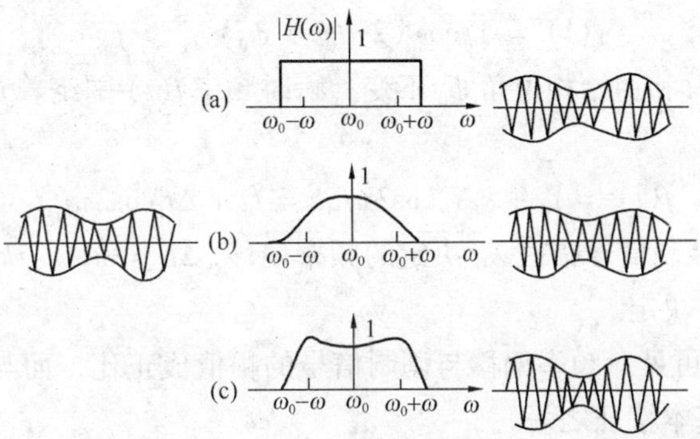

图7－24 调幅波通过系统时的波形变化

二、频率调制与解调

用调制信号去控制载波信号的频率或相位，使其随调制信号的变化而变化，这一过程称为频率调制或相位调制，简称调频或调相。由于调频和调相比较容易数字化，特别是调频信号在传输过程中不易受到干扰，所以在测量、通信和电子技术的许多领域中得到了越来越广泛的应用。

调频是利用信号电压的幅值控制一个振荡器，振荡器输出的是等幅波，但其振荡频率偏移量和信号电压成正比。信号电压为正值时调频波的频率升高，负值时则降低；信号电压为零时，调频波的频率就等于中心频率，如图7－25所示。

调频波的瞬时频率为

$$f = f_0 \pm \Delta f \tag{7-24}$$

式中 f_0为载波频率；Δf为频率偏移，与调制信号的幅值成正比。

设调制信号$x(t)$是幅值为X_0、频率为f_m的余弦波，其初始相位为零，则有

$$x(t) = X_0\cos 2\pi f_m t \tag{7-25}$$

载波信号为

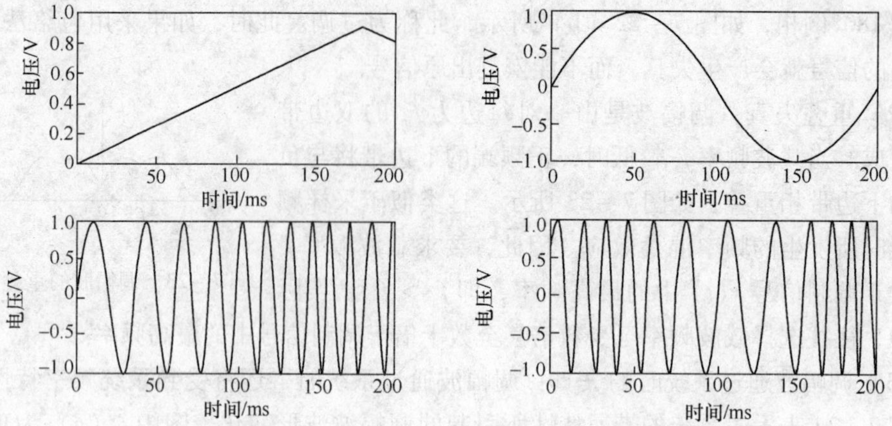

(b) 锯齿波　　(b) 正弦波

图 7－25　调制波与调制信号幅值的关系

$$y(t) = Y_0\cos(2\pi f_0 t + \phi_0), f_0 \gg f_m \tag{7-26}$$

调频时载波的幅度 Y_0 和初始相位角 ϕ_0 不变，瞬时频率 $f(t)$ 围绕着 f_0 随调制信号电压作线性的变化，因此，

$$f(t) = f_0 + k_f X_0 \cos 2\pi f_m t = f_0 + \Delta f_f \cos 2\pi f_m t \tag{7-27}$$

式中，Δf_f 是由调制信号幅值 X_0 决定的频率偏移，$\Delta f_f = k_f X_0$ 。k_f 为比例常数，其大小由具体的调频电路决定。

由式（7－27）可见，频率偏移与调制信号的幅值成正比，而与调制信号的频率无关，这是调频波的基本特征之一。

实现信号的调频和解调的方法甚多，在故障诊断仪器中已嵌入相关的算法，其具体实现过程请参看相关书籍。

第八章　模拟信号的数字化处理

当计算机用于数据采集和过程控制的时候，采集对象往往是连续变化的物理量（如温度、压力、速度、加速度等），但计算机处理的是离散的数字量，因此需要对连续变化的物理量（模拟量）进行采样，再把模拟量转换为数字量交给计算机处理、保存等。计算机输出的数字量有时需要转换为模拟量去控制某些执行元件（如声卡播放音乐等）。A/D 转换器完成模拟量→数字量的转换，D/A 转换器完成数字量→模拟量的转换。

第一节　概　　述

一、数字信号处理的主要研究内容

数字信号处理主要研究用数字序列表示的信号，并用数字计算方法对这些序列进行处理，以便把信号变换成符合某种需要的形式。

数字信号处理中常用的运算有：差分方程计算、相关系数计算、离散傅里叶变换计算、功率谱密度计算、矩阵运算、对数和指数运算、复频率变换及模数和数值转换等。很多数字信号处理问题，都可以用这些或加上其他的基本运算，经过适当的组合来实现。

二、信号数字化处理的基本步骤

信号数字化处理的基本步骤如图 8 - 1 所示。数字式传感器可直接通过接口与计算机连接，将数字信号送给计算机（或数字信号处理器）进行处理。从普通传感器获取的测试信号中大多数为模拟信号，进行数字信号处理之前，一般先要对信号作预处理和数字化处理。

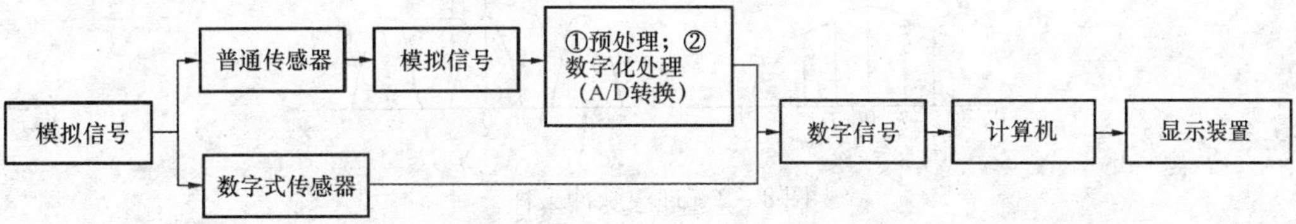

图 8 - 1　信号数字化处理的基本步骤

（1）预处理是指在数字处理之前，对信号用模拟方法进行的处理。把信号变成适于数字处理的形式，以减小数字处理的困难。该步主要完成的操作如下：

①对输入信号的幅值进行处理，使信号幅值与 A/D 转换器的动态范围相适应；

②衰减信号中不感兴趣的高频成分，减小频混的影响；

③隔离被分析信号中的直流分量，消除趋势项及直流分量的干扰；

④如果信号是调制信号则需进行解调处理。

（2）A/D 转换是将预处理以后的模拟信号变为数字信号，存入到指定的地方。其核心是 A/D 转换器。信号处理系统的性能指标与其有密切关系。

（3）分析计算是计算机对采集到的数字信号进行分析和计算，可用数字运算器件组成信号处理器完成，也可用通用计算机。目前分析计算速度很快，已近乎达到“实时”。

（4）一般采用数据和图形显示结果。和模拟信号处理技术相比，数字信号处理可以用数学计算和计算机显示代替复杂的电路和机械结构；借助计算机软硬件技术发展的有力推动，使其更加灵活方便。

第二节　时域采样、混频和采样定理

一、时域采样

时域采样过程是通过采样脉冲序列 $p(t)$ 与连续时间信号 $x(t)$ 相乘来完成的。根据采样脉冲序列的形状，可分为理想脉冲采样与矩形脉冲采样。

理想脉冲采样过程如图 8－2 所示。

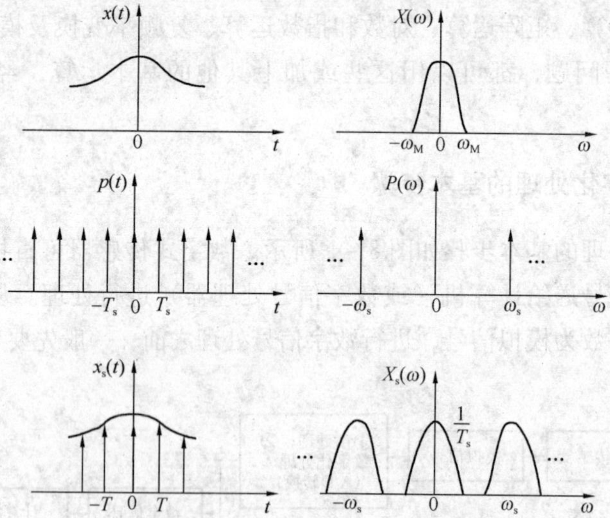

图 8－2　理想脉冲采样

其采样脉冲序列：

$$p(t)=\sum_{n=-\infty}^{\infty}\delta(t-nT_s) \tag{8-1}$$

采样信号：

$$x_s(t)=x(t)p(t) \tag{8-2}$$

如果

$$F[x(t)] = X(\omega)\ ,F[p(t)] = P(\omega)$$

那么，根据频域卷积定理（两时间函数的频谱的卷积等效于时域中两时间函数的乘积），有：

$$X_s(\omega) = X(\omega) * P(\omega)/2\pi \tag{8-3}$$

另外，采样脉冲序列是一个周期函数，所以序列 $p(t)$ 的傅里叶变换为

$$P(\omega) = 2\pi\sum_{n=-\infty}^{\infty} C_n\delta(\omega - n\omega_s) \tag{8-4}$$

式中，C_n 为的 $p(t)$ 傅里叶系数，即

$$C_n = \frac{1}{T_s}\int_{-\frac{T_s}{2}}^{\frac{T_s}{2}} p(t)e^{-jn\omega_s t}dt \tag{8-5}$$

当 $p(t)$ 为脉冲序列时，$C_n = 1/T_s$，所以，可以进一步证明：

$$X_s(\omega) = \sum_{n=-\infty}^{\infty} C_n X(\omega - n\omega_s) = \frac{1}{T_s}\sum_{n=-\infty}^{\infty} X(\omega - n\omega_s) \tag{8-6}$$

此式表明，一个连续信号经过理想采样以后，它的频谱将沿着频率轴每隔一个采样频率 ω_s 重复出现一次，即其频谱产生了周期延拓，其幅值被采样脉冲序列的傅里叶系数（$C_n = 1/T_s$）所加权，其频谱形状不变。

当采样脉冲为矩形脉冲序列时，此时傅里叶系数

$$C_n = \frac{E\tau}{T_s}\text{sinc}\left(\frac{n\omega_s\tau}{2}\right)$$

所以，采样信号的傅里叶变换

$$X_s(\omega) = \frac{E\tau}{T_s}\sum_{n=-\infty}^{\infty}\text{sinc}\left(\frac{n\omega_s\tau}{2}\right)X(\omega - n\omega_s) \tag{8-7}$$

显然，$X_s(\omega)$ 是 $X(\omega)$ 在以 ω_s 为周期的重复过程中，其幅值按 $\text{sinc}(n\omega_s\tau/2)$ 规律变化的函数，如图 8－3 所示。

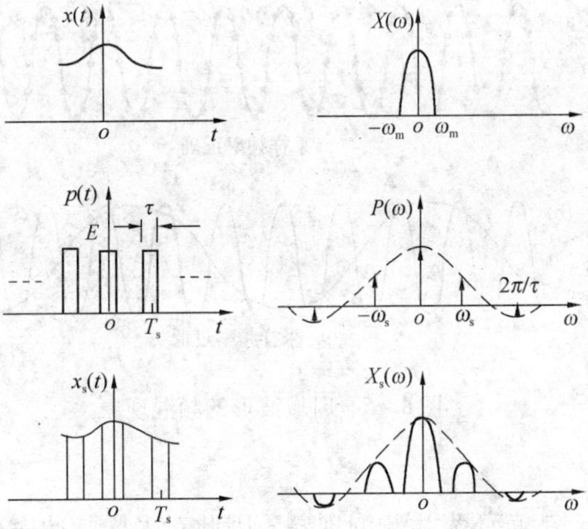

图 8－3　矩形脉冲采样

二、频混现象

频混现象又称频谱混叠效应，它是由于采样信号频谱发生变化，而出现高、低频成分发生混淆的一种现象，如图 8－4 所示。信号 $x(t)$ 的傅里叶变换为 $X(\omega)$，其频带范围为 $-\omega_m \sim \omega_m$；采样信号 $x_s(t)$ 的傅里叶变换是一个周期谱图，其周期为 ω_s，并且 $\omega_s = 2\pi/T_s$，T_s 为时域采样周期。当采样周期 T_s 较小时，$\omega_s > 2\omega_m$，周期谱图相互分离如图 8－4（b）所示；当 T_s 较大时，$\omega_s < 2\omega_m$，周期谱图相互重叠，即谱图之间高频与低频部分发生重叠，如图 8－4（c）所示，此即频混现象，这将使信号复原时丢失原始信号中的高频信息。

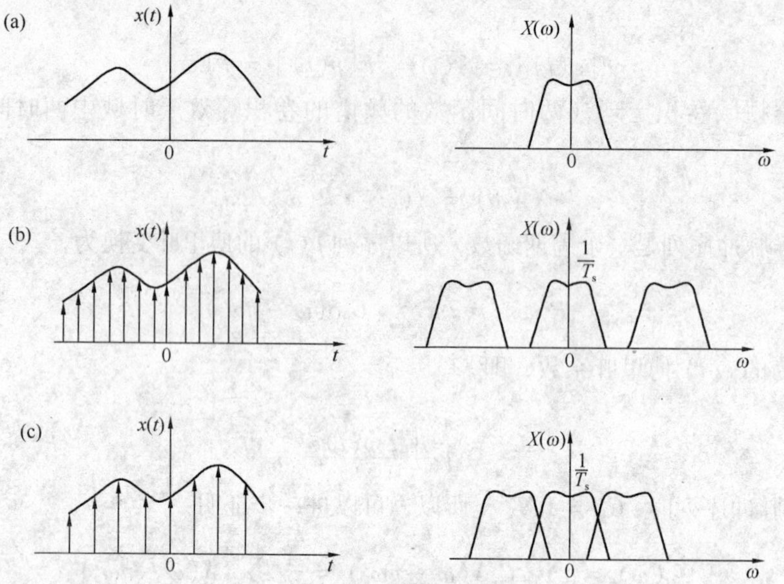

图 8－4　采样信号的频混现象

下面从时域信号波形来看这种情况。图 8－5（a）是频率正确的情况，以及其复原信号；图 8－5（b）是采样频率过低的情况，复原的是一个虚假的低频信号。

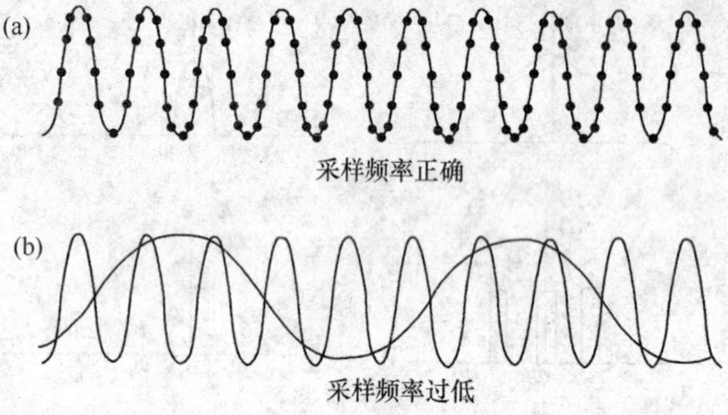

图 8－5　时域波形的频混现象

当采样信号的频率低于被采样信号的最高频率时，采样所得的信号中混入了虚假的低频分量，这种现象叫做频率混叠。

频混现象会导致原信号失真无法还原，所以在测试过程中应避免。

三、采样定理

上述情况表明，如果 $\omega_s \geqslant 2\omega_m$，就不发生频混现象，因此对采样脉冲序列的间隔 T_s 须加以限制，即采样频率 ω_s（$2\pi/T_s$）或 $f_s(1/T_s)$ 必须大于或等于信号 $x(t)$ 中的最高频率 ω_m 的两倍，即 $\omega_s \geqslant 2\omega_m$，或 $f_s \geqslant 2f_m$。

为了保证采样后的信号能真实地保留原始模拟信号的信息，采样信号的频率必须至少为原信号中最高频率成分的 2 倍，这是采样的基本法则，称为采样定理。

需要注意的是，在对信号进行采样时，满足了采样定理，只能保证不发生频率混叠，即对信号的频谱作逆傅里叶变换时，可以完全变换原时域采样信号 $x_s(t)$，而不能保证此时的采样信号能真实地反映原信号 $x(t)$。工程实际中采样频率通常大于信号中最高频率成分的 3～5 倍。

但是，在实际检测中，采样之前信号的最高频率通常是未知的，这就导致无法确定采样频率。工程中常用到以下两种方法：①根据经验，把之前设备出现的最大转频的某个倍数定为信号的最高频率；②在动态信号的数据采集过程中，为了防止高于采样频率一半的信号产生混叠而造成的误差，抗混叠滤波器是不可少的。一般情况下，抗混叠滤波器是低通滤波器，截止频率所对应的幅值定到 $A_0/\sqrt{2}$（其中 A_0 为滤波器能通过的有效值），大于这一频率的成分将被除去，剩下的部分不会造成混叠。抗混叠滤波器所加的位置如图 8－6 所示，放在 A/D 采样前。

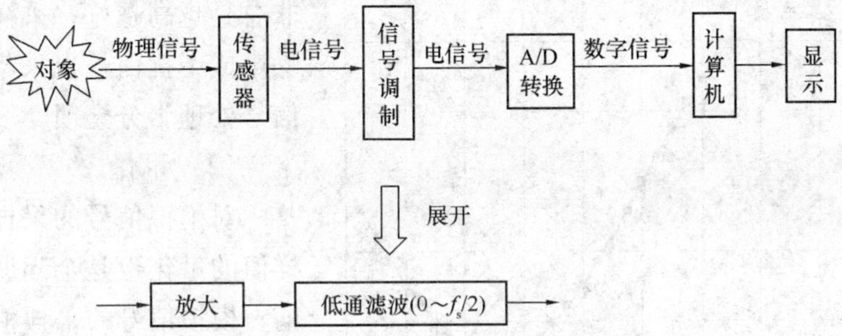

图 8－6　抗混叠滤波器的位置（其中 f_s 是信号的采样频率）

第三节　A/D 转换和 D/A 转换

一、A/D 转换

1. A/D 转换过程

把连续时间信号转换为与其相对应的数字信号的过程称之为模/数（A/D）转换过程，反之则称为数/模（D/A）转换过程，它们是数字信号处理的必要程序。一般在进行 A/D 转换之前，需要将模拟信号经抗频混滤波器预处理，变成带限信号，再经 A/D 转换成为数字信号，最后送入数字信号分析仪或数字计算机完成信号处理。如果需要，再由 D/A 转换器将数字信号转换成模拟信号，去驱动计算机外围执行元件或模拟式显示、记录仪等。

A/D 转换包括了采样、量化、编码等过程，其工作原理如图 8－7 所示。

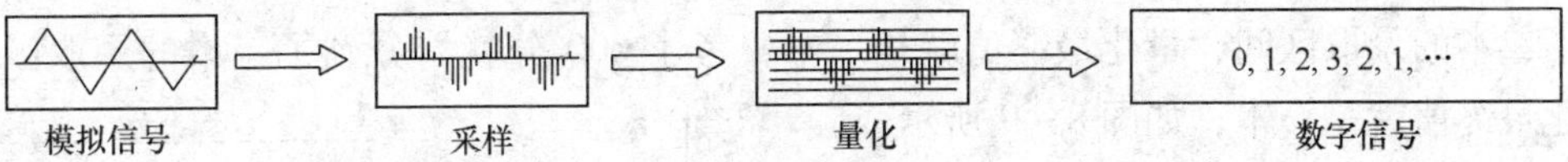

图 8－7　A/D 转换的工作原理

（1）采样

采样（或称为抽样），是利用采样脉冲序列，从连续时间信号 $x(t)$ 中抽取一系列离散样值，使之成为采样信号 $x(nT_s)$ 的过程。其中，$n=0$，1…；T_s 称为采样间隔或采样周期；$f_s=1/T_s$ 称为采样频率。

此处需要注意的是，采样信号的频率 f_s 和输入模拟信号的最高频率 f_{imax} 之间必须满足下述条件：

$$f_s \geq 2f_{imax}$$

使用采集卡进行采样，是将连续的信号按照一定的时间间隔离散地采集，理论上讲自然是采样率越高越好，但是如果遇到如图 8－8 所示的信号，采样率过高，反而不好。

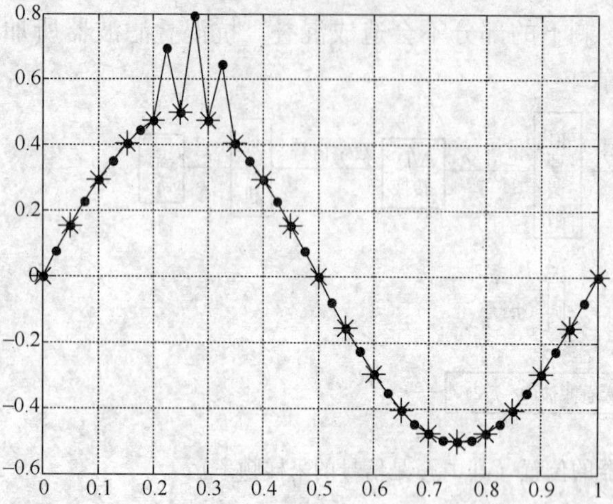

图 8－8　高、低频采样率影响示意图

图 8－8 中"＊"表示低采样率，"."表示高采样率，采样率并非总是越高越好，采样率过高会将噪声或干扰信号也采集进来，导致信号处理十分繁琐。

（2）量化

对模拟信号的采样完成后，采样值的量化也是个问题，没量化之前，模拟信号的采样值在时间轴上是离散的，但是信号的幅值仍然是连续的。

量化就是采样信号的幅值与某个最小数量单位的一系列倍数比较，用最接近采样信号幅值的最小数量单位倍数来代替该幅值，又称幅值量化，即把采样信号用经过舍入或截尾的方法变为只有有限个有效数字的数，这一过程称为量化。

通俗地说，量化就是把模拟信号的取样值近似地取成和它临近的某个数字离散电平值，根据量化过程中模拟信号的采样值和量化后的离散电平值的对应规则，量化可以分为均匀量化和非均匀量化两种。

①均匀量化

均匀量化的过程相对简单，就是将模拟信号的取值均匀分段，然后取每段的中间值为量化的最终值。

均匀量化的过程和高考按分调档报志愿的过程很类似，比如某省某年高考分数线划定，530 分以上可以报考第一批录取的本科（简称一本），480～530 分可以报考二本，420～480 分可以报考三本，420 分以下可以报考专科院校。考了 500 分，那么就被划分到了二本的录取区间，量化最终值就是二本，考了 600 分就划分到了一本的录取区间，量化最终值就是一本，如图 8－9 所示。

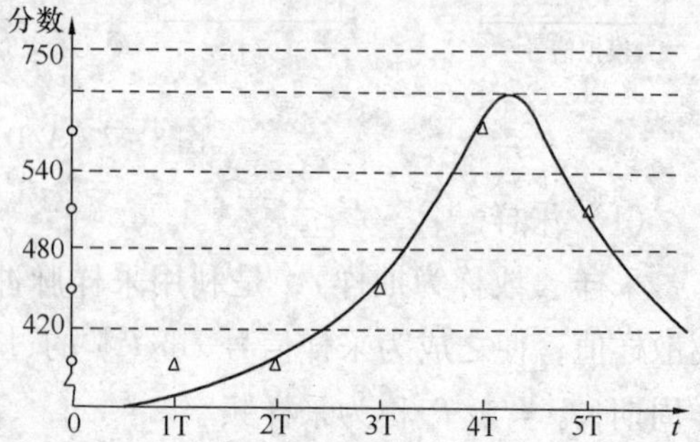

图 8－9　均匀量化

②非均匀量化

由于均匀量化的量化间隔是常数，在均匀量化的过程中，量化的噪声对信号的影响程度是不同的。对于较大的信号值而言，量化噪声对它们的影响不是很大，但是对于小信号来说，均匀量化造成小信号的信噪比会很低，而通信系统中常遇到的语音信号多是小信号。为了避免这种情况的出现，非均匀量化出现了。

既然均匀量化对小信号的影响比较大，基于一种很朴素的思想，可不可以找到一种非均匀量化的方法使得大信号的值变小一些，而将小信号变大一些呢?

能实现这种非均匀量化的变换有很多种，这里介绍最简单的一种，在高中数学中学过的函数中，有一种对小的数值有扩大功能，对大信号有压缩功能的函数是 $\ln(x)$，如图 8－10 所示。

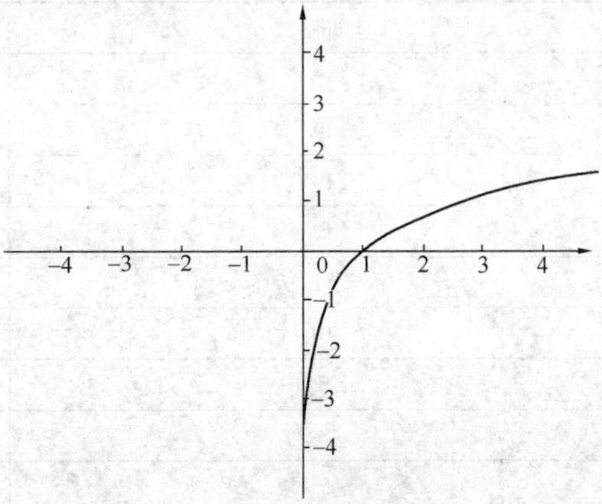

图 8－10　$\ln(x)$ 的函数图像

对 $\ln(x)$ 做适当的移位和变换就可以得到一个国际通用的对数式压缩器。国际通用的非均匀量化标准有两个，一个是美国和日本用的 μ 律对数压缩，另一个是中国和欧洲用的 A 律对数压缩。

μ 律对数压缩：

$$y = \frac{\ln(1+\mu x)}{\ln(1+\mu)}$$

这里的 μ 的取值是 255。

A 律对数压缩为：

$$y = \begin{cases} \dfrac{Ax}{1+\ln A}, 0 \leqslant x \leqslant \dfrac{1}{A} \\ \dfrac{1+Ax}{1+\ln A}, \dfrac{1}{A} \leqslant x \leqslant 1 \end{cases}$$

在中国一般 A 取值是 87.6。

在上述文字的描述过程中可以看到，既然量化是模拟信号到数字信号的一个近似过程，那么量化后的信号与没量化前的信号比肯定存在着误差，当然，希望这个量化误差越小越好。这个量化误差也叫量化噪声。量化噪声一般可以用量化噪声功率来表示其大小，量化噪声功率的大小一般用量化噪声的均方值表示。

一般又把量化误差看成是模拟信号作数字处理时的可加噪声，故而又称之为舍入噪声或截尾噪声。量化增量 D 愈大，则量化误差愈大，量化增量大小，一般取决于计算机 A/D 卡的位数。例如，8 位二进制为 $2^8=256$，即量化电平 R 为所测信号最大电压幅值的 1/256。

综上，采样是变量（时间）从连续转换到离散的过程；量化是因变量（一般指电压）从连续转换到离散的过程。

（3）编码

将量化信号的电平用数字代码来表示变为二进制数字的过程。一般用一组 4 位二进制码来表示一位 0～9 的十进制数字。表 8－1 为十进制与二进制码的对应表。

表 8-1　十进制与二进制码的对应表

十进制数	二进制码
15	1111
14	1110
13	1101
12	1100
11	1011
10	1010
9	1001
8	1000
7	0111
6	0110
5	0101
4	0100
3	0011
2	0010
1	0001
0	0000

综上，模数转换（A/D）是将连续的模拟量（如电压、电流等）通过取样转换成离散的数字量。例如，对将某一特定的电压值（如 5V）转换成用 0，1 表示的数字量（0101）。

信号 $x(t)$ 经过上述变换以后，即变成了时间上离散、幅值上量化的数字信号，可以输入到计算机中使用。

2. A/D 转换器的技术指标

（1）分辨力

A/D 转换器的分辨力用其输出二进制数码的位数来表示。位数越多，则量化增量越小，量化误差越小，分辨力也就越高。常用的有 8 位、10 位、12 位、16 位、24 位、32 位等。

例如，某 A/D 转换器输入模拟电压的变化范围为 -10V ~ +10V，转换器为 8 位，若第一位用来表示正、负符号，其余 7 位表示信号幅值，则最末一位数字可代表 80mV 模拟电压（$10V \times 1/2^7 \approx 80mV$），即转换器可以分辨的最小模拟电压为 80mV。而同样情况用一个 10 位转换器能分辨的最小模拟电压为 20mV（$10V \times 1/2^9 \approx 20mV$）。

（2）转换精度

具有某种分辨力的转换器在量化过程中由于采用了四舍五入的方法，因此最大量化误差应为分辨力数值的一半。如上例 8 位转换器最大量化误差应为 40mV（$80mV \times 0.5 = 40mV$），全量程的相对误差则为 0.4%（$40mV/10V \times 100\%$）。可见，A/D 转换器数字转换的精度由最大量化误差决定。实际上，许多转换器末位数字并不可靠，实际精度还要低一些。

由于含有 A/D 转换器的模数转换模块通常包括有模拟处理和数字转换两部分，因此整个转换器的精度还应考虑模拟处理部分（如积分器、比较器等）的误差。一般转换器的模拟处理误差与数字转换误差应尽量处在同一数量级，总误差则是这些误差的累加和。例如，一个 10 位 A/D 转换器用其中 9 位计数时的最大相对量化误差为 $1/2^9 \times 0.5 \approx 0.1\%$，若模拟部分精度也能达到 0.1%，则转换器总精度可接近 0.2%。

（3）转换速度

转换速度是指完成一次转换所用的时间，即从发出转换控制信号开始，直到输出端得到稳定的数字输出为止所用的时间。转换时间越长，转换速度就越低。转换速度与转换原理有关，如逐位逼近式 A/D 转换器的转换速度要比双积分式 A/D 转换器高许多。除此以外，转换速度还与转换器的位数有关，一般位数少的（转换精度差）转换器转换速度高。目前常用 A/D 转换器转换位数有 12、14、16、24 位，其转换速度依转换原理和转换位数不同，一般在几微秒至几百毫秒之间。

由于转换器必须在采样间隔 T_s 内完成一次转换工作，因此转换器能处理的最高信号频率就受到转换速度的限制。如 50μs 内完成 10 位 A/D 转换的高速转换器，这样，其采样频率可高达 20kHz。

（4）模拟信号的输入范围

如，0 ~ 5V、±5V、0 ~ 10V、±10V 等。

二、D/A 转换

1. D/A 转换过程

D/A 转换器是把数字信号转换为电压或电流信号的装置。其过程如图 8 - 11 所示：

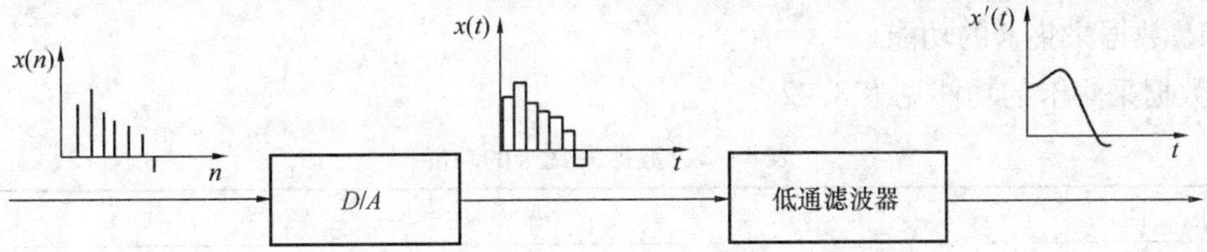

图 8 - 11　D/A 转换器原理

D/A 转换器一般先通过 T 型电阻网络将数字信号转换为模拟电脉冲信号，然后通过零阶保持电路将其转换为阶梯状的连续电信号。只要采样间隔足够密，就可以精确地复现原信号。为减小零阶保持电路带来的电噪声，还可以在其后接一个低通滤波器。D/A 转换与 A/D 转换是一个相反的过程。

2. D/A 转换器的主要技术指标

（1）分辨力

D/A 转换器的分辨力用可用输入的二进制数码的位数来表示。位数越多，则分辨力也就越高。常用的有 8 位、10 位、12 位、16 位、24 位、32 位等。12 位 D/A 转换器的分辨力为 $1/2^{12} = 0.024\%$。

（2）转换精度

转换精度定义为实际输出与期望输出之比，以全程的百分比或最大输出电压的百分比表示。理论上 D/A 转换器的最大误差为最低位的 1/2，10 位 D/A 转换器的分辨力为 1/1024，约为 0.1%，它的精度为 0.05%。如果 10 位 D/A 转换器的满程输出为 10V，则它的最大输出误差为 $10V \times 0.0005 = 5mV$。

（3）转换速度

转换速度是指完成一次 D/A 转换所用的时间。转换时间越长，转换速度就越低。

（4）模拟信号的输出范围

如：0～5V，±5V、0～10V、±10V 等。

三、数据采集卡

数据采集卡具有模拟输入/输出、数字输入/输出和定时/计数等多种功能，如图 8－12，并且带计算机通信接口。通信接口的种类包括 ISA 总线、PCI 总线、CPCI 总线、RS232 串口、打印机并口、USB 总线、GPIB 总线、VXI 总线等。根据是否插入计算机内又分为有外置式和内置式两种。

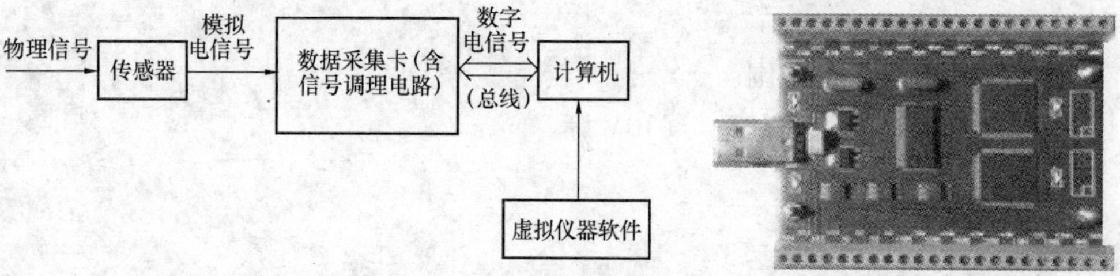

图 8－12　数据采集卡

1. 数据采集卡的功能

数据采集卡的功能见表 8－2。

表 8－2　数据采集卡的功能

功　能	描　述
模拟输入	数据采集卡最基本、最常用的功能，是将模拟电压信号通过 A/D 转换成数字信号，常用于检测温度、压力、流量等传感器的输出电压信号
模拟输出	通过 D/A 转换将自定义的数字信号转化为模拟信号输出，常用作信号发生器为其他系统提供激励
数字 I/O	处理二值信号，多数采用 TTL 电平标准。通常用于获取/设置数据采集系统外围设备的状态，可以利用其余外围设备进行通信，还能驱动步进电机等
计数器	实现定时功能或生成数字脉冲信号以驱动步进电机一类的执行元器件，也能对脉冲信号计数，如测量数字脉冲信号的频率等

2. 数据采集卡基本参数

以某采集卡为例，介绍采集卡的一般参数，见表 8－3。

表 8-3　采集卡的一般参数

模拟输入	64 路单端/32 路双端，输入范围：±10V
分辨率	12 位
采样频率	最高 1.25MS/s
模拟输出	2 路，12 位，1MS/s，输出范围：±10V
数字 I/O	8 路
计数器	2 路，24 位，基准时钟 20MHz 或 100KHz

3. 数据采集卡选择

（1）首先确定测试系统

首先可以确定的是一般数据采集卡公司会为用户提供多种测试方案可供选择，用户必须先确定测试系统架构。对于使用环境恶劣、振动较大、要求触发同步的测试系统，建议使用 PXI 系统。同时还要考虑是否需要实时测量控制的问题。

对于现场测试选择 cDAQ 和 USB 接口的数据采集卡比较好。

（2）确定被测信号的频率范围和所需的准确度要求

应该尽可能的确定项目中被测信号的频率范围和测量准确度需求。因为这两个因素是相互对立影响的，同时对项目所需资金也有一定的影响。然后根据需求选择满足项目要求的数据采集板卡。

对于交流信号测量，还要注意谐波信号带宽的问题。比如，被测信号频率为 1000Hz，同时要求分析 10 次以内的谐波分量，那么数据采集卡的采样速率应大于 20000Hz/s，最好选择不低于 50000Hz/s 的数据采集模块。

关于测量准确度的要求，可以查看数据采集卡的产品说明书。通常数据采集板卡的准确度指标要优于测量需求的 3~10 倍。值得注意的是：尽可能的选择信号的测量范围落在数据采集卡量程的 2/3 处（通常板卡给出的都是峰值）。

还要注意使用的环境温度范围，通常的数据采集卡给出的最好的技术指标是：25℃ ±5℃（校准后）。如果使用环境温度波动较大，要考虑对测量准确度所造成的影响。

（3）确定是单通道测量还是多通道测量

通常见到的产品为 2~4 通道以上，关于测量通道数这一点比较好选择确定。最主要的是确定是否同步测量，这也关系到系统的造价问题。

当对被测信号间的相位关系比较感兴趣时，应该选择具有同步测量能力的板卡。

对于瞬时应变、声音、振动等信号测量基本上都采取同步测量的方案。对于温度测量，由于温度是一个梯度场，变化较慢，通常采用非同步测量的方案。

多通道同步数据采集将直接导致项目的成本增加。

（4）最好事先征求技术支持的意见

在项目较大、较复杂时，最好事先听取技术支持的意见和建议，毕竟他们更专业，更了解产品情况。

第四节　信号的截断、能量泄漏及窗函数

一、信号的截断和能量泄漏

当运用计算机进行测试信号处理时，不可能对无限长的信号进行测量和运算，而是取其有限的时间片段进行分析，这个信号截取过程成为信号的截断。所以在数字信号处理中，采样信号截断是为了方便计算机处理而产生的，由于只取了一段数据，其频谱一定会产生误差。其中，截断信号所用的工具就是窗函数，如图 8－13 中的矩形窗函数 $\omega(t)$ 。

数字信号处理的主要数学工具是傅里叶变换。应注意到，傅里叶变换是研究整个时间域和频率域的关系。所以当运用计算机实现工程测试信号处理时，不可能对无限长的信号进行测量和运算，而是取其有限的时间片段进行分析，体现了信号截断的必要性。

做法是从信号中截取一个时间片段，然后对观察的信号时间片段进行周期延拓处理，得到虚拟的无限长的信号，然后就可以对信号进行傅里叶变换、相关分析等数学处理，如图 8－14 所示。

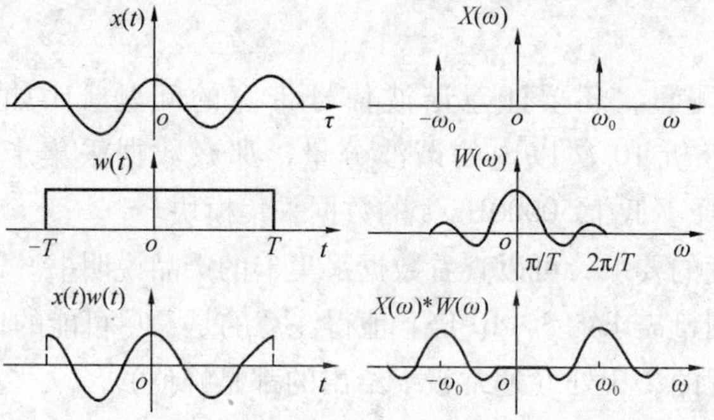

图 8－13　余弦信号的截断及能量泄漏现象

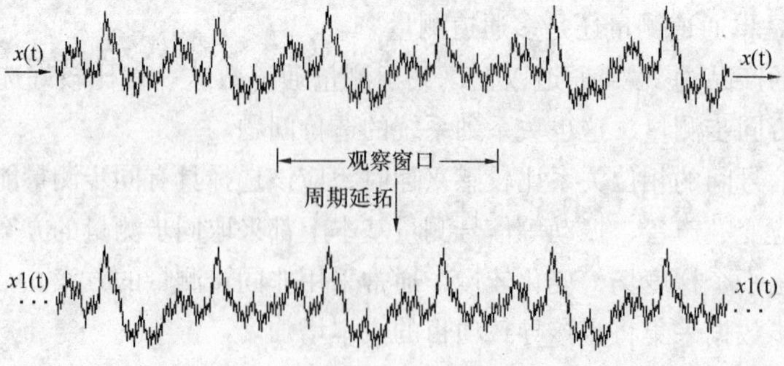

图 8－14　信号的截断和周期延拓

周期延拓后的信号与真实信号是不同的，下面就从数学的角度来看这种处理带来的误差情况。如图 8－13 所示，设有余弦信号 $x(t)$ 在时域分布为无限长（$-\infty$，∞），当用矩形窗函数 $w(t)$ 与其相乘时，得到截断信号 $x_T(t) = x(t)w(t)$ 。根据傅里叶变换关

系，余弦信号的频谱 $X(\omega)$ 是位于 ω_0 处的 δ 函数，而矩形窗函数 $w(t)$ 的频谱为 $\text{sinc}(\omega)$ 函数，按照频域卷积定理，则截断信号 $x_T(t)$ 的谱 $X_T(\omega)$ 应为：

$$X_T(\omega) = \frac{1}{2\pi}X(\omega) * W(\omega) \tag{8-8}$$

将截断信号谱 $X_T(\omega)$ 与原始信号谱 $X(\omega)$ 相比较可知，它已不是原来的两条谱线，而是两段振荡的连续谱。这表明原来的信号被截断以后，其频谱发生了畸变，原来集中在 ω_0 处的能量被分散到两个较宽的频带中去了，这种现象称之为频谱能量泄漏（Leakage）。

信号截断以后产生的能量泄漏现象是必然的，因为窗函数 $w(t)$ 是一个频带无限的函数，所以即使原信号 $x(t)$ 是限带信号，而在截断以后也必然成为无限带宽的函数，即信号在频域的能量与分布被扩展了。又从采样定理可知，无论采样频率多高，只要信号一经截断，就不可避免地引起混叠，因此信号截断必然导致一些误差，这是信号分析中不容忽视的问题。

如果增大截断长度 T，即矩形窗口加宽，则窗谱 $W(\omega)$ 将被压缩变窄（π/T 减小）。虽然理论上讲，其频谱范围仍为无限宽，但实际上中心频率以外的频率分量衰减较快，因而泄漏误差将减小。当窗口宽度 T 趋于无穷大时，则谱窗 $W(\omega)$ 将变为 $\delta(\omega)$ 函数，而 $\delta(\omega)$ 与 $X(\omega)$ 的卷积仍为 $X(\omega)$，这说明，如果窗口无限宽，即不截断，就不存在泄漏误差。

为了减少频谱能量泄漏，可采用不同的截取函数对信号进行截断，截断函数称为窗函数，简称为窗。泄漏与窗函数频谱的两侧旁瓣有关，如果两侧旁瓣的高度趋于零，而使能量相对集中在主瓣，就可以较为接近于真实的频谱。为此，在时间域中可采用不同的窗函数来截断信号。

二、常用窗函数

实际应用的窗函数，可分为以下主要类型：

（1）幂窗——采用时间变量某种幂次的函数，如矩形、三角形、梯形或其他时间 t 的高次幂；

（2）三角函数窗——应用三角函数，即正弦或余弦函数等组合成复合函数，例如汉宁窗、海明窗等；

（3）指数窗——采用指数时间函数，如 e^{-st} 形式，例如高斯窗等。

下面介绍几种常用窗函数的性质和特点。

1. 矩形窗

矩形窗属于时间变量的零次幂窗，函数形式为

$$w(t) = \begin{cases} \frac{1}{T} & |t| \leqslant T \\ 0 & |t| > T \end{cases} \tag{8-9}$$

相应的窗谱为：

$$W(\omega)=\frac{2\sin\omega T}{\omega T} \tag{8-10}$$

矩形窗最直观，习惯上不加窗就是使信号通过了矩形窗。这种窗的优点是主瓣比较集中，缺点是旁瓣较高，并有负旁瓣（图 8 – 15），导致变换中带进了高频干扰和泄漏，甚至出现负谱现象。

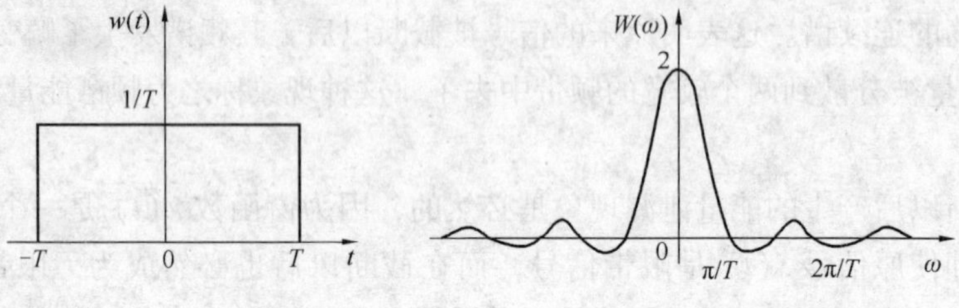

图 8 – 15　矩形窗

2. 三角窗

三角窗亦称费杰（Fejer）窗，是幂窗的一次方形式，其定义为：

$$w(t)=\begin{cases}\frac{1}{T}\left(1-\frac{|t|}{T}\right) & |t|\leqslant T\\ 0 & |t|>T\end{cases} \tag{8-11}$$

相应的窗谱为：

$$W(\omega)=\left(\frac{\sin\omega T/2}{\omega T/2}\right)^2 \tag{8-12}$$

三角窗与矩形窗比较，主瓣宽约等于矩形窗的两倍，但旁瓣小，而且无负旁瓣，如图 8 – 16 所示。

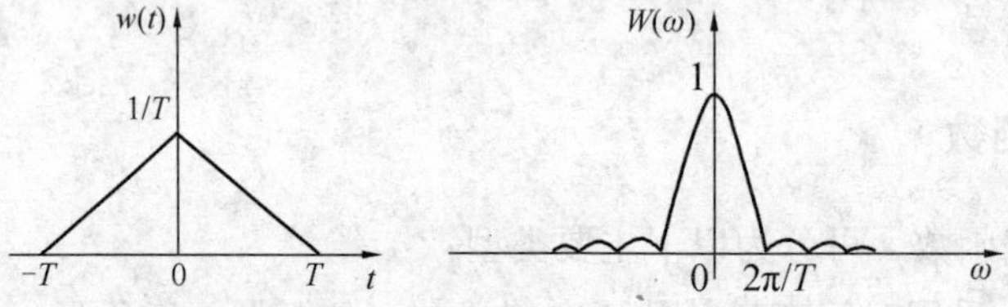

图 8 – 16　三角窗

3. 汉宁（Hanning）窗

汉宁窗又称升余弦窗，其时域表达式为：

$$w(t)=\begin{cases}\frac{1}{T}\left(\frac{1}{2}+\frac{1}{2}\cos\frac{\pi t}{T}\right) & |t|\leqslant T\\ 0 & |t|>T\end{cases} \tag{8-13}$$

相应的窗谱为：

$$W(\omega)=\frac{\sin\omega T}{\omega T}+\frac{1}{2}\left[\frac{\sin(\omega T+\pi)}{\omega T+\pi}+\frac{\sin(\omega T-\pi)}{\omega T-\pi}\right] \tag{8-14}$$

由式（8 – 12）可以看出，汉宁窗可以看作是 3 个矩形时间窗的频谱之和，或者说是 3 个 $\mathrm{sinc}(t)$ 型函数之和，而括号中的两项相对于第一个谱窗向左、右各移动了 π/T，从而使旁瓣互相抵消，消去高频干扰和能量泄漏。

图 8－17 表示汉宁窗与矩形窗的谱图对比，可以看出，汉宁窗主瓣加宽（第一个零点在 $2\pi/T$ 处）并降低，旁瓣则显著减小。第一个旁瓣衰减－32dB，而矩形窗第一个旁瓣衰减－13dB。此外，汉宁窗的旁瓣衰减速度也较快，约为 60dB/（10oct），而矩形窗为 20dB/（10oct）。由以上比较可知，从减小泄漏观点出发，汉宁窗优于矩形窗。但汉宁窗主瓣加宽，相当于分析带宽加宽，频率分辨力下降。

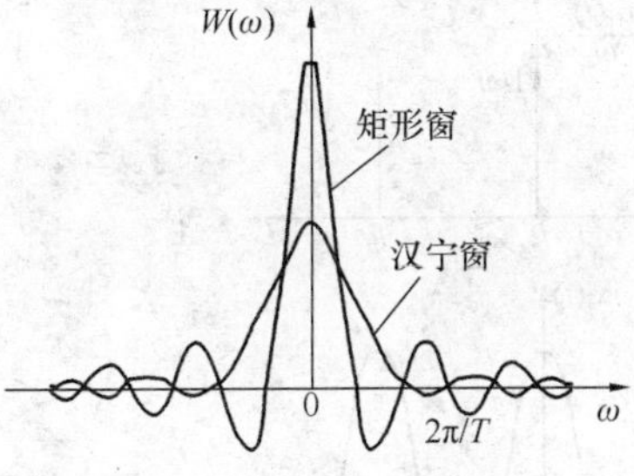

图 8－17　汉宁窗与矩形窗谱图对比

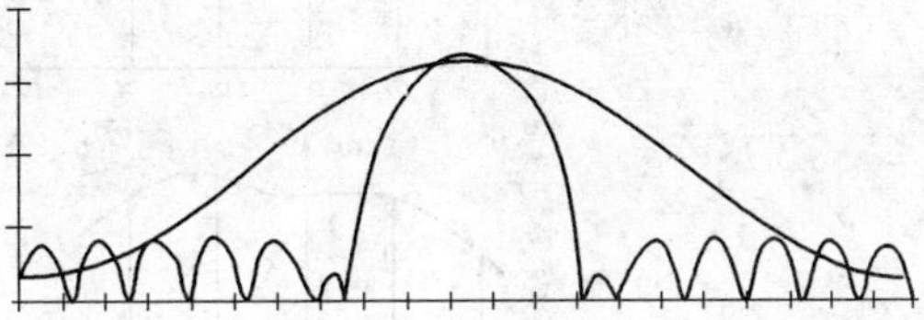
图 8－18　海明窗

4. 海明（Hamming）窗

海明窗也是余弦窗的一种，又称改进的升余弦窗，如图 8－18。其时间函数表达式为：

$$w(t)=\begin{cases}\dfrac{1}{T}\left(0.54+0.46\cos\dfrac{\pi t}{T}\right) & |t|\leqslant T\\ 0 & |t|>T\end{cases}\tag{8-15}$$

其窗谱为：

$$W(\omega)=1.08\,\frac{\sin\omega T}{\omega T}+0.46\left[\frac{\sin(\omega T+\pi)}{\omega T+\pi}+\frac{\sin(\omega T-\pi)}{\omega T-\pi}\right]\tag{8-16}$$

海明窗与汉宁窗都是余弦窗，只是加权系数不同。海明窗加权的系数能使旁瓣达到更小。分析表明，海明窗的第一旁瓣衰减为－42dB。海明窗的频谱也是由 3 个矩形时窗的频谱合成，但其旁瓣衰减速度为 20dB/（10oct），这比汉宁窗衰减速度慢。海明窗与汉宁窗都是很有用的窗函数。

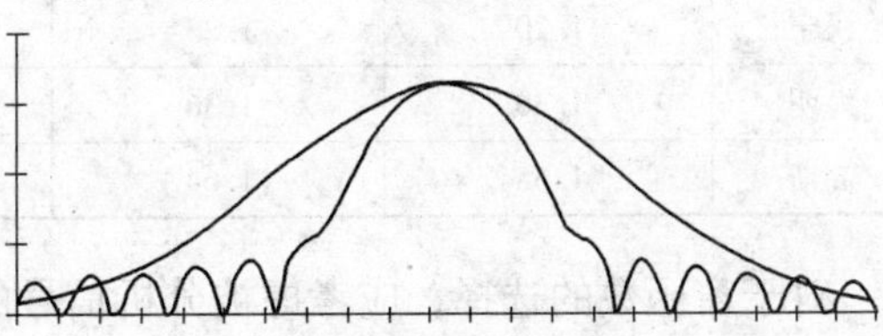
图 8－19　高斯窗

5. 高斯窗

高斯窗是一种指数窗，如图 8－19。其时域函数为：

$$w(t)=\begin{cases}\dfrac{1}{T}e^{-at^2} & |t|\leqslant T\\ 0 & |t|>T\end{cases}\tag{8-17}$$

式中 a 为常数，决定了函数曲线衰减的快慢。a 值如果选取适当，可以使截断点（T 为有限值）处的函数值比较小，则截断造成的影响就比较小。高斯窗谱无负的旁瓣，第

一旁瓣衰减达 -55dB。高斯窗谱的主瓣较宽，故而频率分辨力低。高斯窗函数常被用来截断一些非周期信号，如指数衰减信号等。

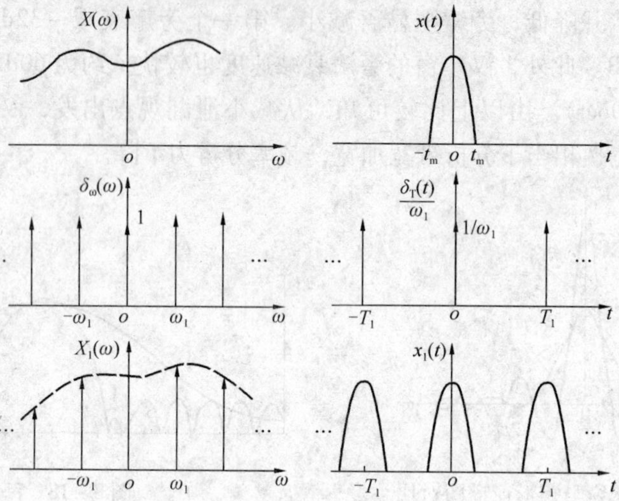

图 8-20 频域采样

除了以上几种常用窗函数以外，尚有多种窗函数，如平顶窗、帕仁（Parzen）窗、布莱克曼（Blackman）窗、凯塞（kaiser）窗等。

表 8-4 列出了 5 种典型窗函数的性能特点。

表 8-4 典型窗函数的性能特点

窗函数类型	-3dB 带宽/B	等效噪声带宽/B	旁瓣幅度/dB	旁瓣衰减速度/［dB/（100oct）］
矩形	0.89	1	-13	-20
三角形	1.28	1.33	-27	-60
汉宁	1.20	1.23	-32	-60
海明	1.30	1.36	-42	-20
高斯	1.55	1.64	-55	-20

对于窗函数的选择，应考虑被分析信号的性质与处理要求。如果仅要求精确读出主瓣频率，而不考虑幅值精度，则可选用主瓣宽度比较窄而便于分辨的矩形窗，例如测量物体的自振频率等；如果分析窄带信号，且有较强的干扰噪声，则应选用旁瓣幅度小的窗函数，如汉宁窗、三角窗等；对于随时间按指数衰减的函数，可采用指数窗来提高信噪比。

第五节 频域采样和栅栏效应

一、频域采样

如图 8-20 所示，已知连续频谱函数 $X(\omega)$，其对应的时间函数为 $x(t)$，若 $X(\omega)$

在频域中被间隔为 ω_1 的脉冲序列 $\delta_\omega(\omega)$ 所采样，采样后的频谱函数为 $X_1(\omega)$，其所对应的时间函数为 $x_1(t)$，现在分析 $x_1(t)$ 与 $x(t)$ 之间的关系。

已知 $X(\omega) = F[x(t)]$，若频域采样过程满足条件：

$$X_1(\omega) = X(\omega)\delta_\omega(\omega) \tag{8-18}$$

其中，脉冲序列

$$\delta_\omega(\omega) = \sum_{n=-\infty}^{\infty}\delta(\omega - n\omega_1) \tag{8-19}$$

根据

$$F\left[\sum_{n=-\infty}^{\infty}\delta(t - nT_1)\right] = \omega_1\sum_{n=-\infty}^{\infty}\delta(\omega - n\omega_1)$$

则式（8－19）的傅里叶逆变换为

$$F^{-1}[\delta_\omega(\omega)] = F^{-1}\left[\sum_{n=-\infty}^{\infty}\delta(\omega - n\omega_1)\right] = \frac{1}{\omega_1}\sum_{n=-\infty}^{\infty}\delta(t - nT_1) = \frac{1}{\omega_1}\delta_T(t) \tag{8-20}$$

又根据时域卷积定理，有

$$F^{-1}[X_1(\omega)] = F^{-1}\left[X(\omega)\right] * F^{-1}[\delta_\omega(\omega)]$$

即

$$x_1(t) = x(t) * \frac{1}{\omega_1}\sum_{n=-\infty}^{\infty}\delta(t - nT_1) \tag{8-21}$$

这样便可以得到 $X(\omega)$ 被采样以后 $X_1(\omega)$ 所对应的时间函数：

$$x_1(t) = \frac{1}{\omega_1}\sum_{n=-\infty}^{\infty}x(t - nT_1) \tag{8-22}$$

此式表明，若 $x(t)$ 的频谱 $X(\omega)$ 被间隔为 ω_1 的脉冲序列在频域中采样，则在时域中等效于 $x(t)$ 以 $T_1 = 2\pi/\omega_1$ 为周期而重复，就是说，周期信号的频谱是离散的。

由上述分析可知，傅里叶变换的另一个重要性质，即信号的时域与频域呈采样（离散）与重复（周期）关系。

二、栅栏效应

对采样信号进行频谱分析，为提高计算效率，通常采用 FFT 算法进行计算，设数据点数为

$$N = T/\mathrm{d}t = T\cdot f_s \tag{8-23}$$

则计算得到的离散频率点为

$$X_s(f_i),f_i = i\cdot f_s/N,i = 0,1,2,\cdots,N/2$$

式中，f_s 是采样频率；f_i 是离散频率。

这就相当于透过栅栏观赏风景，只能看到频谱的一部分，而其他频率点看不见，因此很可能使一部分有用的频率成分被漏掉，此种现象被称为栅栏效应，如图 8－21。用 FFT 计算的频谱一定会存在栅栏效应。

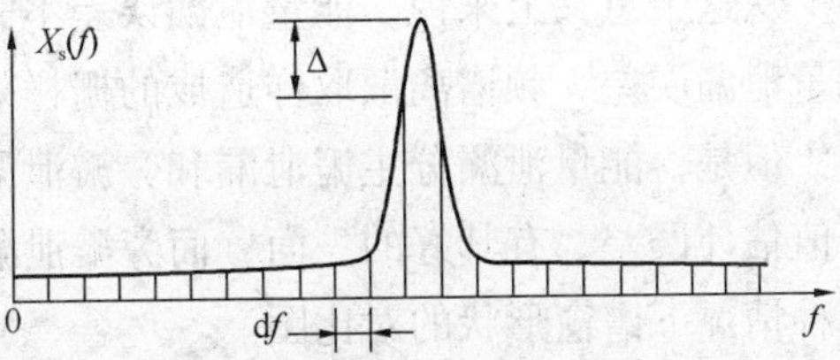

图 8－21　栅栏效应

如果信号中的频率分量与频率取样点不重合，则只能按四舍五入的原则，取相邻的频率点谱线值代替。

减小栅栏效应可用提高采样间隔也就是提高频率分辨力的方法来解决。间隔小，频率分辨力高，被“挡住”或丢失的频率成分就会越少，但会增加采样点数，使计算量增加。解决此项矛盾可以采用如下方法：在满足采样定理的前提下，采用频率细化技术（ZOOM），亦可用把时域序列变换成频谱序列的方法。

下面用505Hz正弦波信号的频谱分析来说明栅栏效应所造成的频谱计算误差。

设定采样频率 $f_s = 5120\text{Hz}$，FFT计算点数 N 为512，其离散频率点为

$$f_i = i \cdot f_s/N = i \cdot 5120/512 = 10 \times i, i = 0,1,2,\cdots N/2$$

位于505Hz位置的真实谱峰被挡住看不见，看见的只是它们在相邻频率500Hz或510Hz处能量泄漏的值。

若设 $f_s = 2560\text{Hz}$，则 $f_i = i \cdot f_s/N = i \cdot 2560/512 = i \times 5, i = 0,1,2,\cdots,N/2$，频率间隔 $\mathrm{d}f = 5\text{Hz}$，重复上述分析步骤，这时在505Hz位置有谱线，就能得到它们的精确值。从时域看，这个条件相当于对信号进行整周期采样，实际中常用此方法来提高周期信号的频谱分析精度。

三、能量泄漏与栅栏效应的关系

由图8－21可知，频谱的离散取样造成了栅栏效应，谱峰越尖锐，产生误差的可能性就越大。例如，余弦信号的频谱为线谱。当信号频率与频谱离散取样点不等时，栅栏效应的误差为无穷大。

实际应用中，由于信号截断的原因，产生了能量泄漏，即使信号频率与频谱离散取样点不相等，也能得到该频率分量的一个近似值，如图8－22所示。

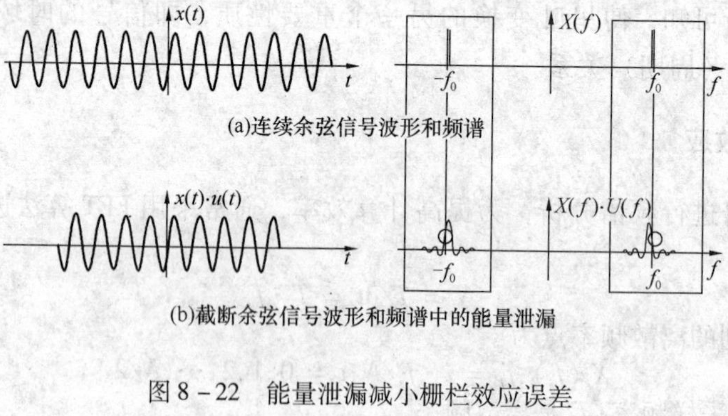

图8－22　能量泄漏减小栅栏效应误差

从这个意义上来说，能量泄漏误差不完全是有害的。如果没有信号时域截断产生的能量泄漏误差，频谱离散取样造成的栅栏效应误差将是不能接受的。

但是，能量泄漏分主瓣泄漏和旁瓣泄漏，主瓣泄漏可以减小因栅栏效应带来的谱峰幅值估计误差，有其好的一面，而旁瓣泄漏则是完全有害的。图8－23为矩形窗函数在两种情况下谱窗形状的对比图。

因此总结以上内容如表8－5，从表中可知，信号截断必然会导致能量泄露；而

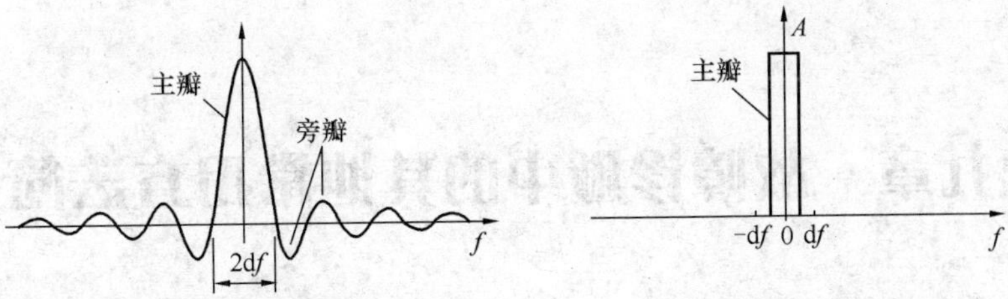

(a)矩形窗函数的谱窗形状　　(b)理想矩形窗函数的谱窗形状

图 8－23　矩形窗函数在两种情况下谱窗形状的对比

FFT 必然导致栅栏效应。

表 8－5　能量泄漏与栅栏效应

信号截断→能量泄漏	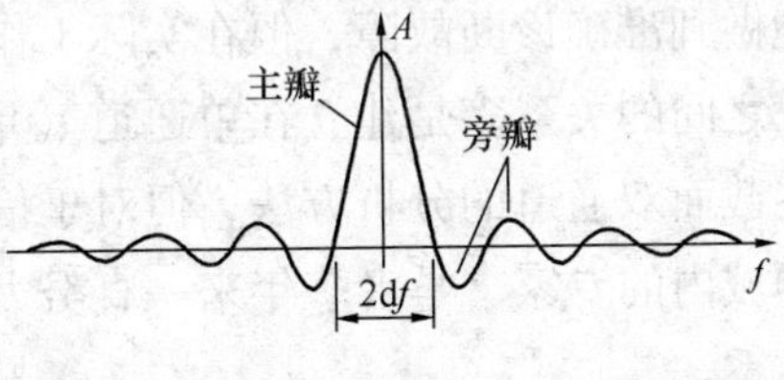
FFT→栅栏效应	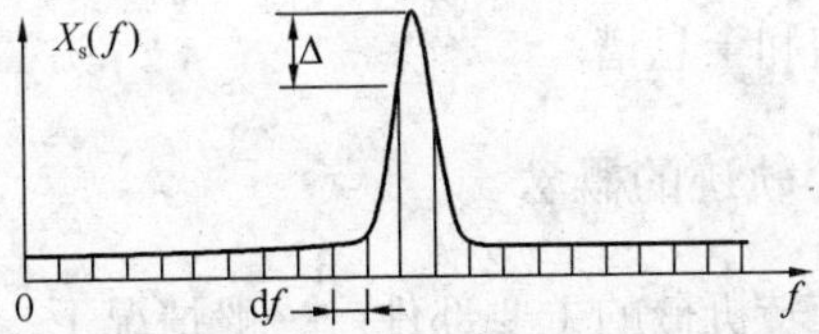

从克服栅栏效应误差的角度看，能量泄漏是有利的；通过这一节的讲解，结合本章上节的内容，窗函数不但是截断信号的工具，而且使用不同的窗函数，对减小栅栏效应误差的作用不同。

第九章　故障诊断中的其他常用方法简介

设备故障诊断的方法有很多，前面已详细介绍了时域、频域、相关分析等方法，本章将结合对机械设备测量信号的处理介绍其他一些常用方法。

第一节　轴　心　轨　迹

众所周知，设备故障诊断需要的信息量非常大，理论上说应当收集故障诊断所需的全部信息才能做到准确诊断故障，但在实际工作中是不容易做到的。长期以来，对于故障与信号特征之间的关系多是建立在单通道（单方向）信息上（即只用一个传感器），虽然也有一些截面双通道的分析方法，但对于信息的融合量还不能完全适应准确诊断故障的要求。领域内的专家、学者多年来一直努力进行全信息分析技术的研究，形成了一些分析理论体系。

从本节开始到第三节将分别介绍 3 种应用双传感器进行信息融合的技术，分别是轴心轨迹、全谱和全息谱。

一、轴心轨迹的概念

转子是旋转机械的主要部件。一般情况下，转子的运动既包含自转也包含公转，这种复合运动称之为涡动。转子涡动的形态是诊断转子故障的重要特征信息。

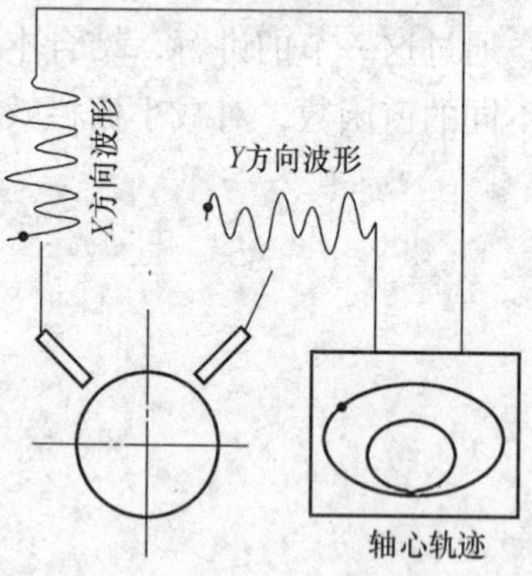

图 9－1　轴心轨迹测量

转子的振动在三维空间内进行。如果忽略沿轴向的振动，可以认为转轴是在径向平面内振动。转子在轴承中高速旋转时不只围绕自身中心旋转，还环绕某一中心作涡动运动。为了完全描述平面内的运动，必须采用互相垂直的两个传感器，如图 9－1 所示。

由 t 时刻两个传感器的输出 $x(t)$ 、$y(t)$ 可以确定该时刻转子在轴承中的位置。在复平面对其进行组合后，形成复信号 $z(t) = x(t) + jy(t)$ ，将不同时刻转子在轴承中位置的变化连为一条曲线，得到了转子在轴承内的振动轨迹，称之为轴心轨迹。

由于轴心轨迹是从轴颈同一截面的两个相互垂直的方向上监测得到的一组振动信号，根据检测到的轴心轨迹形状，可以分析造成振动的具体原因，得出故障的前期征兆，对防止故障的恶化和排除故障具有指导作用。因此，利用轴心轨迹来诊断旋转机械的某些故障是可行的。

二、轴心轨迹分析依据

对轴心轨迹进行分析可以发现：

（1）不同故障具有不同形状的轴心轨迹。图 9－2 给出了几种典型的轴心轨迹图。不平衡故障的典型轴心轨迹为稳定的椭圆［图 9－2（a）］；油膜涡动故障典型轴心轨迹之一为两个相互套迭在一起的大小环［图 9－2（b）］；油膜振荡故障的轴心轨迹比较紊乱［图 9－2（c）］；当动静部件摩擦时，轴心轨迹上可能出现不稳定的毛刺点［图 9－2（d）］；不对中故障典型轨迹常为“8”字形或“香蕉形”［图 9－2（e）、(f)］等。根据轴心轨迹形状，可以对故障性质作一个初步判断。

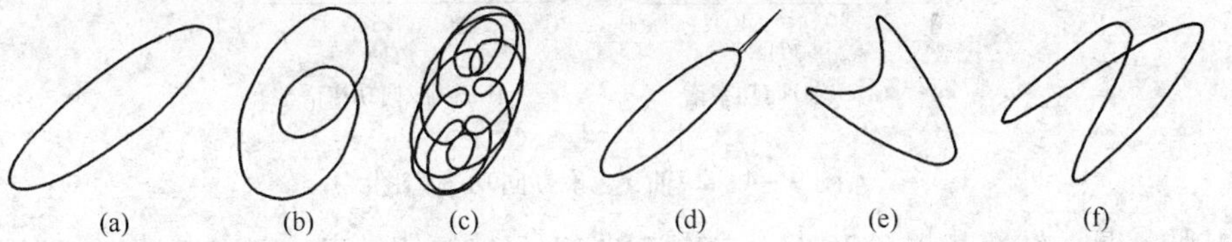

图 9－2　典型轴心轨迹图

（2）轴心轨迹较单个传感器更能全面地反映机组的振动情况。传感器安装方向并不一定代表着最大振动方向，振动监测不能只依赖于单个传感器。在理想状况下，当轴系对中良好以及轴承垂直和水平动力特性完全相同时，轴心轨迹为一个圆，此时两个方向上振幅相同、相位差 90°，一个方向上的传感器即可反映整体振动情况。实际机组都存在一定程度的不对中，轴承垂直和水平动力特性也有差别，此时的轴心轨迹为椭圆。当对中偏差或两个方向上动力特性相差较大时，轴心轨迹椭圆度较大，这时就会出现两个方向上振动探头读数相差较大的情况。

三、轴心轨迹的工程应用

某大型钢厂的一台轧机的主变流供电机组的 2#轴承工作中出现异常温升，工作温度达 70℃以上，而正常工作温度是 55～65℃。几经调修，终未解决问题，工作时只能在现场不合规程的加大润滑油量，以强制冷却的办法将温度从 70℃降至 65℃，勉强维持工作，但不能长时间满负荷运行，严重影响生产。经分析制订了一套诊断方案，如图 9－3 所示。

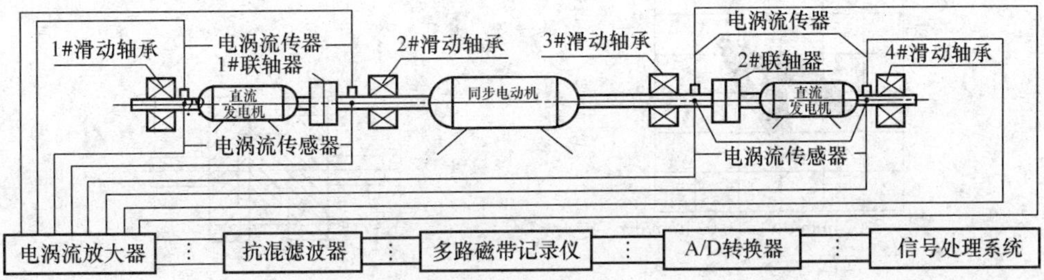

图 9－3　轴心轨迹测试系统框图

首先对机组的2#轴径 Y、Z 方向的时域信号作功率谱分析，得到图 9－4 所示 Y、Z 的功率谱图。

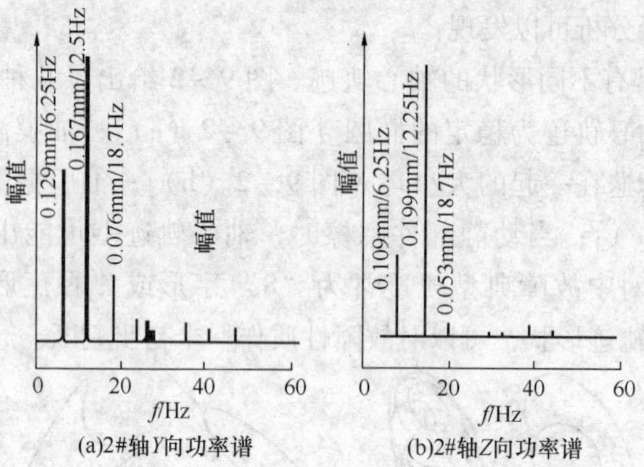

图 9－4　2#轴 Y、Z 方向功率谱图

其特征是：转速基频 6.25Hz，二次谐波 12.5Hz 幅值最高，三次谐波 18.75Hz 幅值也较高。

根据机理分析认为，轴的转速基频幅值高的主要原因是转子存在动、静不平衡，存在初始弯曲、热弯曲或轴系不平衡。而引起轴振动二次谐波幅值高的主要原因是各段轴对中不良，联轴器精度低，轴和轴瓦不同心，轴瓦歪斜等。该机组的2#轴径轴心轨迹如图 9－5 所示。

从轴心轨迹图中可看出，2#轴径的轴心轨迹呈“8”字型，是典型的不对中故障所致。最大的可能是2#轴承附近的发电机与同步机之间的联轴器对中差。由于轴系的不对中主要作用在2#轴承上，因而使其润滑状态变坏，导致2#轴承发热超过允许范围。

对此提出了具体检修方案，在检修时要求检修人员注重调整各联轴器，提高其配合精度。对轴系进行对中调整，检查各轴瓦是否同心，尤其注意检查2#轴瓦是否歪斜或不对中。检查结果表明：1#联轴器（法兰式）未完全贴好，其定位凸台未起作用，如图 9－6 所示。2#轴瓦下瓦靠电机方向与底线对称 120°角处有两大磨损严重区域，如图 9－7 所示。这表明了轴瓦有歪斜或倾斜的现象。实际故障现象与测试诊断结果基本上是相符的。整修后的机组原故障消失，2#轴瓦的油温下降 10℃，进入正常运行的工作

图 9－5　2#轴径轴心轨迹图

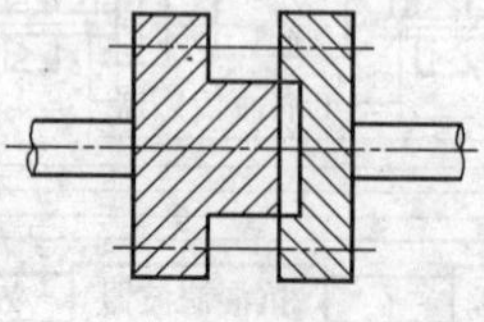

图 9－6　1#联轴器连接状况

状态油温。在机组正常运行了8个月后，又对该机组进行了第二次振动测试，其结果是其2#轴径的 Y、Z 向频谱特征有了变化，其二次谐波幅值下降，从而反映不对中的情况有了改善。2#轴径处的轴心轨迹也有很大改善，由原来的“8”字形变成近乎椭圆（如图9-8）。这说明不对中情况得到改善，机组可在较好的润滑状态下工作。

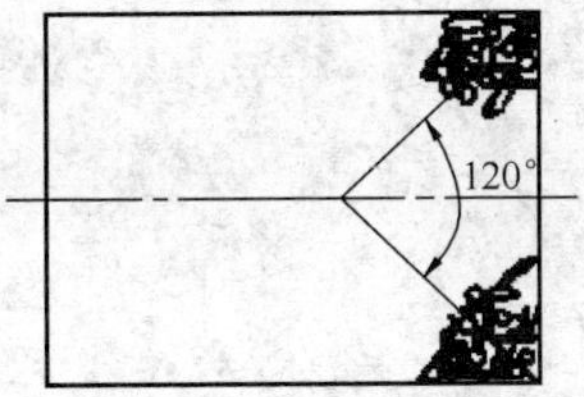

图9-7　2#轴承磨损状况

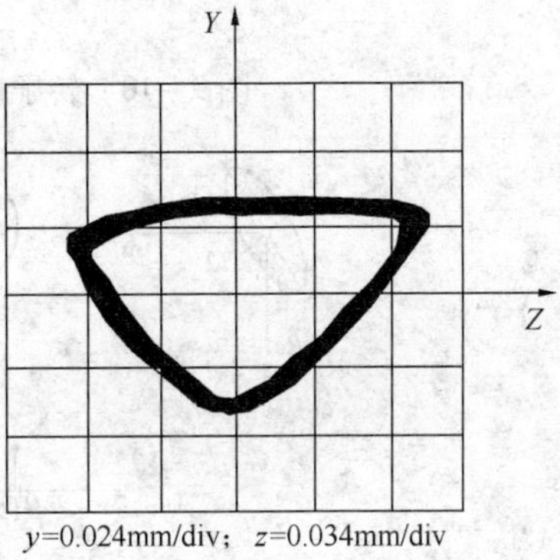

图9-8　修整后2#轴承心轨迹图

第二节　全　　谱

转子的进动分析是把其运动分解成正、反进动分量，凸显转子的涡动特征。由于正、反进动量既反映了转子振动的频率、幅值，又包含了转子振动的相位信息和进动方向，因此，正、反进动量作为转子故障的特征量要比传统的频谱更敏感，与故障类型的对应关系更明确，是转子故障诊断的有效工具。

一、转子的正、反进动分解

当转子支承各向同性时，转子在不平衡力的作用下，将沿一圆轨迹运动。轨迹方向与转子自转方向一致，旋转速度与自转速度相同，即所谓的协调正进动，或一阶正进动。在临界转速附近，转子轨迹半径异常大，转子发生共振。

当转子支承各向异性时，转子运动轨迹为一椭圆。利用图9-9所示的测试仪器即可测得转子的运动轨迹。垂直方向和水平方向测得的振动信号 $\omega(t)$ 、$v(t)$ 皆为工频信号。

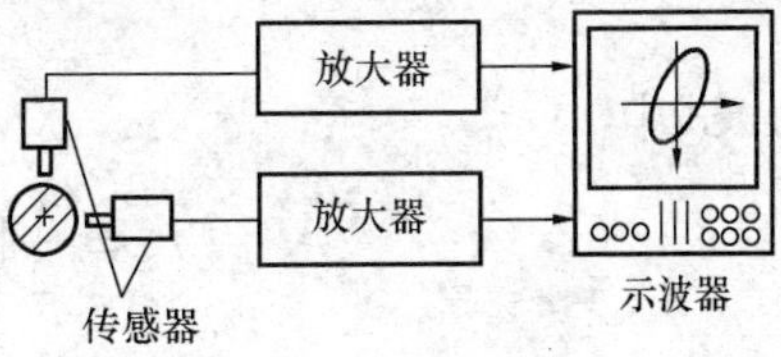

图9-9　转子运动轨迹的测量

所构成的椭圆轨迹，根据 $\omega(t)$ 和 $v(t)$ 不同的幅值及相位，可为一阶正进动轨迹或一阶反进动轨迹。但 $\omega(t)$ 和 $v(t)$ 在时域和频域表征时，反映不出这一现象，如图9-10所示。

图9-9的椭圆轨迹可分解为正进动圆轨迹和反进动圆轨迹，如图9-11所示。

为此，不妨由 $\omega(t)$ 和 $v(t)$ 构造一复向量

$$r(t) = \omega(t) + \mathrm{j}v(t), \mathrm{j} = \sqrt{-1} \tag{9-1}$$

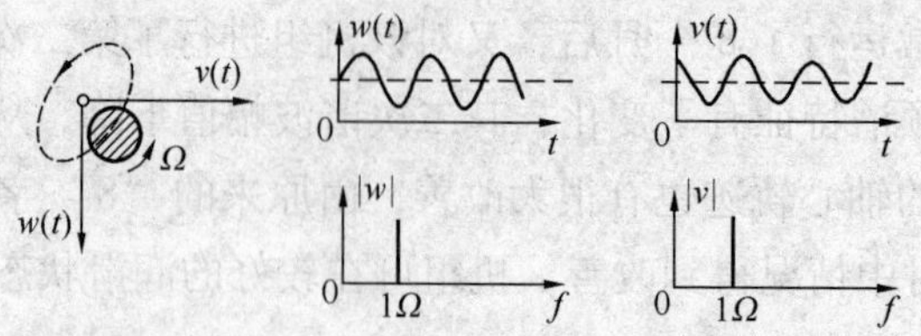

图 9-10 转子振动信号的时域及频域表征

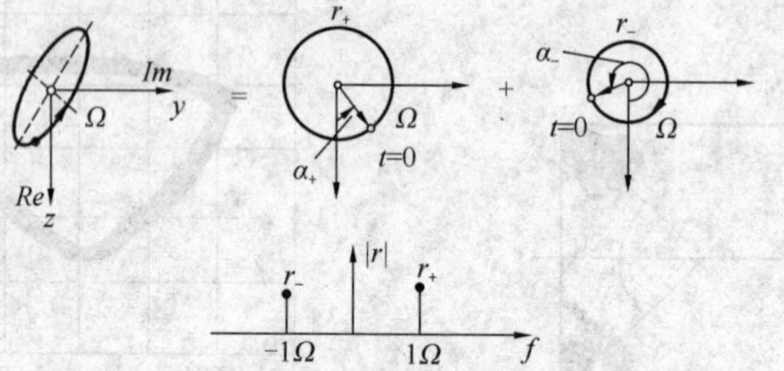

图 9-11 不平衡引起的椭圆轨迹（正进动和反进动）

复向量 $r(t)$ 为复平面 (ω,ν)（相当于转子横截面）上的时变向量。其矢端描述的就是转子运动轨迹。

将

$$\omega(t) = \omega_c\cos\Omega t + \omega_s\sin\Omega t \tag{9-2}$$

$$\nu(t) = v_c\cos\Omega t + v_s\sin\Omega t \tag{9-3}$$

应用欧拉公式

$$\cos\theta = \frac{1}{2}(e^{j\theta} + e^{-j\theta});\sin\theta = \frac{1}{2j}(e^{j\theta} - e^{-j\theta})$$

把式（9-2）、式（9-3）代入式（9-1）中，得

$$\begin{aligned} r(t) &= \omega(t) + jv(t) \\ &= \frac{1}{2}[(\omega_c + v_s) + j(v_c - \omega_s)]e^{j\Omega t} + \frac{1}{2}[(\omega_c - v_s) + j(v_c + \omega_s)]e^{-j\Omega t} \end{aligned}$$

可得

$$r = r_+ e^{j\Omega t} + r_- e^{-j\Omega t} \tag{9-4}$$

式中

$$r_+ = \frac{1}{2}[(\omega_c + v_s) + j(v_c - \omega_s)] \tag{9-5}$$

$$r_- = \frac{1}{2}[(\omega_c - v_s) + j(v_c + \omega_s)] \tag{9-6}$$

分别为正进动和反进动幅值向量。$e^{j\Omega t}$ 为绕轴承连线沿转子自转方向同向旋转的单位矢量，即单位正进动矢量；$e^{-j\Omega t}$ 则为单位反进动矢量。因此，$r_+ e^{j\Omega t}$ 就描绘了一个以 $|r_+|$ 为半径的正进动圆轨迹，$r_- e^{-j\Omega t}$ 则为以 $|r_-|$ 为半径的反进动圆轨迹。

由此可见，任一椭圆轨迹总可分解为两个圆轨迹之和。其中一个为正进动圆轨迹，另一个则为反进动圆轨迹。轨迹半径分别为 $|r_+|$ 和 $|r_-|$。由于 r_+ 和 r_- 均为复向量，

因此，它们既包含了幅值信息，也包含了相位信息。

由式（9－5）和式（9－6）可得

$$r_{+}=|r_{+}|e^{j\alpha_{+}} \tag{9-7}$$

$$r_{-}=|r_{-}|e^{j\alpha_{-}} \tag{9-8}$$

其中 $|r_{+}|$ 和 $|r_{-}|$ 分别为正、反进动量的幅值

$$|r_{+}|=\frac{1}{2}\sqrt{(\omega_{c}+v_{s})^{2}+(v_{c}-\omega_{s})^{2}}, \tag{9-9}$$

$$|r_{-}|=\frac{1}{2}\sqrt{(\omega_{c}-v_{s})^{2}+(v_{c}+\omega_{s})^{2}} \tag{9-10}$$

α_{+} 和 α_{-} 则分别表示正、反进动量的相位

$$\alpha_{+}=\arctan\frac{v_{c}-\omega_{s}}{\omega_{c}+v_{s}} \tag{9-11}$$

$$\alpha_{-}=\arctan\frac{v_{c}+\omega_{s}}{\omega_{c}-v_{s}} \tag{9-12}$$

图9－11表示椭圆轨迹的正、反进动分解以及正、反进动频谱。反过来，椭圆轨迹的长轴和短轴则很容易由正、反进动量求得

$$\text{长轴}\ a=|r_{+}|+|r_{-}| \tag{9-13}$$

$$\text{短轴}\ a=|r_{+}|-|r_{-}| \tag{9-14}$$

其中长轴 a 对于评定振动烈度以及监测动静间隙异常重要。

当 $|r_{+}|>|r_{-}|$ 时，椭圆轨迹正向进动；当 $|r_{+}|<|r_{-}|$ 时，椭圆轨迹反向进动；当 $|r_{+}|=|r_{-}|$ 时，轨迹为直线。

正、反进动谱已不是转子在某一方向上振动信号的频谱，而是在测量截面转子进动的向量谱。事实上，正、反进动谱可表示成向量谱，如图9－12所示，幅值和相位皆得到表征。

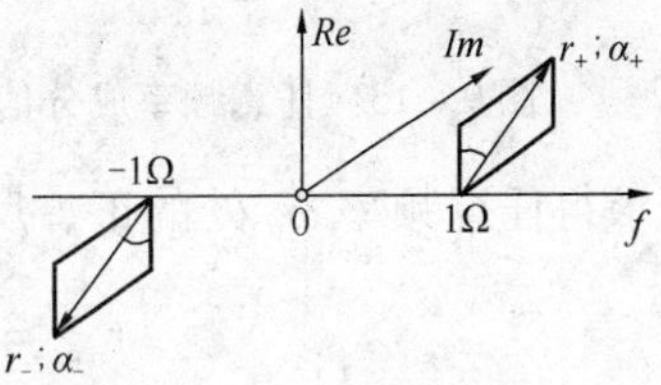

图9－12　正、反进动向量谱

二、转子运动轨迹的全谱进动分析

事实上，转子的运动轨迹常常很复杂，并非简单的椭圆轨迹。其中既包含一阶正、反进动分量，也可能包含高阶进动分量和次谐波进动分量。把前述方法拓展到任意的频率点，即对信号进行傅里叶变换，就可得到任意频率成分的正、反进动分量，由此就形成了全谱进动谱。本节将对全谱进动分析法进行介绍。

1. 全谱算法推导

全谱可由快速傅里叶复变换求得。转子在 ω 和 v 方向的振动信号中任一频率成分的信号总可表示为

$$W_{p}(t)=W_{pc}\cos\omega_{p}t+W_{ps}\sin\omega_{p}t \tag{9-15}$$

$$V_{p}(t)=V_{pc}\cos\omega_{p}t+V_{ps}\sin\omega_{p}t \tag{9-16}$$

应用欧拉公式

$$\cos\theta = \frac{1}{2}(e^{j\theta} + e^{-j\theta});\sin\theta = \frac{1}{2j}(e^{j\theta} - e^{-j\theta})$$

可得

$$W_p(t) = \frac{1}{2}[W_{pc} - jW_{ps}]e^{j\omega_p t} + \frac{1}{2}[W_{pc} + jW_{ps}]e^{-j\omega_p t} \tag{9-17}$$

$$V_p(t) = \frac{1}{2}[V_{pc} - jV_{ps}]e^{j\omega_p t} + \frac{1}{2}[V_{pc} + jV_{ps}]e^{-j\omega_p t} \tag{9-18}$$

对 $W_p(t)$ 和 $V_p(t)$ 进行傅里叶复变换则得

$$W_p(\omega) = \frac{1}{2}(W_{pc} - jW_{ps})\delta(\omega - \omega_p) + \frac{1}{2}(W_{pc} + jW_{ps})\delta(\omega + \omega_p) \tag{9-19}$$

$$V_p(\omega) = \frac{1}{2}(V_{pc} - jV_{ps})\delta(\omega - \omega_p) + \frac{1}{2}(V_{pc} + jV_{ps})\delta(\omega + \omega_p) \tag{9-20}$$

可见，在频率 ω_p 处 $\omega(t)$ 和 $v(t)$ 的傅里叶变换的实部分别为 $\frac{1}{2}W_{pc}$ 和 $\frac{1}{2}V_{pc}$，虚部分别为 $-\frac{1}{2}W_{ps}$ 和 $-\frac{1}{2}V_{ps}$，如图 9－13 所示。则由

$$r_p = W_p(\omega) + jV_p(\omega) \tag{9-21}$$

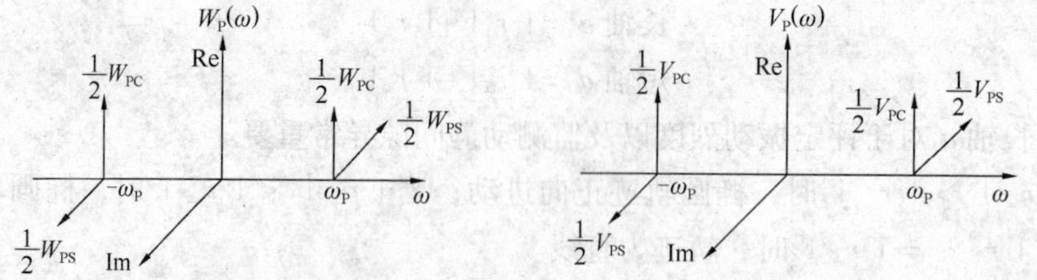

图 9－13　任意频率成分信号 $W_p(\omega)$ 和 $V_p(\omega)$ 的傅里叶变换（正反进动向量谱）

可求得任意频率 ω_p 处的正、反进动分量 r_{+p}，和 r_{-p} 分别为

$$r_{+p} = \frac{1}{2}(W_{pc} + V_{ps}) + \frac{1}{2}j(V_{pc} - W_{ps}) \tag{9-22}$$

$$r_{-p} = \frac{1}{2}(W_{pc} - V_{ps}) + \frac{1}{2}j(V_{pc} + W_{ps}) \tag{9-23}$$

推导过程如下：

$$\begin{aligned} r_p &= W_p(\omega) + jV_p(\omega) \\ &= \frac{1}{2}(W_{pc} - jW_{ps})\delta(\omega - \omega_p) + \frac{1}{2}(W_{pc} + jW_{ps})\delta(\omega + \omega_p) \\ &\quad + \frac{1}{2}(V_{pc} - jV_{ps})\delta(\omega - \omega_p) + \frac{1}{2}(V_{pc} + jV_{ps})\delta(\omega + \omega_p) \\ &= \frac{1}{2}[(W_{pc} + V_{ps}) + j(V_{pc} - W_{ps}\delta)](\omega - \omega_p) \\ &\quad + \frac{1}{2}[(W_{pc} - V_{ps}) + j(V_{pc} + W_{ps})]\delta(\omega + \omega_p) \end{aligned}$$

图 9－14 表示全谱进动分析的流程图和正、反进动分量 r_{+p} 和 r_{-p}。进动圆的半径表示进

动量的幅值，进动圆的起始点则表示进动量的相位。

2. 全谱分析图谱

全谱分析从机理上是将各个谐波频率下转子的椭圆轨迹分解为两个转动方向相反的正圆，一个为正进动，另一个为反进动。其中半径较大的正圆的涡动方向决定该频率下转子的进动方向。因此，全谱分析图谱在横坐标上采用了正负频率轴表达的方式，其中正频率轴依次表达正进动的正圆半径值，负频率轴依次表达反进动正圆的半径值。如果在某一频率下，正半频率的谱值大于负半频率的谱值，则表明转子在该频率下是正进动。能够迅速识别转子的正反进动对于旋转机械的故障诊断来说是非常重要的。

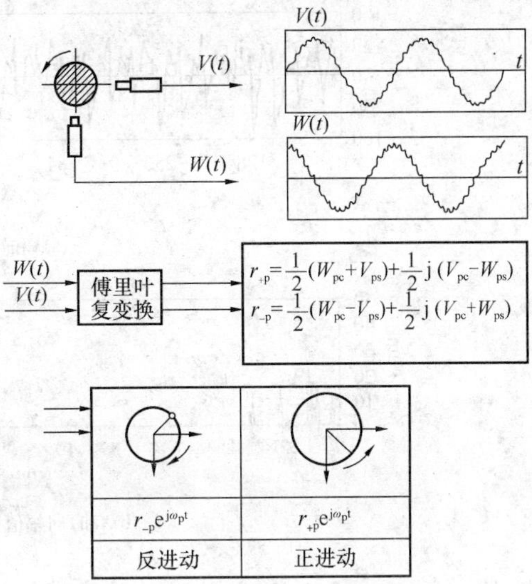

图 9 – 14　全谱进动分析的流程图和正、反进动分量 r_{+p} 和 r_{-p}

同时也可以根据正、负频率处的谱值绝对大小来判断该谐波下转子的运行轨迹，基本思路是椭圆轨迹的长轴为两个圆半径之和，椭圆轨迹的短轴为两个圆半径之差。利用这一经验可以判断转子的振动强度和回转轨迹。

三、全谱进动分析的工程应用

图 9 – 15（a）是某大型离心压缩机发生摩擦时在 X、Y 方向的信号时域图。信号是由一般工程中常用的双向布局涡流传感器拾取。其信号为转子的位移振动信号。图 9 – 15（b）为该信号所对应的幅值谱图。可以看出，该信号在 X 和 Y 向有较大差异，其谱值及其谱结构差异也很大。从图 9 – 15（b）可以怀疑设备可能有摩擦现象，但由于进动状况不明和谱值信息的不完备，不能断定，显然直接诊断较难把握故障实质。事实上，一般情况下采用常规分析方法很难克服两个方向谱差异的弊端。

采用全谱分析可以很好地解决谱差异问题，同时可以立即判断出转子的进动方向。图 9 – 15（c）分别为该信号的全谱分析图谱，分别由式（9 – 9）、式（9 – 10）计算得到。从图中可以看出，不仅谱图上分次谐波和倍频谐波非常丰富，而且主要频带下全谱的反向进动幅值大于正向进动幅值，表明转子的总体轨迹是反向涡动。明显的分频、倍频特征及反向涡动特征已构成诊断设备摩擦故障的所有要素。

同时，根据各个频带下正进动圆半径和反进动圆半径的和值，可以确定在该频率下转子涡动椭圆轨迹的长轴，根据各个频带下正进动圆半径和反进动圆半径的差值，可以确定在该频率下转子涡动椭圆轨迹的短轴，进而间接得出该频率下转子的涡动轨迹概貌以及振动强度的大小。

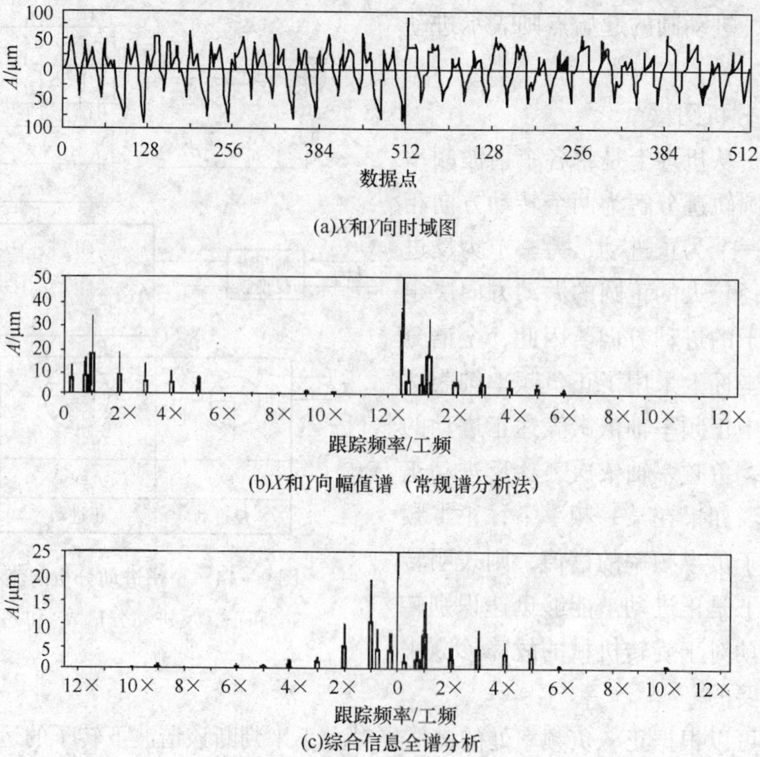

(a)X和Y向时域图

(b)X和Y向幅值谱（常规谱分析法）

(c)综合信息全谱分析

图 9－15　转子回转信息全谱分析

第三节　全　息　谱

对于旋转机械常见故障特征，多为与转速频率成整数倍关系，或者是低于工作转速频率的低频成分，因此全息谱分析将小于 1×，1×，2×，3×，4×……的特征频率下的轴心轨迹绘制在一幅图中，可以清楚地看到各个特征频率下轨迹的椭圆角、倾角（反映了相位关系）和振动强度的关系，为快速识别故障提供一种易于读懂的分析工具。相对来说，全息谱能将转子在一个支承截面上的综合振动情况精准直观地表达出来。

二维全息谱反映的是转子一个支承面的振动情况，三维全息谱能反映整根转子的振动情况和在任意转速下的振型。

由于全息谱是在数据层对信息进行融合，所以对所集成的信号有严格的要求。归纳起来，主要有以下几个方面：①传感器安装条件相同；②传感器特性一致；③信号传输路径相似；④采样频率相同；⑤起始采样的时间一致；⑥各分量的幅值、频率、相位数值精确。这样才能通过全息谱获得正确的信息。

一、二维全息谱的构成

二维全息谱是在频域中集成了转子一个支承截面内 X、Y 两个方向信号的幅值谱和相位谱的谱图（图 9－16）。它综合地反映了转子在一个支承截面内的振动情况；不仅反映了转子在两个方向上振动幅值，也反映了它们之间的相位信息。二维全息谱的基本组成是以阶次（频率）为横坐标，在横坐标上排列各阶的振动椭圆。在特殊情况下，椭圆可以退化成直线或圆。

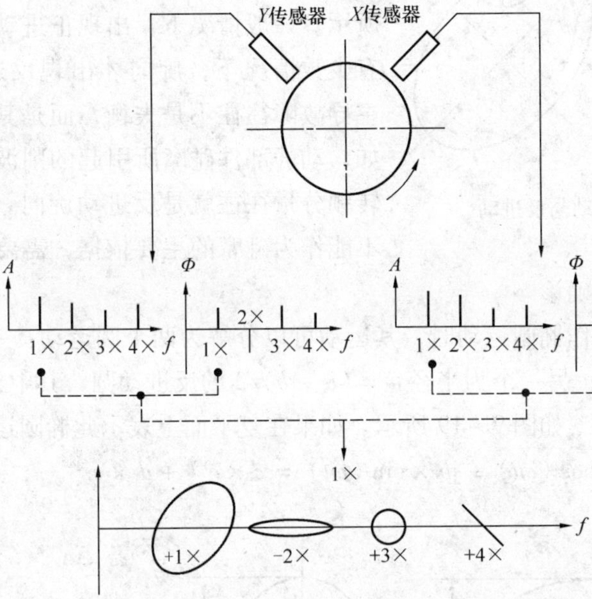

图 9－16　二维全息谱的构成原理图

注：图中横坐标上标有旋向，逆时针进动为＋，顺时针进动为－

当 X、Y 两个方向上信号相差 90°或 270°时，椭圆退化成圆；当 X、Y 两个方向上信号相差 0°或 180°时，椭圆退化成直线，直线的斜率取决于两个信号的幅值比。在一般情况下，二维全息谱是偏心率不等的椭圆。在二维全息谱上，还可标注出有关的特征参数，如长轴倾角、进动方向等。

在全息谱的构造过程中，对测量面 X 和 Y 方向的判别如下：从观察到转子旋向为逆时针的方向看，转子进动过程中第一个经过的测振传感器为 X 方向传感器，逆时针旋转 90°后的另一个则是 Y 方向的传感器。

与时域中的轴心轨迹一样，在频域中，二维全息谱上椭圆的形状与传感器安装的位置无关。在图 9－17 上下两张图中，左端传感器的测点位置虽然不同，但椭圆的形状，各个椭圆的相对位置仍然没有变化。二维全息谱所反映的是转子在一个支承平面上的各阶振动在频域的变换。我们还可以用同样的原理构造高倍频

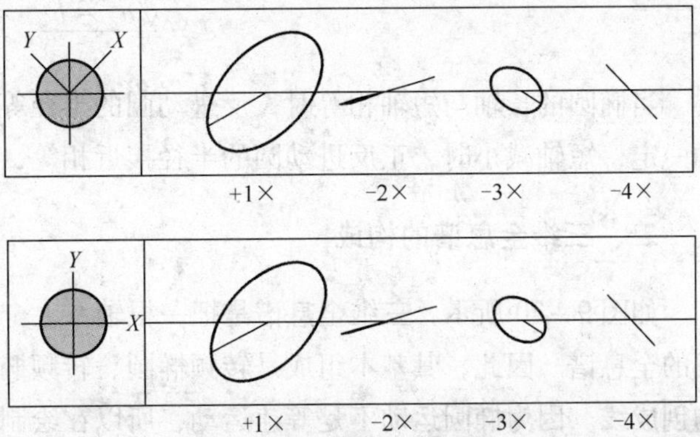

图 9－17　传感器安装角度不同所得到的二维全息谱

注：图中两个电涡流传感器呈 45°，135°位置安装；下图中 0°，90°位置安装

分量的二维全息谱和低于转频、由分倍频分量组成的二维全息谱。

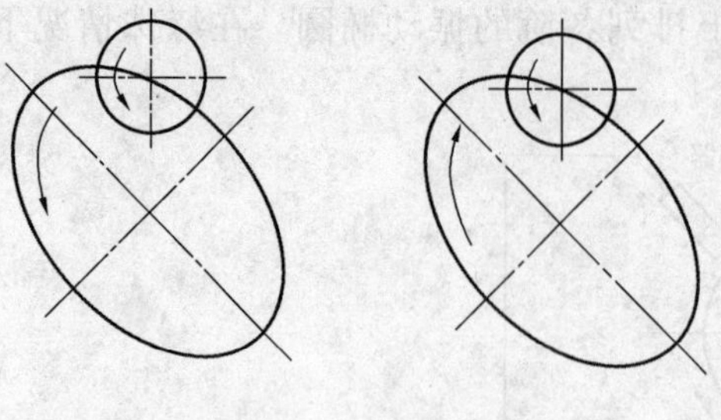

图 9－18　转子正进动与反进动

转子进动的旋向与自转方向相同的，称为正进动；反之，称为反进动，如图 9－18 所示。一般情况下，出现正进动的居多；只有少数情况下，旋向才出现反进动。这时，主导故障往往不是失衡，而是其他故障。例如，动静部件碰摩所引起的削波，谱图上的转频分量往往就是反进动旋向。但是，旋向不能作为碰摩的主要依据，需要和其他征兆一并综合加以考虑，才能确诊。

众所周知，一个质点作椭圆运动时，其运动可以分解为两个圆运动：一个为半径 $c=(a+b)/2$ 的正进动圆；另一个为半径 $d=(a-b)/2$ 的反进动圆。其中，a 与 b 分别为椭圆的长半轴和短半轴，如图 9－19 所示。如果在复平面上表示此椭圆运动，则有

$$z = a \times \cos(\omega t) + \mathrm{j}b \times \sin(\omega t) = c \times e^{\mathrm{j}\omega t} + d \times e^{-\mathrm{j}\omega t}$$

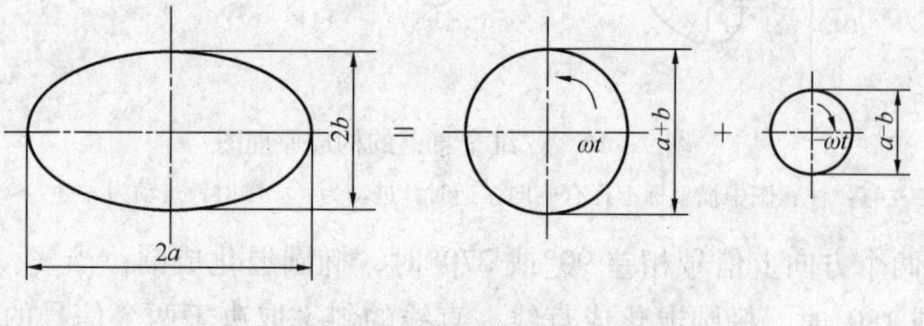

图 9－19　轴心轨迹分解

图 9－19 椭圆运动可以分解为 ωt 作正进动的圆运动和一个以 $-\omega t$ 作反进动的圆运动。

椭圆的偏心率 e 可由下式确定：

$$e = \frac{\sqrt{a^2 - b^2}}{a}$$

当椭圆的长轴与短轴相等时，反进动圆的半径等于零，此时椭圆将退化成圆；当长轴一定，短轴减小时，正反进动圆的半径接近相等，此时椭圆的偏心率将越来越大。

二、三维全息谱的构成

如图 9－20 所示，三维全息谱是把一根轴系上全部支承处的转频椭圆串连起来所形成的全息谱。因此，其基本组成是转频椭圆、转频椭圆上的初相点和连接各个转频椭圆的创成线。因为椭圆运动不是等速运动，所以在绘制创成线时必须按顺序将相应的采样点连接起来。当然，也可以用同样的方法做其他倍频分量的三维全息谱，如二倍频分量的三维全息谱，但在实际中使用较少。目前，轴系使用最多的是转频分量的三维全息谱，也最为有效。

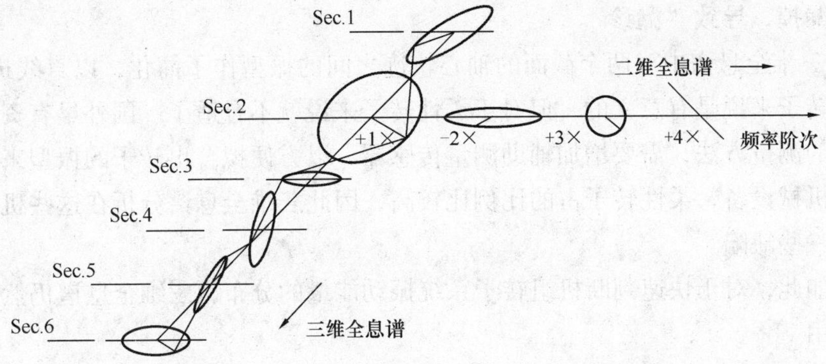

图 9-20 三维全息谱的构成（图中有六个支承截面）

设转子有 n 个支承截面，第 i 个支承截面上的转频椭圆由正弦项系数 $[sx_i, sy_i]$ 和余弦项系数 $[cx_i, cy_i]$ 决定：

$$\begin{cases} x_i = A_i\sin(\omega t + \alpha_i) = sx_i\sin(\omega t) + cx_i\cos(\omega t) \\ y_i = B_i\sin(\omega t + \beta_i) = sy_i\sin(\omega t) + cy_i\cos(\omega t) \end{cases}$$

所有支承截面上的正弦项系数和余弦项系数形成一个系数矩阵：

$$R = \begin{bmatrix} sx_1 & sy_1 & cx_1 & cy_1 \\ sx_2 & sy_2 & cx_2 & cy_2 \\ \vdots & \vdots & \vdots & \vdots \\ sx_n & sy_n & cx_n & cy_n \end{bmatrix}$$

其中，当 $\omega t = 0$ 时，转频椭圆上的对应点称为初相点，第 i 个转频椭圆的初相点坐标是

$$IPP_i = [cx_i, cy_i]$$

式中 ω——转子回转的角速度。

图 9-21 是一张典型的三维全息谱。它是由四个支承处的转频椭圆、相应的初相点和连接各转频椭圆的创成线所组成。各个转频椭圆的旋向由圆周上的标志点确定，初相点“。”与后续点“*”在转频椭圆上的相对位置表明了转子的进动方向。

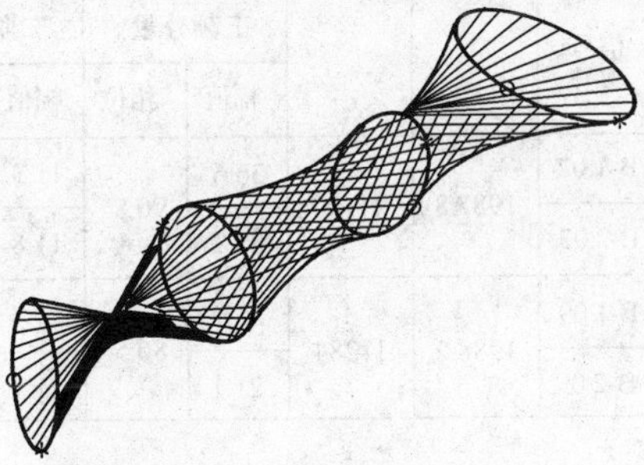

图 9-21 一台机组的三维全息谱

注：图中自左至右四个支承截面分别为空气压缩机支承和汽轮机支承

随着全息谱技术的不断普及和应用，三维全息谱越来越为生产实践所接受。它不但提供了转子振动的全貌、轴承的刚性、振动最大的环节、转子受力的情况，也提供了转子在工作转速下的混合振型。

全息谱分析存在的问题：

（1）即使是旋转机械，部分故障发生时由于呈现非线性特性，其特征频率未必为转子工作转速频率的整数倍，可能因此引发某些部件的固有频率，这些信息在全息谱分

析中极易漏掉，导致“漏诊”。

（2）三维全息谱中对两个截面的轴心轨迹之间的振型作了简化，以直线进行连接，对于刚性转子来说是有意义的，但对于柔性转子来说就不合适了。国外早有资料介绍过转子振型的测量方法，需要增加辅助测量传感器，以方便拟合出转子的振型来。对于大多数旋转机械设备，柔性转子占的比例比较高，因此三维全息谱分析在这些机组的分析中还存在一些缺陷。

虽然如此，对于快速判断机组转子系统振动能量的分布，三维全息谱仍然具有较好的参考作用。

三、全息谱的工程应用

综上所述，全息谱在传统谱分析的基础上加入了被忽略了的相位信息，谱的显示形式也由谱线变成了椭圆状，除了大小外，椭圆还有偏心率、倾角、转向等特征，故障识别能力得到了很大的提高。下面列举一些应用实例。

图 9－22 是氮压缩机一个支承平面内两个互相垂直的振动信号各自作 FFT 分解后，将工频分量和二倍频分量按其幅值和相位差合成得到的两组信号。对于前一组信号，由于工频分量幅值十分相近，相位差等于 90°，其合成轨迹为一个圆；而二倍频分量，虽然幅值仍然接近相等（11.3 与 11.8），但相位差为 114.3°，合成以后的轨迹为一椭圆。后一组信号是机组刚大修后的情况，运行状态与大修前有明显的改变，虽然工频分量的相位差为 86.5°，仍接近 90°，但两个分量的幅值有着明显的差异（27.9 与 21.1），合成以后的轨迹为一椭圆。二倍频分量合成以后的椭圆长轴的方向变化不大，但椭圆显著增大。两个分量合成以后的情况综合说明，大修以后，转子本身的缺陷虽然有所纠正，但不对中的情况比原来的要严重。

信号编号			工频分量		二阶分量	
			幅值	相位	幅值	相位
B-1.02	1987.8	11190	36.6	90.5°	11.3	114.3°
B-2.02			38.7		11.8	
B-1.09	1988.2	11284	27.9	86.5°	21.4	112.7°
B-2.09			21.1		21.1	

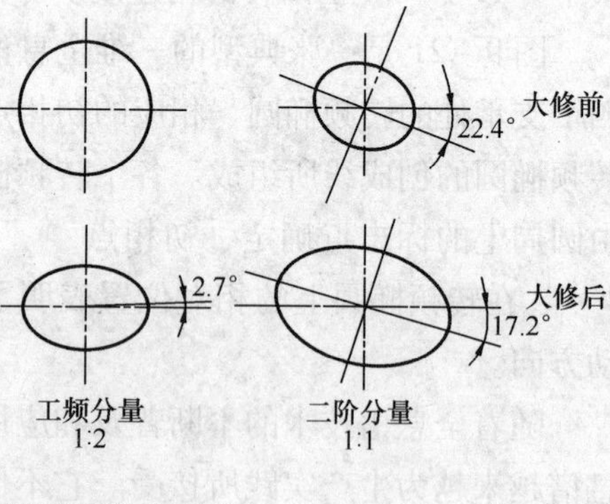

图 9－22　全息谱用于大修质量的检验

图 9－23 所示是 200MW 发电机组中压缸前支承截面内的水平与垂直两个方向振动信号的幅值谱。从这两张谱图上看，工频分量较大，伴随着少许的 2 倍频分量，更高阶倍频分量基本没有。因此单纯从幅值谱来看，很易被误认为振动是由于不平衡、弯曲及少量的不对中所致。但是在全息谱上看，工频下振动图像是个很扁的椭圆，其短轴和长轴之比仅为 0.11，由前述可知，对于刚度各向同性的转子，不平衡的特征是在工频下的振动轨迹为一个圆。那么，问题就不在转子本身，而在于机座上的其他部件，极有可

能是由于转子受到外力作用而产生的振动。实际情况也正是如此。在机组升速过程中，高压缸温升很快，而中、低压缸温升要慢得多，造成转子两端热膨胀不均，形成热不对中。为了减少热不对中所造成的振动，厂家减少了轴瓦和转轴间的间隙，加大了预紧力，从而造成转子受力不均，出现很扁的椭圆形振动轨迹。

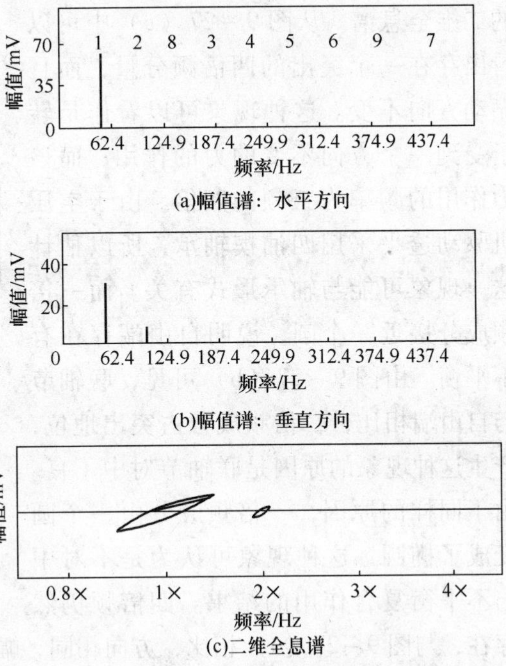

图 9－23　全息谱用于热对中及预紧力的诊断

图 9－24 是一台 200MW 发电机的一个轴承截面处的幅值谱。通常，回转频率处的分量即工频分量（本例为 50Hz）意味着转子的失衡，二倍频分量则表示转子不对中。然而，如果把两个相互垂直方向的工频分量和二倍频分量综合起来考虑它们的相位关系，就会得到一个如图 9－25（a）所示的二维全息谱。在此图中，由于 x 方向分量与 y 方向分量同相位且幅值相等，因而合成后形成了两条垂直于水平轴的直线。图 9－25（b）为不对中转子的全息谱图，图 9－25（c）为横向裂纹转子的全息谱图。它们的幅值谱均类似于图 9－24，所以无法通过幅值谱来区分上述不同转子故障，但是通过相应的全息谱图，则可轻而易举地将它们一一分开。

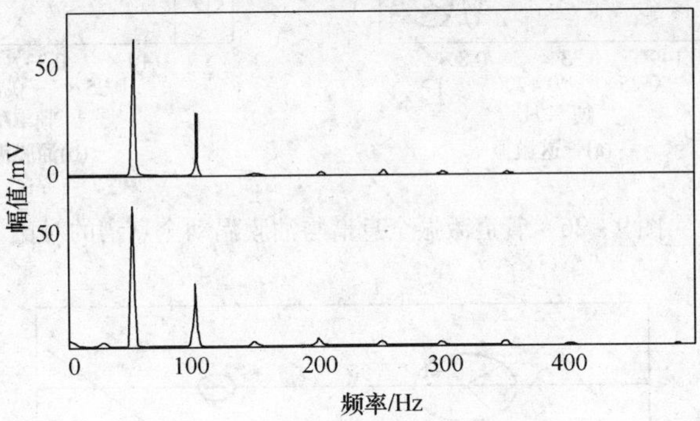

图 9－24　电气干扰的幅值谱

某台二氧化碳压缩机组的幅值谱上存在着很大的半频分量。起初，维修人员认为转子发生了油膜涡动。而从全息谱图上看，其椭圆长轴几乎垂直于水平轴，且偏心率相当大。油膜涡动不可能只在垂直方向上产生，上述判断肯定有误，与真正的油膜涡动全息谱相比，见图 9－26，可作出确诊，其故障为管道激振，主要是压缩机管道入口处的 90°弯头产生了垂直方向的冲击，并使转子在垂直方向上发生剧烈振动。

图 9－27（a）、(b) 分别是某化肥厂空压机驱动透平转子自由端和联轴节端振动

的二维全息谱。从图9－27（a）中可以看出存在一个突出的四倍频分量，而且振动方向不变。这种现象可以看作是转子受到一个方向不变的力的作用，而该力作用的频率为工频的四倍。由于空压机驱动透平采用四油楔轴承，所以估计这一现象可能与轴承形式有关。而一倍频成分接近一个圆，说明自由端存在有不平衡。由图9－27（b）可见，联轴节与自由端相比，二倍频成分占突出地位，产生这种现象的原因是联轴节对中不良。由于同样的原因，一倍频成分由一个圆变成了椭圆，这种现象可认为是不对中与不平衡复合作用的结果。四倍频仍然存在，与图9－27（a）相比，方向相同，幅值变小，可见两者产生原因相同。

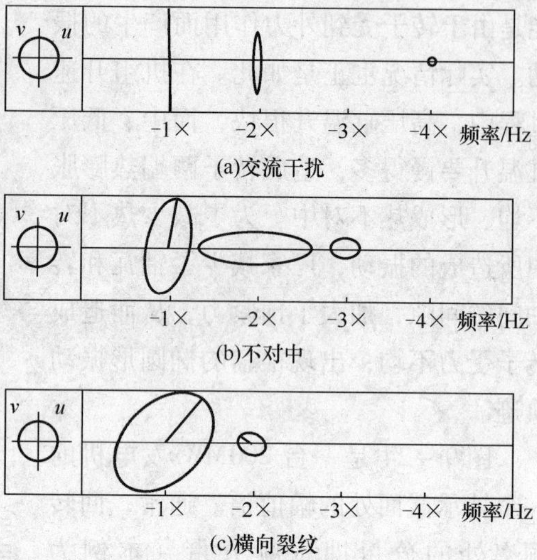

图9－25　电气干扰、不对中与横向裂纹的全息谱

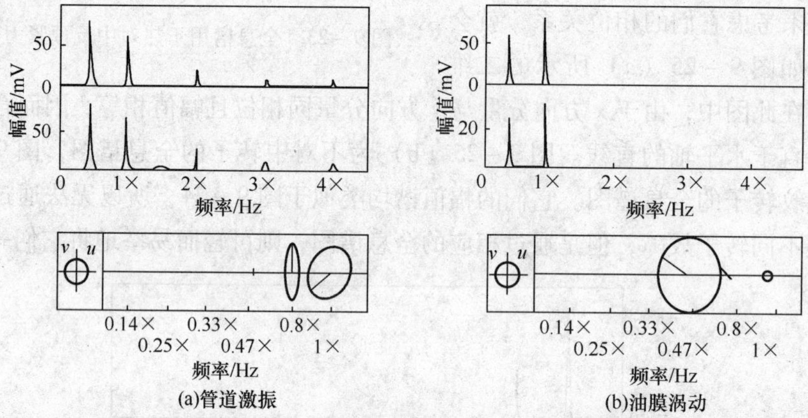

图9－26　管道激振全息谱与油膜涡动全息谱的对比

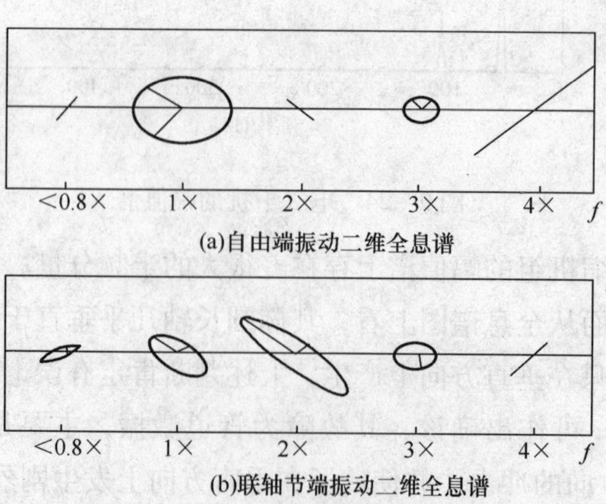

图9－27　透平转子振动二维全息谱

第四节　波　德　图

机组启停过程数据包含了丰富的振动信息，这些信息在稳态数据中无法反映出来。从本节开始到第六节内容将介绍几种从机组启停数据中提取振动特征的方法。

一、波德图的构成

波德图是将机组启停过程中各转速下的振幅和相位分别绘在以转速（或时间）为横坐标的直角坐标系上所得到的曲线。如图9－28所示。图9－28（a）为相位随转速的变化情况，又称为相频图，图9－28（b）为振幅随转速的变化情况，又称为幅频图。相频图和幅频图可以单独使用，也可以结合起来使用。

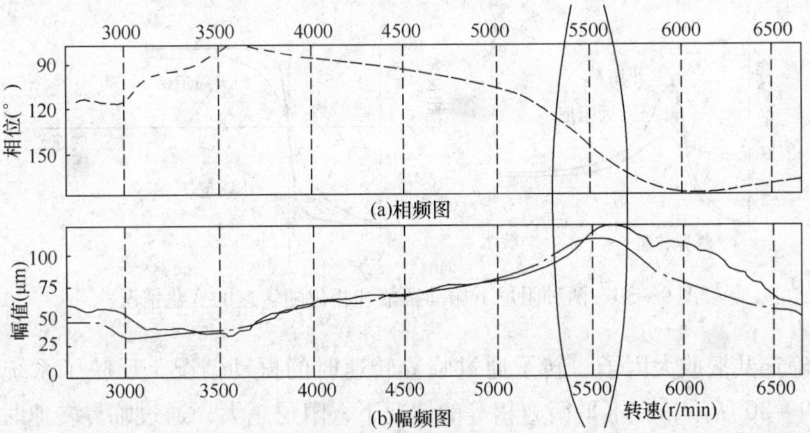

图9－28　波德图

在机组升速过程中，受升速率、膨胀、温度、温差等众多因素的影响，振动数据可能会有一定误差。相比之下，停机过程大多比较平稳。为了获得比较准确的波德图，建议以停机过程振动数据为主。

二、波德图的工程应用

（1）判定系统临界转速。振动出现峰值和相位明显变化是判断临界转速的重要依据。如图9－28中，临界转速应该是在5500r/min附近（图中标出的部分）。

当图上峰值不明显或峰值较多时，临界转速的判断必须结合相位变化。实际机组受阻尼影响，通过临界转速时相位变化幅度不同。阻尼小，相位变化幅度大，阻尼大，相位变化幅度小。通常情况下，临界转速附近相位变化能够达到60°以上。

判断临界转速有时还必须将轴振和瓦振综合起来分析。图9－29给出了某台汽轮机升速过程轴振、瓦振波德图。从图中可以看出，在1400r/min和1750r/min附近轴振和瓦振同时出现了比较明显的振动峰值，该峰值对应着转子临界转速。在2500r/min之后，随着转速的升高，轴振减小，瓦振增大，在3300r/min附近，瓦振又出现较大的振动峰值。由于在该转速下轴不振而轴瓦在振，可以判定瓦振的这个峰值不是由于转轴振动引起的，而应该对应着轴承座支承系统临界转速。

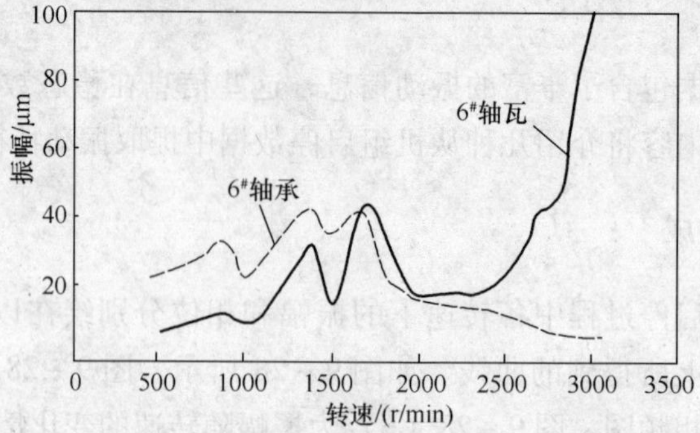

图 9-29 某台 300MW 汽轮机升速过程轴振、瓦振波德图

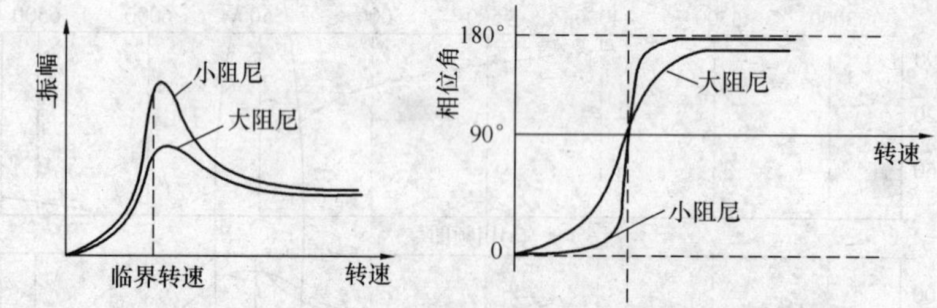

图 9-30 两种阻尼下振动幅值和相位随转速的变化情况

（2）确定共振放大因子。转子通过临界转速时的振动情况，反映了系统阻尼的大小。如图 9-30 所示，在不平衡力相等的情况下，阻尼越大，通过临界转速时的振动越小；阻尼越小，通过临界转速时的振动越大。临界转速附近振动峰值情况可以用共振放大因子（Q 系数）来表示

$$Q = \frac{\omega_{cr}}{\omega_1 - \omega_2} \tag{9-24}$$

式中 ω_{cr} ——临界转速；

ω_1, ω_2 ——幅频图上与 0.707 倍共振峰值相对应的两个转速，又称为半功率点，如图 9-31 所示。

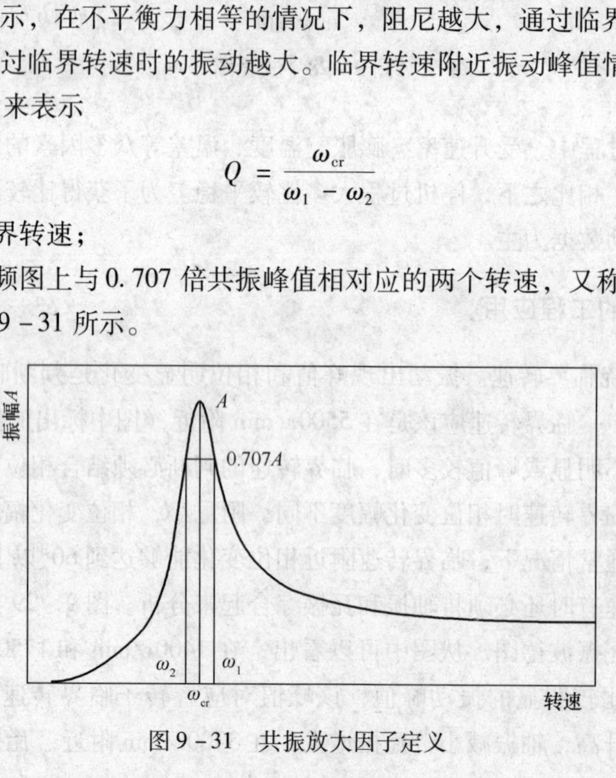

图 9-31 共振放大因子定义

有文献指出，$Q \leqslant 4$ 表示系统阻尼很大；$4 < Q < 8$ 表示阻尼较大，系统是稳定的；$8 \leqslant Q < 15$ 表示系统阻尼处于边缘状态；$Q \geqslant 15$ 表示系统阻尼不够，机组容易发生摩擦和失稳等故障。

根据临界转速附近轴系不平衡响应变化情况，日本日立公司将不平衡响应敏感度分为 5 个区域，各区域含义见表 9－1。每个区域所对应的 Q 系数范围如图 9－32 所示。

表 9－1　不平衡响应敏感区域的划分

区　域	敏感度	可期望的轴系运行状态
A	非常低	临界转速下振动小，找到临界转速困难
B	低	振动小并且稳定
C	一般	振动可接受，有明显变化
D	高	不平衡响应大
E	很高	不平衡响应很大，一般不允许

旋转机械转子－轴承系统阻尼主要来源于滑动轴承，因此共振放大因子的变化也就直接反映了轴承所提供的阻尼变化。比较故障前后共振放大因子的变化也可反映轴承工作状态的变化。

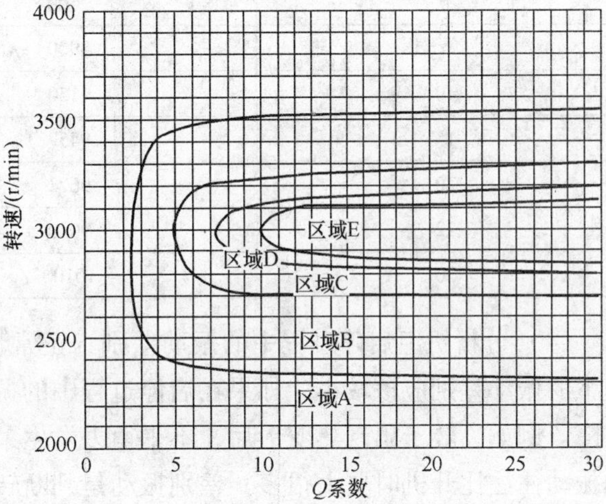

图 9－32　不同区域所对应的 Q 系数范围

图 9－33 给出了某台压气机故障前后升速过程中的振动变化情况。故障前，升速通过临界转速时的振动比较平稳，共振放大因子 $Q=4.2$，故障后，通过临界转速时的共振峰值比较明显，共振放大因子 $Q=7.5$。停机检查发现，轴承下轴瓦局部出现了比较大的磨损。

（3）分析转子上不平衡量以及不平衡形式

某厂一台 LM5000 型燃气轮机，该机组采用双轴结构，装机容量为 47MW，设定机

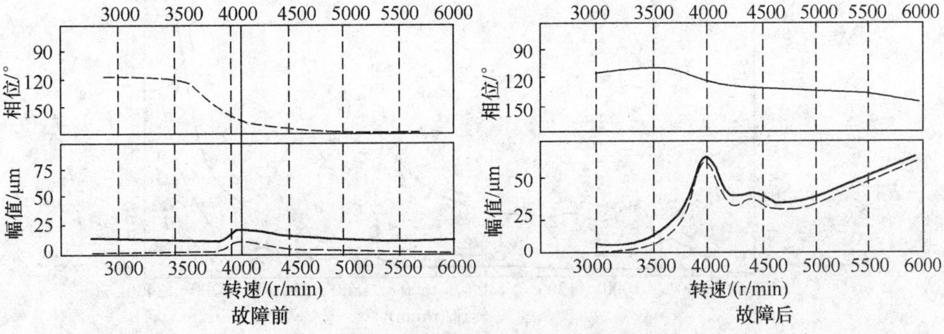

图 9－33　压气机轴承乌金磨损前后波德图

组振动报警值为50mm/s，跳机值为76.2mm/s。该机组出厂试验时振动较好，但是现场调试时发现，高压压气机振动随着负荷的增加而增大。当负荷升到20MW时，振动值超过50mm/s，当负荷升到30MW时，振动值接近75mm/s。由于振动与负荷关系明显，初期振动分析时，厂方在转子中心、热变形等方面进行了细致的检查，做了大量工作，但是并没有发现故障的根本原因。分析机组运行记录（表9-2）发现，空负荷下高压转子转速为7600r/min，额定负荷下高压转子转速为10800r/min。随着负荷的增加，转速在增大，振动也在增大。虽然本机组表现出来的突出特征是振动随负荷变化，但是本质上却是机组振动随转速而变化，该现象在图9-33上表现得非常明显。至此，故障原因已经非常明确，即转子上存在不平衡。检修时，在转子第三级叶轮上进行配重，成功地消除了机组振动问题。

表9-2　高压压气机振动随负荷及转速变化情况

功率输出/MW	转速/（r/min）	高压压气机振动/（mm/s）
0	7600	22.86
5	8900	33.02
10	9150	38.10
15	9457	50.80
20	9622	53.34
22	9930	63.50
30	10100	76.20

（4）分析机组启停过程中的振动差别。正常情况下，在机组启停时，通过同一转速下的振动差别应该较小。如果在启停过程中的振动出现了较大差别，说明机组出现了故障。例如，转子出现热变形后，不平衡力发生了变化，此时快速停机通过临界转速时的振动往往比开机时要大很多。差别振动是判断转子热变形故障的重要依据。图9-34给出了一起由于摩擦引起的热变形故障的典型案例。机组冷态启动时，2100r/min下的振动很小；随着转速的升高，振动直线爬升；2400r/min下暖机时，振动进一步爬升；停机过程中的振动比开机时明显增大。

（5）判断转轴初始偏摆和晃度。转轴初始偏摆过大，会影响工作转速下振动数据的准确性。准确的轴振数据应该从传感器输出信号中扣除初始偏摆。初始偏摆可以根据

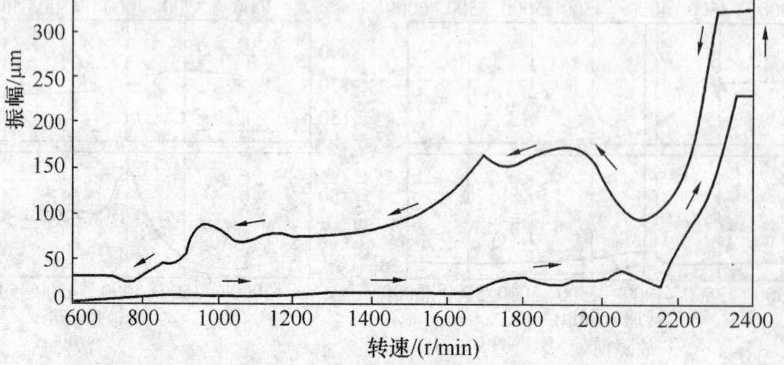

图9-34　转子热变形后升降速过程振动波德图

低转速下传感器的输出来判断。排除初始偏摆后，低速下的转轴晃度反映了大轴弯曲和转子对中情况。

（6）判断地基、管道等部件是否出现共振。共振现象的典型特征就是振动随转速变化明显。在共振转速附近，振动出现峰值，而转速偏离共振转速，振动随即减小。

第五节　奈奎斯特图

一、奈奎斯特图的构成

奈奎斯特图是将在启停过程中每个转速下的基频振幅和相位用极坐标表示的一条曲线。换言之，将波德图以极坐标形式表达出来就可以得到图 9 – 35 所示的奈奎斯特图。由奈奎斯特图可以得到有关转子运行状态的一些基本特性。分析振幅峰值和相位偏移，能够发现转子系统共振频率和临界转速。根据低速下的幅值和相位，有助于了解转子弯曲的程度。纵观奈奎斯特图的全图，还可以看出整个启停过程中转子系统对于转子不平衡激振的响应。

图 9 – 35 中，半径代表振动幅值，圆周角度代表相位，曲线上标注的数字为转速。奈奎斯特图实际上反映了振动矢量随转速的变化情况。图中极坐标幅值最大点对应着振动峰值。奈奎斯特图的功能与波德图相似，当转轴存在初始偏摆时，奈奎斯特图上的曲线位置会发生平移，但形状不变；奈奎斯特图中不像其他图谱一样有坐标的箭头，一般对于处理的 1× 的轨迹是一个圆形的轨迹，更确切地说是一个椭圆形的轨迹，这是奈奎斯特图的特点。

如果将图上的变量由转速换为负荷、电流或时间等参数，也可以画出一条类似的曲线，反映参数变化过程中振动矢量的变化情况。图 9 – 36 给出了某台机组带负荷过程中振动矢量的变化情况。从图中可以看出，在空负荷和满负荷下，振动幅值和相位都发生了较大变化。

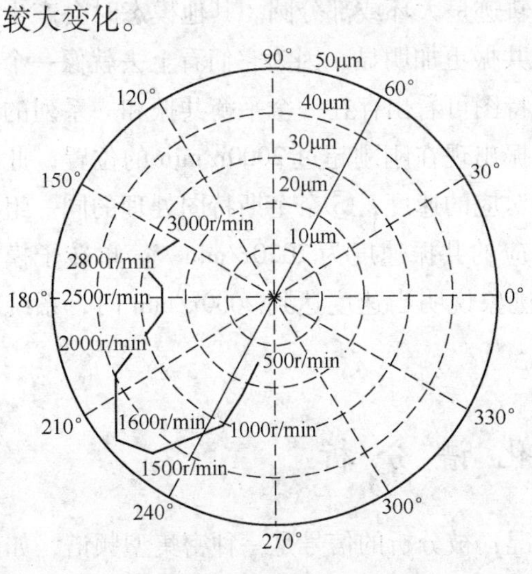

图 9 – 35　奈奎斯特（Nyquist）图

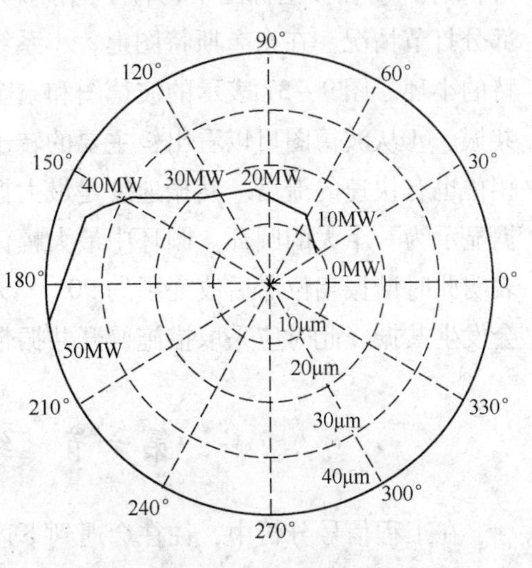

图 9 – 36　振动随负荷变化情况

二、奈奎斯特图与波德图的关系

对于转子系统来说，奈奎斯特图和波德图都是对机组非稳态运行进行故障诊断的重要方法。它们一般有两个用途：①系统平衡；②确定和分析系统的响应。

奈奎斯特图和伯德图处理同样的数据，由于形式不同，把两个图结合在一起分析比单看一张图得到的结果要丰富珍贵得多。下面我们就从图 9－37 这一例子中体会，怎样结合这两种故障诊断方法分析图谱发现从而更多设备启停机过程中的信息。

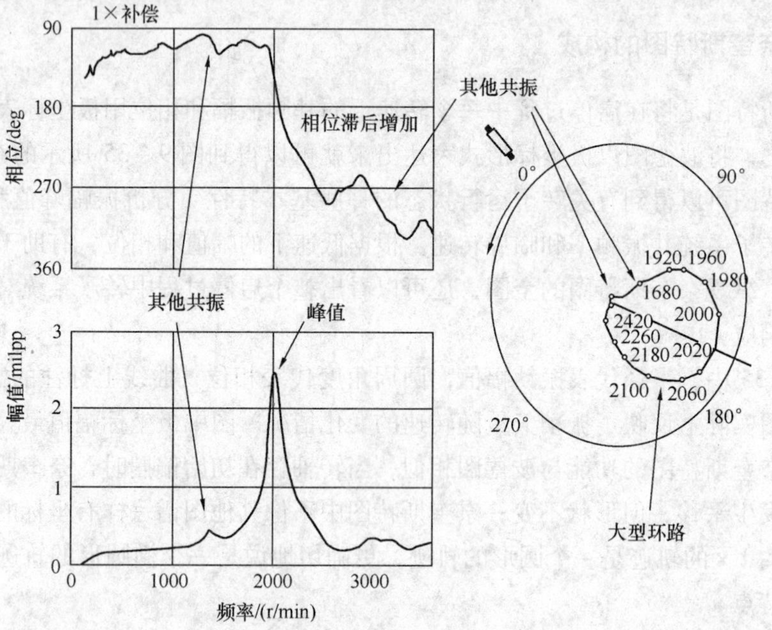

图 9－37　奈奎斯特图与波德图的关系

图中反映出：①一个振幅峰值；②在振幅峰值对应的频率处，相位有显著的滞后（降低）；③在极坐标图中，转子当前 1×时轨迹呈大环或部分圆。其他模态时会产生小部分打节情况。在奈奎斯特图上，小系统的共振更加明显，因为它们看上去就像一个独特的小环。图 9－37 表示的波德图和奈奎斯特图可看出存在一个平衡共振和一系列的小共振。④从波德图可以看出：主要的转子共振出现在刚刚超过 2000r/min 的位置，此时相位也有快速的滞后。共振速度是最大振幅对应的速度；⑤奈奎斯特图处理的同一组数据显示为一个大的圆环。圆环中最大幅值对应的共振速度为 2020r/min。简单转子模型表明此时谐振相位滞后改变了约 90°。以上迹象说明当速度达到 2000r/min 时，系统就会发生共振，此时应采取措施躲开共振带。

第六节　细 化 谱 分 析

在工程信号分析中，往往会遇到下述情况：被分析的信号是一种密集型频谱，如语音、振动、噪声等，其频谱图上的频率间隔很细，但频带分布又较宽。在这种情况下，为了识别谱图的细微结构，就必须要求信号分析系统既要有较高的频率分辨率，又要有较宽的频率范围，但这两者之间是有矛盾的。

用普通的快速傅里叶变换方法分析一个给定的频率范围时，如果提高频率分辨率就势必要扩充变换的容量（增加时间记录长度），这就大大地增加了信号处理的时间，而在一些专用机器上，采样点数是限定的（例如 1024 点），因此要进一步提高频率分辨率是很困难的。上世纪 70 年代后期出现的一种频段扩展快速傅里叶变换技术（也有称为频率细化或细分 FFT）是一种不要求再扩充变换容量就能提高分辨力的方法。

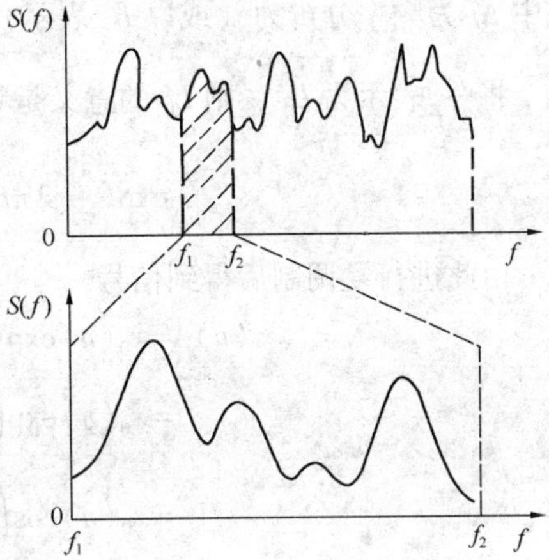

图 9 - 38　窄带谱的频率细化

窄带谱的频率细化，或称为局部频率的放大，犹如电视摄像机中，用变焦距镜头放大整个画面中的局部图像一样，能使某些感兴趣的重点频区得到较高的分辨力（图 9 - 38），这对分析频率的细微结构是很有成效的。

频率细化方法有多种，如复调制细化、相位补偿细化、Chirp - z 变换，以及最大熵谱分析等，本节将讨论前二种。

一、基于复调制的细化 FFT 方法

这一方法包括数字频移、数字低通滤波、重采样、快速傅里叶变换及加权修正等处理步骤，图 9 - 39 表示出了处理方法的方框图。信号在模/数转换之前由抗混滤波器进行低通滤波，这是采样定理的要求，然后经过模数转换器的采样（采样频率为 f_s），反馈到频段扩展处理器进行处理之后进行下列工作。

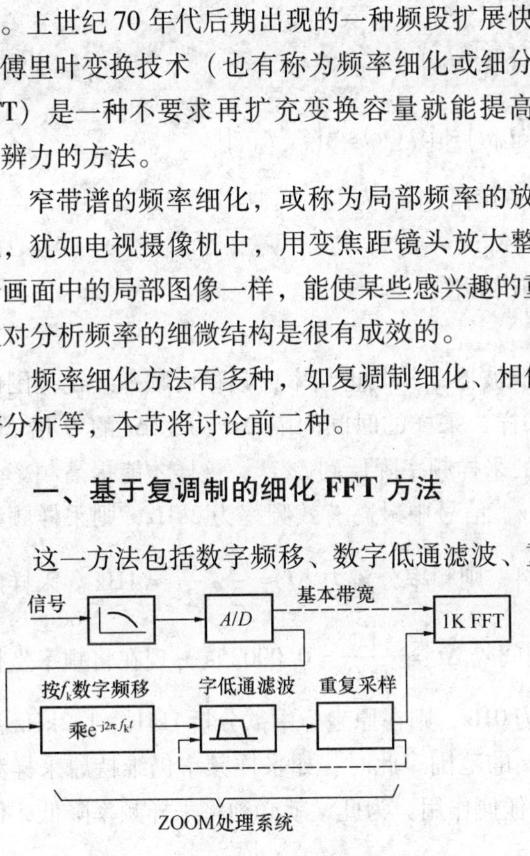

图 9 - 39　复调制原理细化方法

1. 频率移位

设信号的时间记录长度为 $T = NT_s$，T_s 为采样时间间隔（或以 Δt 表示），N 为该时间记录的总采样点数。离散后的时间信号 $x_0(n)$ 的离散频谱为 $X_0(k)$，它是以 N 为周期的函数。

$$X_0(k) = \sum_{n=0}^{N-1} x_0(n) W_N^{nk} = X_0(k + iN) k = 0,1,\cdots,N-1 \qquad (9-25)$$

现在对 $x_0(n)$ 以 $e^{-j2\pi f_k t}$ 进行复调制。先以 $t = n\Delta t = \frac{n}{f_s} = \frac{n}{N\Delta f}$ 代入，得

$$\exp(-j2\pi f_k t) = \exp\left(-j2\pi \frac{f_k}{f_s} n\right)$$

$$= \exp\left(-\mathrm{j}\frac{2\pi}{N}\cdot n\cdot\frac{f_k}{\Delta f}\right) \tag{9-26}$$

式中 Δf 为频率分辨力（或以 B_e 表示）。

将 $\frac{f_k}{\Delta f}$ 表示为 L_0，则 L_0 的意义是频率为 f_k 时谱线的序号，代入式（9－26），得

$$\exp(-\mathrm{j}2\pi f_k t) = \exp\left(-\mathrm{j}\frac{2\pi}{N}nL_0\right)$$

由此进行复调制后得到信号

$$\begin{aligned} x(n) &= x_0(n)\exp(-\mathrm{j}2\pi f_k t) \\ &= x_0(n)\exp\left(-\mathrm{j}\frac{2\pi}{N}nL_0\right) \\ &= x_0(n)\cos\left(\frac{2\pi}{N}L_0 n\right) - \mathrm{j}x_0(n)\sin\left(\frac{2\pi}{N}L_0 n\right) \end{aligned}$$

根据离散傅里叶变换的频移性，$x(n)$ 的离散频谱为

$$X(k) = X_0(k + L_0) \tag{9-27}$$

$X(k)$ 为频移后的频谱，$X_0(k)$ 则为频移前的频谱。

2. 低通滤波并降低采样频率

频移后的信号 $x(n)$ 再通过一个低通滤波器，其截止频率为频移后频率细化范围的上限频率。之后，在时域对信号进行重采样，采样的时间间隔 $\Delta t'$ 为原 Δt 的 D 倍（D 又称选抽比，细化倍数），也就是把信号的采样频率降低到 f_s/D，这样才能提高频率分辨力。举例来说，原来信号的带宽为 2kHz，信号中最高有效频率为 2kHz，则采样频率至少应为 $f_s = 4\text{kHz}$。设采样点数 $N = 1024$，则频率分辨力 $\Delta f \approx \frac{f_s}{2}/\frac{N}{2} \approx 4\text{Hz}$。采样的时间记录长度为 $T = \frac{1}{\Delta f} = \frac{1}{4}\text{s}$。采样时间间隔 $\Delta t = \frac{1}{4000} = 0.00025\text{s}$。现在将频率坐标原点平移至 1kHz 处，即在新坐标中此点为 0Hz，则在原坐标中欲分析 1kHz ~ 1.2kHz 范围的信号，而在新坐标中为 0Hz 至 200Hz 的范围。此时，如采样频率仍维持原采样频率，则仍然是 $f_s = 4\text{kHz}, \Delta f = 4\text{Hz}$，不起任何作用。为此，就必须将采样频率降低，例如降低 10 倍（$D = 10$），$f'_s = \frac{f_s}{D} = 400\text{Hz}$。采样点数 N 仍为 1024 点，经 DFT 后得 512 根谱线，这时频率分辨力 $\Delta f' = \frac{400}{2}/\frac{1024}{2} \approx 0.4\text{Hz}$。由此可知，当采样频率降低 D 倍，频率分辨力也提高了 D 倍，这就是细化倍数。为了保证不产生频率混淆，重采样前的低通滤波器的通带宽度为 $\frac{f_s}{2}/D = \frac{4000}{2\times 10} = 200\text{Hz}$。

3. 信号输出

假设数字低通滤波器的频响为 $H(k)$，则滤波器输出的时域表示为

$$y(n) = \frac{1}{N}\sum_{k=0}^{N-1} H(k)X(k)W_N^{-kn} \tag{9-28}$$

以比例因子 D 对 $y(n)$ 进行抽选采样得

$$y(Dm) = g(m)$$

考虑存在 $X_0(K) = X_0(K+iN)$（频谱周期性）和 $X(K) = X_0(K+L_0)$（坐标平移）以及 $y(n) = \frac{1}{N}\sum_{k=0}^{N-1} H(k)X(k)W_N^{-kn}$

得 $g(m) = \frac{1}{N}\{\sum_{P=0}^{N/2-1} X_0(P+L_0)W^{-pm} + \sum_{P=N/2}^{N-1} X_0(P-N+L_0)W^{-pm}\}$　　(9-29)

注意，在这里认为滤波器频响在该频带内为 1，若不为 1 则应修正。$g(m)$ 的频谱 $G(k)$ 为

$$G(k) = \sum_{m=0}^{N-1} g(m)W_N^{mk}$$

$$= \begin{cases} \frac{1}{D}X_0(k+L_0), k = 0,1,\cdots,\frac{N}{2}-1 \\ \frac{1}{D}X_0(k+L_0-N), k = \frac{N}{2},\frac{N}{2}+1,\cdots,N-1 \end{cases} \quad (9-30)$$

所以有

$$X_0(k) = \begin{cases} D\cdot G(k-L_0), k = L_0,\cdots,L_0+\frac{N}{2}-1 \\ D\cdot G(k+N-L_0), k = L_0-\frac{N}{2},\cdots,L_0-1 \end{cases} \quad (9-31)$$

由此可见，经过几个处理步骤，分析所得到的结果完全能反映出原来子序列在某一范围内的频谱特性。幅度绝对值相差一比例常数 D。与同样点数的 FFT 相比，这一细化方法所获得的分辨力要高 D 倍，而就算法的计算而言，细化方法的计算效率大为提高。$D=100$ 时效率提高约 10 倍。D 愈大，效率的提高愈显著。

这种细化方法的特点是细化倍数大，有高达 $D=400$ 的，但是不存贮原始信号，也就是说每细化一次均要求重新记录一次时间信号。

二、相位补偿细化方法

相位补偿细化方法的运算如图 9-40 所示。它的基本做法是：在时域采样中，按所选采样间隔 Δt 采样；一次采样后，将起始点右移 $\Delta t/D$，再行采样（图 9-41），如此逐步右移 D 次，得 D 组时间序列；再利用位移定理，使 D 组时间序列经 FFT 后得到的频谱都落在同一频宽范围内。因此这个频宽中有了 DN 条谱线，而频率分辨力提高了 D 倍。

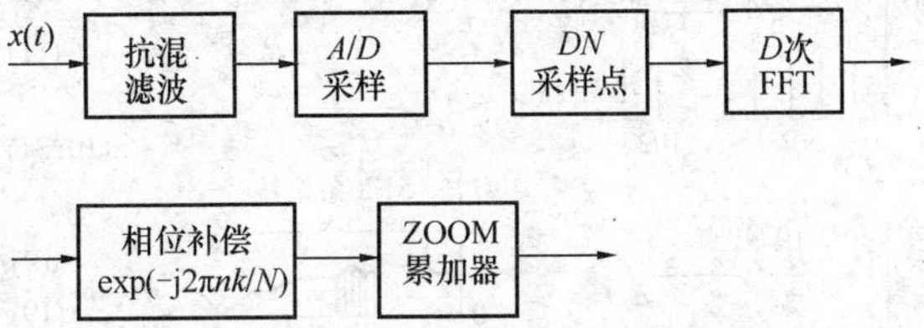

图 9-40　相位补偿 ZFFT 运算过程

设整个数据点为 DN 个，则其离散傅里叶变换为

$$X(k) = \sum_{n=0}^{DN-1} x(n) W_{DN}^{kn} \tag{9-32}$$

若令 $n = Dr, Dr+1, \cdots, Dr+D-1$

将 DN 点分成 D 个子序列，则有

$$X(k) = \sum_{r=0}^{N-1} x(Dr) W_{DN}^{Drk} + \sum_{r=0}^{N-1} x(Dr+1) W_{DN}^{(Dr+1)k} + \cdots + \sum_{r=0}^{N-1} x(Dr+D-1) W_{DN}^{(Dr+D-1)k}$$

$$= \sum_{d=0}^{D-1} W_{DN}^{dk} \sum_{r=0}^{N-1} x(Dr+d) W_N^{kr} \tag{9-33}$$

式中，$\sum_{r=0}^{N-1} x(Dr+d) W_N^{kr} = G_d(k)$ (9-34)

于是

$$X(k) = \sum_{d=0}^{D-1} W_{DN}^{dk} G_d(k) \tag{9-35}$$

即总频谱等于各个子序列的 FFT 再乘以相位补偿项即得。具体计算过程如图 9-42 所示。图中 $D=10$，$N=1024$。

这种算法要作 D 次 FFT 运算，是在全频带内将谱线加密，方法简单，放大倍数不高。

综上，细化谱的频率分辨率比普通频谱高，其在故障诊断中应用的原理是相同的。

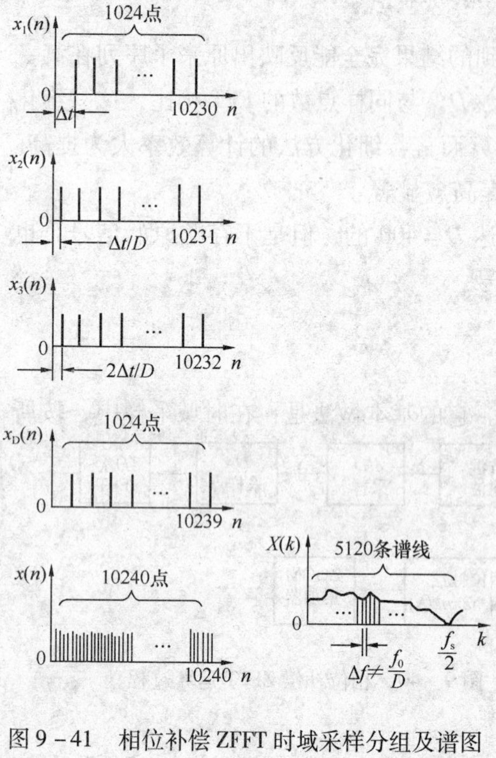

图 9-41　相位补偿 ZFFT 时域采样分组及谱图

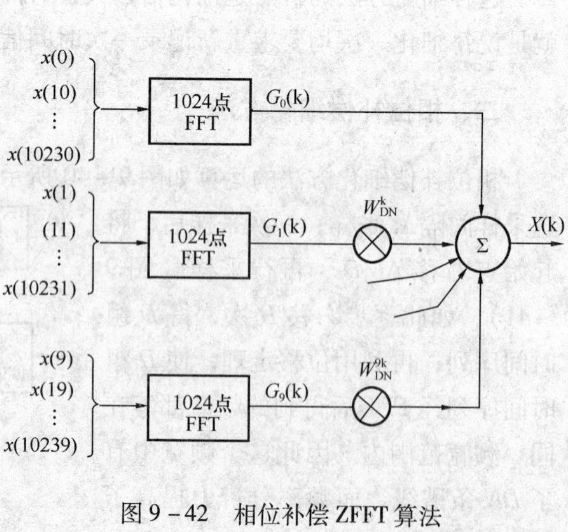

图 9-42　相位补偿 ZFFT 算法

第七节　包络解调法

一、包络解调法基本原理

包络解调法是故障诊断中较常用的一种方法，主要用来分析调制故障信号，信号的调制解调原理本书前面已作了详细讨论，此处结合轴承和齿轮等零件的故障信号的解调方法做一简要论述，包络解调法可非常有效地识别某些冲击振动，从而找到该冲击振动的振源。包络解调法是一种基于滤波检波的振动信号处理方法，对设备的高频共振信号进行检波处理之后，从高频载波信号中提取附载在高频载波信号上的低频信号。包络解调的基本原理可以用图 9－43 来表示。

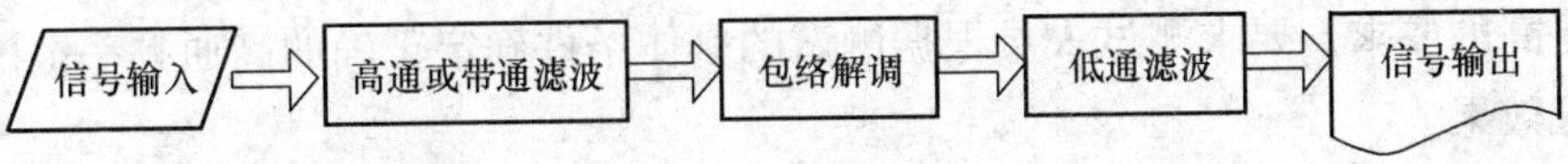

图 9－43　包络解调原理

振动信号经过高通或带通滤波之后，滤掉低频分量，留下来的高频分量（图 9－44 为其频谱图）经过包络解调之后，从高频振动信号（载波）中提取低频振动信号（调制信号）（如图 9－45 所示，图（a）信号是图（b）和图（c）信号的调制）。经过包络解调之后的振动信号中排除了低频的干扰信号，从而突出了设备故障特征信号，提高了信噪比，为诊断分析设备故障提供了较理想的数据。

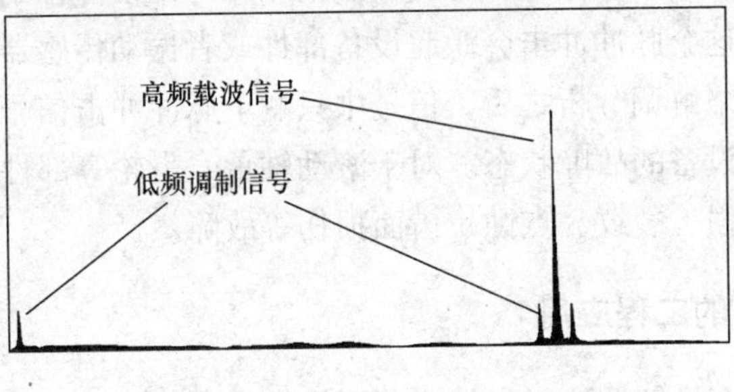

图 9－44　包络信号频谱图

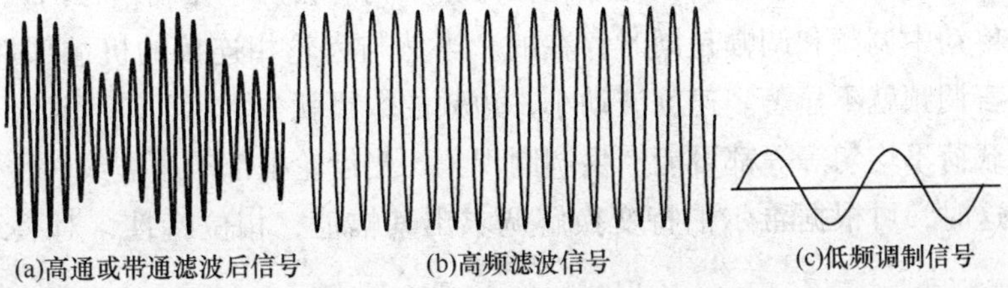

图 9－45　包络信号分解

目前常用的包络解调分析方法如下：

（1）宽带解调技术。这种技术首先对振动信号进行解调，利用了故障信号的全部能量，然后计算机对解调后的信号进行功率谱分析或者倒谱分析，提取有效的故障信号。

（2）共振解调技术。这种方法在上世纪 70 年代就被美国和瑞典利用，其解调原理是当某个元件发生故障时，将引起一系列脉冲，该脉冲在频域内含有基频及一系列高阶谐波，这种高阶谐波会激发结构系统、结构元件或传感器元件的共振频率响应，把这种响应信号通过检波和低通滤波，获得原系列脉冲的包络。

（3）选频解调技术。选频解调的过程是按分析需要进行选频高通滤波，通过移频、检波和低通滤波后获得原信号的包络，这种解调技术的原理与共振解调技术相似，所不同的是可以根据测试的具体条件选择高通频率，从而取得最佳的解调效果。因此这种方法适用范围较广，使用较灵活，比较适合于不同的设备类型。但是这种解调技术对测试人员有更高的要求，要求测试人员根据测试的具体条件确定正确的高通频率范围，取得最佳测试效果。

（4）Hibert 解调技术。这种解调技术是利用 Hibert 变换进行解调的技术，其优点是同时可以得到信号的幅值变换、相位变换和频率变换。

（5）同态滤波技术。同态滤波技术主要针对卷积型和相乘型信号的解调技术。

作为振动信号处理的一种方法，包络解调和传统的 FFT 分析方法不同的是在进行频谱分析之前对信号进行滤波检波分析，从而只提取附载在高频信号上的调制信号。对于设备的一些损伤性故障，如：旋转机械的相对运动表面上具有凹坑、剥落等，那么当设备运行时会产生周期性的脉冲冲击，这个脉冲信号是判断设备故障的重要依据。但是这个脉冲冲击信号本身能量比较小，在振动频谱图上冲击信号并不明显，往往被其它振动成分所埋没。然而这个脉冲冲击会激起设备部件或者振动传感器元件的高频共振，对高频共振信号进行包络解调分析之后，信号中只剩下脉冲冲击信号，根据这部分信号的特征可以有效地判断设备的故障状态。对于滚动轴承、齿轮等部件，包络解调诊断技术可以有效地诊断出磨损、裂纹、点蚀、齿面损伤等故障。

二、包络解调法的工程应用

例：用希尔伯特变换解调法对齿根疲劳裂纹进行诊断。

在齿轮传动中，由于转速的变化或轮齿等分不均匀会产生振动信号的调频现象，而实际上齿轮传动中调频和调幅是同时存在的。当然与齿轮相连接的机械部件惯性越大，相对调幅而言调频就不显著。速度波动小，边频的数目就少。齿面波度误差、相邻周节误差、齿面载荷不均匀等等都可能产生调制现象。当齿轮根部产生裂纹时，同样会产生调制现象。这时，可根据希尔伯特变换解调求出其幅值、相位特性，对裂纹故障进行诊断。

其原理为：

齿轮的啮合振动可表示为：

$$x(t) = \sum_{m=0}^{N} X_m \cos(2\pi m Z f_r t + \gamma_m) \tag{9-36}$$

式中　Z——齿数；

f_r——轴频。

调制系数为：

$$\begin{cases} a_m(t) = \sum_{n=0}^{N} A_{mn}\cos(2\pi n f_r Z + \alpha_{mn}) \\ b_m(t) = \sum_{n=0}^{N} B_{mn}\cos(2\pi n f_r Z + \beta_{mn}) \end{cases} \tag{9-37}$$

式中　a_m——幅值调制函数；

b_m——相位调制函数。

被调制的齿轮啮合振动可表示为：

$$y(t) = \sum_{m=0}^{M} X_n\{1 + a_m(t)\cos[2\pi m f_r t + \gamma_m + b_m(t)]\} \tag{9-38}$$

考虑到齿轮运动的特点，可简化为：

$$\begin{cases} a_m(t) = |c_m(t)|/X_m - 1 \\ b_m(t) = \arg(c_m(t)) - (2\pi m Z f_r t + \phi_m) \end{cases} \tag{9-39}$$

根据式（9-37）中齿轮的幅值调制函数和相位调制函数，即可诊断齿轮根部裂纹。图9-46为齿根裂纹刚刚萌生时，应用希尔伯特变换解调方法得到幅值与相位解调的谱图；图9-47是裂纹扩展后得到的同样谱图。从图上可以看出，在相位和幅值的两个方面与正常谱图9-46相比都产生了明显的差异。

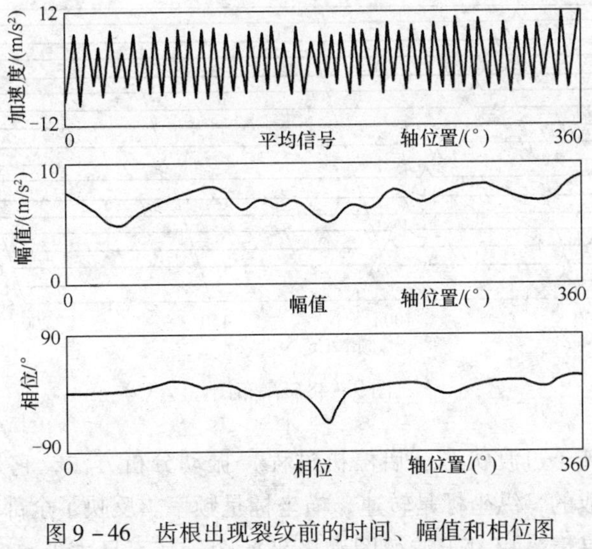

图9-46　齿根出现裂纹前的时间、幅值和相位图

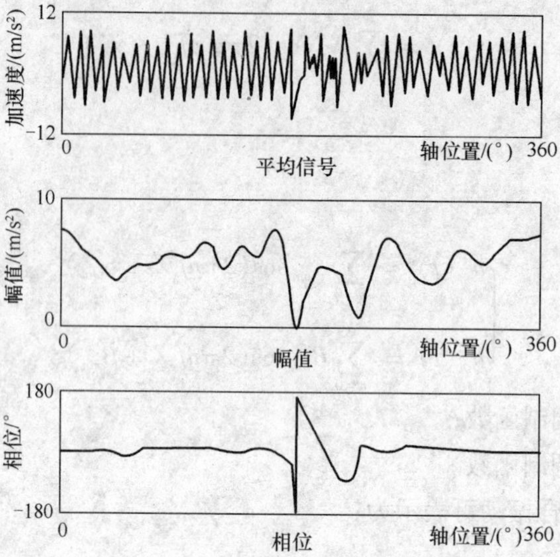

图 9－47　齿根有裂纹的时间、幅值和相位图

第八节　瀑　布　图

一、瀑布图的构成

将不同时刻（或转速）下的频谱图组合到一起，以时间（或转速）为坐标所得到的三维频谱图就是瀑布（或级联）图（如图 9－48 所示）。根据瀑布（级联）图，可以很直观地看出不同时刻（或转速）下振动频谱的变化情况，了解异常故障的发生与发展过程。

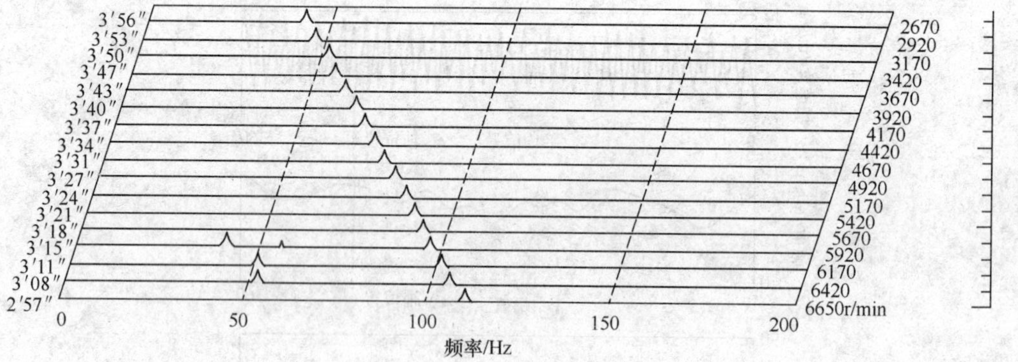

图 9－48　瀑布图

瀑布图是一种转子过渡状态（启停机过程）振动分析方法，它是由各个转速下振动信号的幅值谱构成的，纵坐标是转速，横坐标是频率。反映了全部频率分量的振幅变化情况，图像直观易懂，相对于波德图和极坐标图，其不足之处是丧失了振动的相位信息。

二、瀑布图的工程应用

图9－49为柴油机振动信号瀑布图。图中，在转速为1480r/min的三次频率上和1990r/min的6次频率上谱峰较高，也就是在这两个转速上产生两种阶次的共振，这就可以定出危险旋转速度，进而找到共振根源。

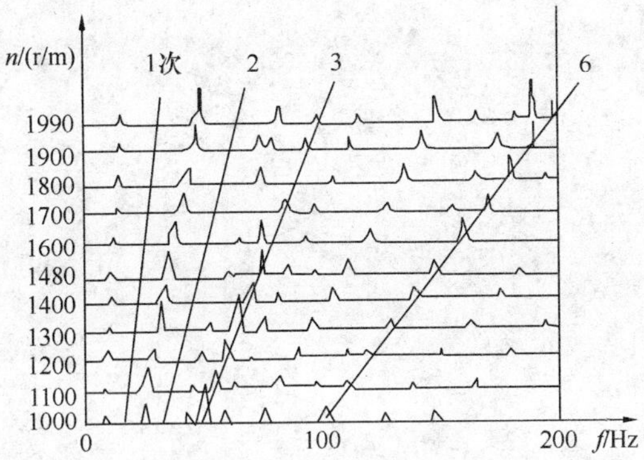

图9－49　柴油机振动瀑布图

第九节　坎　贝　尔　图

坎贝尔图是在三维谱图的基础上，以谐波阶次为特征的振动旋转信号三维谱图。

图9－50为汽轮发电机组振动的坎贝尔图。图中转速为横坐标，频率为纵坐标，右方的序数1～13为转速的谐波次数，每一条斜线代表转速在变化过程中该次谐波的谱线变化情况。坎贝尔图的绘制方法是：先在汽轮发电机组升速（或降速）过程中在各转速点上取振动信号，然后做出各转速点上振动的自谱，以各条谱线的高度为半径，以该条谱线在频率轴上的点为圆心作圆，形成一个以圆大小表达的自谱图，将各转速上振动信号的圆自谱图组合起来，绘出各次谐波斜线就成为最后的坎贝尔图，这种谱图可更为直观地看出随着转速的增加各次谐波频率成分的变化。由该图可以看出在1800～2400r/min范围

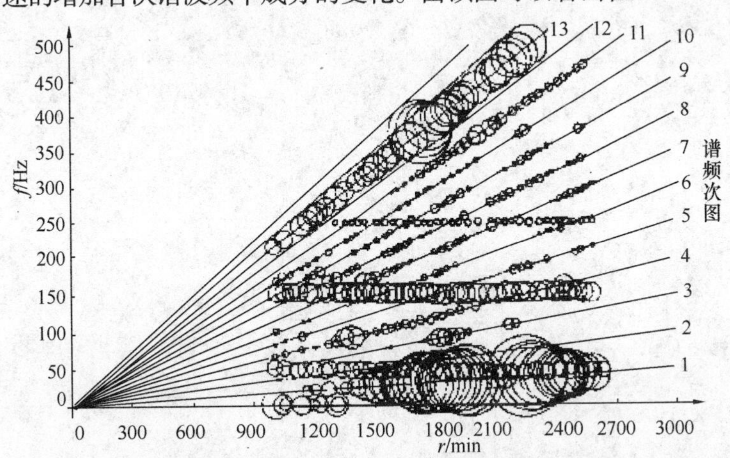

图9－50　汽车发动机组振动的坎贝尔图

内基波频率成分较大，在1500～1800r/min范围内第十三次谐波成分较大。二者中尤以前者更为严重，所以可以看出危险的转速范围，并可根据它们找寻相应的振动响应过大的结构部分，加以改进。图中与水平轴平行的许多圆圈代表了机器不随转速变化的频率成分，一般表示了某些构造部分的固有频率。

参考文献

[1] 杨国安．机械设备故障诊断实用技术[M]．中国石化出版社，2007.

[2] 钟秉林，黄仁．机械故障诊断学[M]．机械工业出版社，2007.

[3] 李力．机械信号处理及其应用[M]．华中科技大学出版社，2007.

[4] 卢文祥，杜润生，洪迈生．工程测试与信号处理(第二版)[M]．华中科技大学出版社，2000.

[5] 原培新等．故障诊断中的振动信号处理[M]．冶金工业出版社，1989.

[6] 杨健刚．旋转机械振动分析与工程应用[M]．中国电力出版社，2007.

[7] 贾民平，张洪亭，周剑英．测试技术[M]．高等教育出版社，2001.

[8] 屈梁生．机械故障的全息谱诊断原理[M]．科学出版社，2007.

[9] 蒋洪明，张庆．动态测试理论与应用[M]．东南大学出版社，1999.

[10] 张来斌等．机械设备故障诊断技术及方法[M]．石油工业出版社，2000.

[11] 同济大学应用数学系．高等数学(第五版)[M]．高等教育出版社，2002.

[12] 南京工学院数学教研组．工程数学—积分变换(第三版)[M]．高等教育出版社，1989.

[13] 王鲁济，王秀阁．汽轮机鼓风机组的振动诊断[J]．中国设备工程，2006.(6)：46－48.

[14] 朱跃松．设备故障诊断中的包络分析[J]．金山油化纤，2000.(4)：27－29.

[15] 电荷放大器[EB/OL]. http：//www. docin. com/p－52586454. html#documentinfo’2010－05－02.

[16] StevenW. Smith. DigitalSignalProcessing：A Practical Guide for Engineers and Scientists[M].

[17] 程珩，杜岚松．旋转机械轴心轨迹故障诊断[J]．太原理工大学学报，2003.9，34(5)：552－554.

[18] 光感应传感器[EB/OL]. http：//item. taobao. com/item. htm？id＝9767228503&’2011－08－21.

[19] 传感器的分类与选用原则[EB/OL]. http：//wenku. baidu. com/view/312d476aaf1ffc4ffe47ac12. html’2011－01－17.

[20] 阳建宏．《设备故障诊断技术》001－绪论[EB/OL]. http：//wenku. baidu. com/view/021823325a8102d276a22f7a. html’2011－03－11.

[21] 阳建宏．《设备故障诊断技术》002－设备温度状态检测技术[EB/OL]. http：//wenku. baidu. com/view/7958d123192e45361066f584. html’2011－03－11.

[22] 阳建宏．《设备故障诊断技术》003－设备振动状态监测技术－第一部分[EB/OL]. http：//wenku. baidu. com/view/eba26ad026fff705cc170a84. html’2011－03－11.

[23] 阳建宏．《设备故障诊断技术》003－设备振动状态监测技术－第二部分[EB/OL]. http：//wenku. baidu. com/view/eba36ad026fff705cc170a87. html’2011－03－11.

[24] 贾民平，许飞云，彭英，胡建中．测试技术－CH7 振动的测量[EB/OL]. http：//wenku. baidu. com/view/be78981b6bd97f192279e977. html’2010－10－26.

[25] 瞬变非周期信号与连续频谱[EB/OL]. http：//wenku. baidu. com/view/5f036440336c1eb91a375d77. html’2011－05－27.

[26] 非周期信号[EB/OL]. http：//wenku. baidu. com/view/8154223f5727a5e9856a611d. html’2010－03－19.

[27] 随机信号[EB/OL]. http：//wenku. baidu. com/view/a3f0ca41be1e650e52ea99f1. html’2011－03－08.

[28] 信号与系统的概念[EB/OL]. http：//wenku. baidu. com/view/3c08128a84868762caaed576. html’2011－04－12.

[29] 熊诗波，黄长艺．信号处理初步－修改稿[EB/OL]. http：//wenku. baidu. com/view/299c5a3d5727a5e9856a61d7. html'2011－06－10.

[30] 贾智伟，汪诚，刘红飞．传感器的线性化处理与非线性化补偿[J]. 电子技术，2002，(4)：61－62.

[31] 张君，王金平，朱波．旋转机械振动信号处理中的滤波及特征提取技术[J]. 南京工程学院学报(自然科学版)，2009.9，7(3)：15－22.

[32] 第十章 A/D 及 D/A 转换器[EB/OL]. http：//wenku. baidu. com/view/f1fe3238580216fc700afd87. html'2011－06－21.

[33] 第 8 章－采集数据(1)[EB/OL]. http：//wenku. baidu. com/view/0a8bb43610661ed9ad51f3a3. html'2010－11－21.

[34] 张海君，郑伟．大话移动通信[EB/OL]. http：//wenku. baidu. com/view/47aa2f1a6bd97f192279e9a0. html'2011－01－21.

[35] 数据采集 2[EB/OL]. http：//wenku. baidu. com/view/e50f1f3343323968011c92f9. html2011－05－13.

[36] 第7.2节在项目中如何选择数据采集卡[EB/OL]. http：//labviewnote. weebly. com/315327233410－22312390333044620013229142030936873253212596825454373193859821345. html'2011－08－21.

[37] 丁磊，潘贞存，丛伟．基于 MATLAB 信号处理工具箱的数字滤波器设计与仿真[J]. 继电器，2003.9.15，31(9)：49－51.

[38] DonaldE. Bently，CharlesT. Hatch，BobGrissom. FundamentalsofRotatingMachineryDiagnostics[M]. AmerSocietyofMechanical，2002.

[39] [0] 康海英，栾军英，田燕，郑海起，曹进华．阶次跟踪在齿轮磨损中的应用实例[J]. 振动与冲击，2006，25(4)：112－118.

[40] 赵吉祥，陈超婵，王欢，陆福敏，桑昱．微弱电信号检测方法回顾[J]. 中国计量学院学报，2009.9，30(3)：201－210.

[41] 王成栋，朱永生，张优云．转子振动信号消噪方法研究[J]. 振动、测试与诊断，2003.12，23(4)：253－255.

[42] 廖明夫．转子振动的进动分析方法及其应用(一)[J]. 中国设备工程，2003，(8)：47.

[43] 廖明夫．转子振动的进动分析方法及其应用(三)[J]. 中国设备工程，2003，(10)：51.

[44] 韩捷，石来德．全谱分析技术及其在故障诊断中的应用[J]. 郑州大学学报(工学版)，2002.9，23(3)：44.

[45] 张群伟，封小钰．基于 MATLAB 的信号调制与解调[EB/OL]. http：//wenku. baidu. com/view/c4301723af45b307e871975e. html2011－05－27.

[46] http：//www. cnelc. com/tech/ShowArticle/100111200/2/2011－08－03.

[47] 工程测试技术基础[EB/OL]. http：//www. docin. com/p－23813241. html2009－06－12.

[48] 频谱．幅度谱．功率谱和能量谱[EB/OL]. http：/www. docin. com/p－5532/218. html'2010－05－18.